21世纪电力系统及其自动化系列教材

MATLAB/Simulink 电力系统建模与仿真

第3版

于 群 曹 娜 编著

机 械 工 业 出 版 社

本书是一本针对电气工程及其自动化专业的 MATLAB/Simulink 仿真入门教材。本书涵盖了电力系统稳态分析、电力系统暂态分析、电力系统继电保护、高压直流输电、柔性输电以及风力发电等主干课程的主要内容。本书各仿真例程都是相关课程的主要知识点，并为读者提供仿真源程序，以帮助读者在学习 MATLAB 的过程中巩固专业课知识，较快地进入电力系统仿真这一领域。

本书共 9 章，第 1 章为 MATLAB 基础知识；第 2 章为 Simulink 仿真入门；第 3 章为电力系统元件模型及模型库介绍；第 4 章为 MATLAB 在电力系统潮流计算中的应用实例；第 5 章为 MATLAB 在电力系统故障分析中的仿真实例；第 6 章为 MATLAB 在电力系统稳定性分析中的应用实例；第 7 章为 MATLAB 在微机继电保护中的应用实例；第 8 章为 MATLAB 在高压直流输电及柔性输电中的仿真实例；第 9 章为 MATLAB 在风力发电技术中的应用仿真。

本书可作为高等院校电气工程及其自动化专业的本科、专科教材，也可作为电气工程相关专业研究生、电力系统工程技术人员的参考书。

图书在版编目（CIP）数据

MATLAB/Simulink 电力系统建模与仿真/于群，曹娜编著. —3 版 .—北京：机械工业出版社，2023. 12（2025. 1 重印）
21 世纪电力系统及其自动化系列教材
ISBN 978-7-111-74420-7

Ⅰ. ①M… Ⅱ. ①于… ②曹… Ⅲ. ①电力系统-系统建模-Matlab 软件-高等学校-教材②电力系统-系统仿真-Matlab 软件-高等学校-教材
Ⅳ. ①TM7

中国国家版本馆 CIP 数据核字（2023）第 235993 号

机械工业出版社（北京市百万庄大街 22 号　邮政编码 100037）
策划编辑：王雅新　　责任编辑：王雅新　刘琴琴
责任校对：梁　静　　责任印制：郜　敏
三河市宏达印刷有限公司印刷
2025 年 1 月第 3 版第 3 次印刷
184mm×260mm · 14. 5 印张 · 356 千字
标准书号：ISBN 978-7-111-74420-7
定价：49. 00 元

电话服务　　网络服务
客服电话：010-88361066　机　工　官　网：www. cmpbook. com
010-88379833　机　工　官　博：weibo. com/cmp1952
010-68326294　金　书　网：www. golden-book. com
封底无防伪标均为盗版　机工教育服务网：www. cmpedu. com

前　言

习近平总书记在党的二十大报告中指出："教育、科技、人才是全面建设社会主义现代化国家的基础性、战略性支撑。必须坚持科技是第一生产力、人才是第一资源、创新是第一动力，深入实施科教兴国战略、人才强国战略、创新驱动发展战略，开辟发展新领域新赛道，不断塑造发展新动能新优势。"随着我国电力系统中可再生能源发电技术的发展，我国电网已形成西电东送、南北互供的格局，进入了跨大区互联、超/特高压交直流混合输电的时期。为了深入学习贯彻习近平新时代中国特色社会主义思想，为国家培养更多电气工程方面的专业人才，在机械工业出版社的敦促与帮助下，我们进行了本书第3版的编写。

在电力系统的设计与研究中，许多大型的科研实验很难进行。究其原因，一是受系统的规模和复杂性的限制；二是从系统的安全角度来讲不允许进行实验。考虑这两种情况，寻求一种最接近电力系统实际运行状况的数字仿真工具十分重要，目前比较常用的电力系统仿真工具有美国邦纳维尔电力局开发的BPA程序和EMTP程序、加拿大曼尼托巴高压直流输电研究中心开发的PSCAD / EMTDC程序以及中国电力科学研究院开发的电力系统分析综合程序PSASP等。1998年，美国MathWorks公司推出电力系统模块集（Power System Block）后，该功能逐渐被电力系统的研究者所接受，使得MATLAB/Simulink在电力系统方面的应用日趋完善。

本书以电气工程及其自动化专业为主线，以MATLAB/Simulink为基础，力求涵盖本专业的主干课程，主要包括电力系统稳态分析、电力系统暂态分析、电力系统继电保护、高压直流输电、柔性输电以及风力发电等内容，各仿真例程都是相关课程的主要知识点。在书中标注出了章节的重点内容，并为读者提供仿真例程源程序和部分例程的视频介绍。

本书共9章，第1章为MATLAB基础知识；第2章为Simulink仿真入门；第3章为电力系统元件模型及模型库介绍；第4章为MATLAB在电力系统潮流计算中的应用实例；第5章为MATLAB在电力系统故障分析中的仿真实例；第6章为MATLAB在电力系统稳定性分析中的应用实例；第7章为MATLAB在微机继电保护中的应用实例；第8章为MATLAB在高压直流输电及柔性输电中的仿真实例；第9章为MATLAB在风力发电技术中的应用仿真。

本书由于群和曹娜编著。第1、2、4、7、8章由于群编著，第3、5、6、9章由曹娜编著，全书由于群统稿。在本书的编写过程中，硕士研究生杨凯铖、林维康、杨恩泽、梁艳永等帮助完成了书中的部分算例、书稿的输入工作，在此谨对他们表示衷心的感谢。

由于编者的理论水平和实践经验有限，书中难免有不当或错误之处，恳请读者批评指正。

编　者

目　　录

前言
第1章　MATLAB基础知识 …… 1
1.1　MATLAB简介 …… 1
1.1.1　概述 …… 1
1.1.2　MATLAB安装与运行 …… 2
1.2　MATLAB工作环境 …… 3
1.3　MATLAB的通用命令 …… 8
1.4　MATLAB的计算基础 …… 10
1.4.1　MATLAB的预定义变量 …… 10
1.4.2　常用运算和基本数学函数 …… 10
1.4.3　数值的输出格式 …… 12
1.5　基本赋值和运算 …… 13
1.6　MATLAB程序设计基础 …… 15
1.7　MATLAB的绘图功能 …… 19
第2章　Simulink仿真入门 …… 24
2.1　Simulink基本操作 …… 24
2.1.1　运行Simulink …… 24
2.1.2　Simulink模块库 …… 26
2.1.3　Simulink模块的操作 …… 28
2.2　运行仿真及参数设置简介 …… 34
2.2.1　运行仿真 …… 34
2.2.2　仿真参数设置简介 …… 34
2.3　创建模型的基本步骤及仿真算法简介 …… 38
2.3.1　创建模型的基本步骤 …… 38
2.3.2　仿真算法简介 …… 39
2.4　子系统及其封装 …… 40
2.4.1　创建子系统 …… 40
2.4.2　封装子系统 …… 41
第3章　电力系统元件模型及模型库介绍 …… 47
3.1　同步发电机数学模型 …… 47
3.1.1　同步发电机电气部分数学模型 …… 47
3.1.2　同步发电机机械部分数学模型 …… 48
3.1.3　基于电气原理图的同步电机数学模型 …… 48
3.2　变压器数学模型及基于电气原理图的变压器数学模型 …… 56
3.2.1　变压器数学模型 …… 56
3.2.2　基于电气原理图的变压器数学模型 …… 56
3.3　输电线路模型 …… 59
3.3.1　输电线路的等效电路 …… 59
3.3.2　基于电气原理图的输电线路数学模型 …… 60
3.4　负荷模型 …… 62
3.4.1　负荷的数学模型 …… 63
3.4.2　基于电气原理图的负荷模型 …… 64
3.5　电力图形用户分析界面（Powergui）模块 …… 68
3.5.1　Powergui模块主窗口介绍 …… 68
3.5.2　稳态电压电流分析窗口 …… 70
3.5.3　初始状态设置窗口 …… 71
3.5.4　潮流计算和电机初始化窗口 …… 72
3.5.5　LTI视窗 …… 73
3.5.6　阻抗依频特性测量视窗 …… 73
3.5.7　FFT分析窗口 …… 75
3.5.8　报表生成窗口 …… 76
3.5.9　磁滞特性设计工具窗口 …… 76
3.5.10　计算*RLC*线路参数窗口 …… 78
第4章　MATLAB在电力系统潮流计算中的应用实例 …… 80
4.1　MATPOWER软件在电力系统潮流计算中的应用实例 …… 80
4.1.1　MATPOWER的安装 …… 80
4.1.2　MATPOWER的主要技术规则 …… 81
4.1.3　MATPOWER应用举例 …… 85

4.2　Powergui 在简单电力系统潮流计算中的应用实例 …… 88
4.2.1　电力系统元件的模型选择 …… 88
4.2.2　模型参数的计算及设置 …… 90
4.2.3　计算结果及比较 …… 92

第5章　MATLAB 在电力系统故障分析中的仿真实例 …… 95
5.1　无穷大功率电源供电系统三相短路仿真 …… 95
5.1.1　无穷大功率电源供电系统三相短路的暂态过程 …… 95
5.1.2　无穷大功率电源供电系统仿真模型构建 …… 96
5.1.3　仿真结果及分析 …… 101
5.2　同步发电机突然短路的暂态过程仿真 …… 103
5.2.1　同步发电机突然三相短路暂态过程简介 …… 103
5.2.2　同步发电机突然三相短路暂态过程的数值计算与仿真方法 …… 104
5.3　小电流接地系统中的单相接地仿真 …… 110
5.3.1　小电流接地系统中的单相接地故障特点简介 …… 111
5.3.2　小电流接地系统仿真模型构建 …… 111
5.3.3　仿真结果及分析 …… 116

第6章　MATLAB 在电力系统稳定性分析中的应用实例 …… 120
6.1　简单电力系统的暂态稳定性仿真分析 …… 120
6.1.1　电力系统暂态稳定性简介 …… 120
6.1.2　简单电力系统的暂态稳定性计算与仿真 …… 123
6.2　简单电力系统的静态稳定性仿真分析 …… 131
6.2.1　电力系统静态稳定性简介 …… 131
6.2.2　简单电力系统的静态稳定性计算 …… 132
6.2.3　简单电力系统的静态稳定性仿真 …… 133

第7章　MATLAB 在微机继电保护中的应用实例 …… 140
7.1　简单数字滤波器的 MATLAB 辅助设计实例 …… 140
7.1.1　减法滤波器（差分滤波器）简介 …… 140
7.1.2　减法滤波器设计分析举例 …… 141
7.2　微机继电保护算法的 MATLAB 辅助设计 …… 144
7.2.1　基于正弦函数模型的微机继电保护算法 …… 144
7.2.2　全波傅里叶算法 …… 147
7.3　输电线路距离保护的建模与仿真 …… 152
7.3.1　方向阻抗继电器的数学模型 …… 153
7.3.2　方向阻抗继电器的仿真模型 …… 155
7.3.3　仿真结果 …… 158
7.4　Simulink 在变压器微机继电保护中的应用举例 …… 159
7.4.1　变压器仿真模型构建 …… 160
7.4.2　变压器空载合闸时励磁涌流的仿真 …… 162
7.4.3　变压器保护区内、外故障时比率制动的仿真 …… 165
7.4.4　变压器绕组内部故障的简单仿真 …… 167
7.5　输电线路故障行波仿真举例 …… 168
7.5.1　行波的基本概念 …… 169
7.5.2　输电线路故障行波仿真模型的构建 …… 171
7.5.3　输电线路故障行波的提取 …… 171
7.5.4　仿真结果 …… 173

第8章　MATLAB 在高压直流输电及柔性输电中的仿真实例 …… 176
8.1　高压直流输电系统的仿真实例 …… 177

8.1.1 HVDC 系统的基本结构与工作原理 …… 177
8.1.2 HVDC 系统的仿真模型描述 …… 178
8.1.3 HVDC 系统的调节特性 …… 182
8.1.4 HVDC 系统的起停和阶跃响应仿真 …… 183
8.1.5 HVDC 系统直流线路故障仿真 …… 185
8.1.6 HVDC 系统交流侧线路故障仿真 …… 186
8.2 静止无功补偿器（SVC）的仿真实例 …… 188
8.2.1 SVC 的基本结构与工作原理 …… 189
8.2.2 Simulink 中的 SVC 模块介绍 …… 190
8.2.3 SVC 系统的仿真模拟 …… 192
8.3 晶闸管控制串联电容器（TCSC）的仿真实例 …… 195
8.3.1 TCSC 的基本原理与数学模型简介 …… 195
8.3.2 Simulink 中的 TCSC 模块介绍 …… 196
8.3.3 利用 TCSC 提高系统输电容量的仿真模拟 …… 198
8.3.4 TCSC 对系统暂态稳定性影响的仿真模拟 …… 199
第9章 MATLAB 在风力发电技术中的应用仿真 …… 206
9.1 定速风电机组的仿真实例 …… 207
9.1.1 定速风电机组的工作原理 …… 207
9.1.2 定速风电机组的模型仿真 …… 208
9.2 双馈变速风电机组的仿真实例 …… 214
9.2.1 基于双馈感应发电机的变速风电机组的工作原理 …… 215
9.2.2 双馈变速风电机组的模型仿真 …… 215
参考文献 …… 224

第1章　MATLAB基础知识

1.1　MATLAB简介

1.1.1　概述

MATLAB这个名称是由英文单词Matri和Laboratory的前三个字母组成。20世纪70年代后期，美国新墨西哥大学计算机系主任Cleve Moler教授为了便于教学，减轻学生编写FORTRAN程序的负担，对代数软件包LINPACK和特征值计算软件包EISPACK编写了接口程序，这也许就算是MATLAB的第一个版本。1984年，Cleve Moler和John Little等人合作成立了MathWorks软件公司，并将MATLAB正式推向市场。在三十多年来的发展和竞争中，MATLAB不断推出新的版本，截止到2017年，已推出的最新版本是8.5版（R2015a），运行环境也从早期的在DOS环境下运行到如今可以在包括Windows、UNIX及Mac OSX等多个操作平台上运行，目前MATLAB已成为国际认可的最优秀的科技应用软件。在大学里，它是用于初等和高等数学、自然科学和工程学的标准数学工具；在工业界，它是一个高效的研究、开发和分析的工具。随着科技的发展，许多优秀的工程师不断地对MATLAB进行了完善，使其从一个简单的矩阵分析软件逐渐发展成为一个具有极高通用性并带有众多实用工具的运算操作平台。

Simulink是MATLAB提供的实现动态系统建模和仿真的一个软件包，是基于框图的仿真平台。Simulink挂接在MATLAB环境上，以MATLAB的强大计算功能为基础，利用直观的模块框图进行仿真和计算。Simulink提供了各种仿真工具，尤其是它不断扩展的、内容丰富的模块库，为系统的仿真提供了极大便利。在Simulink平台上拖曳和连接典型模块就可以绘制仿真对象的模型框图，并对模型进行仿真。在Simulink平台上，仿真模型的可读性很强，这就避免了在MATLAB窗口使用MATLAB命令和函数进行仿真时，需要熟悉大量M函数的麻烦，对广大工程技术人员来说，这无疑是一个福音。随着MATLAB的不断升级，Simulink的版本也在不断升级，从1993年的MATLAB 4.0/Simulink 1.0版到2001年的MATLAB 6.1/Simulink 4.1版、2002年的MATLAB 6.5/Simulink 5.0版、2004年的MATLAB 7.0/Simulink 6.0版，现在Simulink已经是与MATLAB同步更新，不断地推出新的版本。

Simulink最初是为控制系统的仿真而建立的工具箱，在使用中易编程、易扩展，并且可以解决MATLAB不易解决的非线性、变系数等问题。它能够进行连续系统和离散系统的仿真，也能够进行线性系统和非线性系统的仿真，并且支持多种采样频率系统的仿真，使不同的系统能以不同的采样频率组合，这样就可以仿真较大、较复杂的系统。因此，不同的科学领域根据自己的仿真要求，以MATLAB为基础，开发了大量的专用仿真程序，并把这些程序以模块的形式放入Simulink中，形成了模块库。Simulink的模块库实际上就是用MATLAB基本语言编写的子程序集。现在Simulink模块库有三级树状的子目录，在一级目录下就包含了 Simulink 最早开发的数学计算工具箱、控制系统工具箱的内容，之后开发的信号处理工具（DSP Blocks）、通信系统工具箱（Comm）等也并行列入了模块库的一级子目录，逐级打开模块库浏览器（Simulink Library Browser）的目录，就可以看到这些模块。

从 Simulink 4.1 版开始包含电力系统模块库（Power System Blockset），该模块库主要由加拿大 HydroQuebec 和 TECSIM International 公司共同开发。在 Simulink 环境下用电力系统模块库的模块，可以方便地进行 RLC 电路、电力电子电路、电力系统和电机控制系统等的仿真。本书仿真实验就是在 MATLAB/Simulink 环境下，主要使用电力系统模块库进行的。通过对电力系统和电力电子电路的仿真，不仅利用了 MATLAB/Simulink 的强大功能，而且可以学习系统仿真的方法和技巧，研究电力系统的原理和性能。由于 Simulink 和 MATLAB 的密切依存关系，在介绍 Simulink 之前，必须首先介绍 MATLAB。MATLAB 的一些基本命令和函数，尤其是 MATLAB 的绘图功能，是在电力系统的仿真中经常使用的。但是本书主要是介绍电力系统的仿真，因此只介绍 MATLAB 中与本书有关的内容。MATLAB 功能强大，有关 MATLAB 的资料已经很多，如果要求对 MATLAB 有更深入的了解，可以阅读其他有关 MATLAB 的书籍。

需要说明的是，从 2006 年开始，MathWorks 公司加快了对 MATLAB 的更新速度，平均每年进行两次更新，并将相应的“建造编号”以相应的年份作为标记，以方便用户了解相应的更新信息。由于本书的主要目的是用于电气工程及其自动化专业的 MATLAB/Simulink 仿真入门教材，加之近年来 Simulink 中的电力系统模块库 Power System Blockset 变化不是很大，所以本书没有追求采用最新的 MATLAB 版本，而是采用了稍早的 R2010 和 R2012 版本，其仿真程序同样能够在新的版本中运行。

1.1.2 MATLAB 安装与运行

1. MATLAB 对硬件和软件的要求

对于 32 位和 64 位的 MATLAB 及 Simulink 产品，可以安装到下列操作系统上：

- Windows XP
- WindowsVista
- Windows7
- Red Hat Enterprise Linux 5
- Mac OS X10.8

无论处于单机环境还是网络环境，MATLAB 都可以发挥其卓越的性能。若是单纯地使用 MATLAB 语言进行编程，而不连接外部语言的程序，则使用 MATLAB 语言编写出来的程序可以不做任何修改直接移植到其他机型上去运行。当前 MATLAB 对 PC 系统的要求如下：

- 支持 SSE2 指令集的 Intel 或者 AMD 处理器；
- 仅安装 MATLAB 需要 1GB 的硬盘空间，典型安装需要 3～4GB；
- 最小 1GB 的内存空间，推荐 2GB。

2. 安装过程

随着 MATLAB 的不断更新，其安装过程也越来越简单，大致可以分为安装前的设置（包括填写安装密钥、选择安装类型及确定安装目录等）、安装 MATLAB 和相应模块及激活 MATLAB 三个阶段。用户只要按照安装界面的提示逐步进行即可，对于详细的安装步骤这里不进行赘述。

1.2　MATLAB 工作环境

本节将通过介绍 MATLAB 的工作环境界面，使读者初步掌握 MATLAB 软件的基本操作方法。

在桌面双击 MATLAB 快捷方式图标，或者在开始菜单里单击 MATLAB 的选项，即可进入 MATLAB 的工作界面。工作界面主要由菜单、工具栏、当前工作目录窗口、工作空间管理窗口、历史命令窗口和命令窗口组成，如图 1-1 所示。

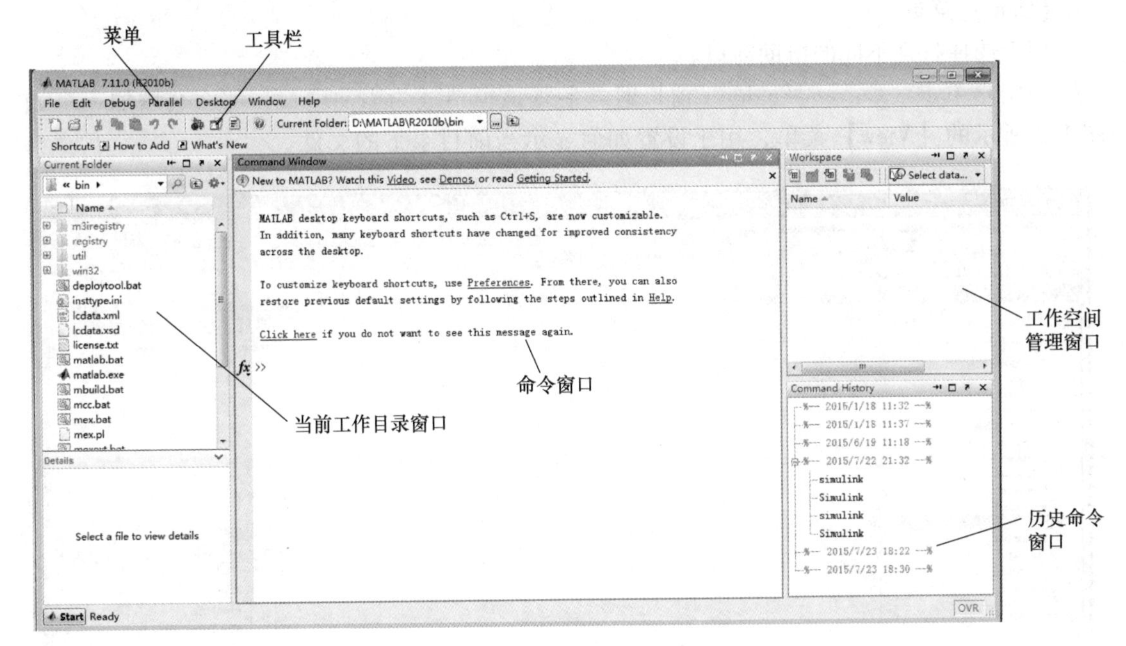

图 1-1　MATLAB 的工作界面

1. 菜单和工具栏

MATLAB 的菜单和工具栏界面与 Windows 程序的界面相似，用户只要稍加实践就可以掌握其功能和使用方法。菜单的内容会随着在命令窗口中执行不同命令而做出相应的改变。这里只简单介绍默认情况下的菜单和工具栏。

【File】菜单

New：用于建立新的 . m 文件、图形、模型和图形用户界面。

Open：用于打开 . m 文件、. fig 文件、. mat 文件、. mdl 文件、. cdr 文件等。

Close Command Window：关闭命令窗口。

Import Data：用于向工作空间导入数据。

Save Workplace As：将工作空间的变量存储在某一文件中。

Set path：打开搜索路径设置对话框。

Preferences：打开环境设置对话框。

【Edit】菜单

主要用于复制、粘贴等操作，与一般的 Windows 程序类似，在此不做详细介绍。

【Debug】菜单

用于设置程序的调试。

【Parallel】菜单

用于设置并行计算的运行环境。

【Desktop】菜单

用于设置主窗口中需要打开的窗口。

【Window】菜单

列出当前所有打开窗口。

【Help】菜单

用于选择打开不同的帮助窗口。

当用户单击“Current Folder”窗口时，使得该窗口成为当前窗口，那么会增加一个如图1-2所示的【View】菜单，用于设置如何显示当前目录下的文件。

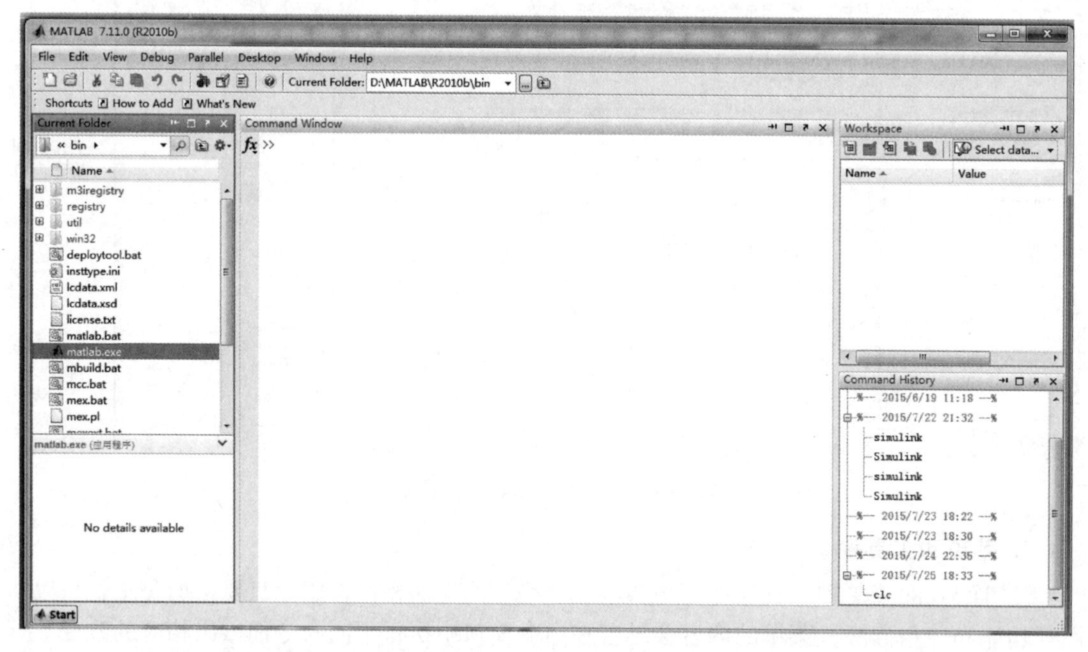

图1-2 【View】菜单

当用户单击“Workspace”窗口时，使得该窗口成为当前窗口，那么会增加如图1-3所示的【View】和【Graphics】菜单。【View】菜单用于设置如何在工作空间管理窗口中显示变量，【Graphics】菜单用于打开绘图工具，用户可以使用这些工具绘制变量。

下面介绍“工具栏”中部分按钮的功能。

：打开 Simulink 主窗口。

：打开用户界面设计窗口。

：打开 MATLAB 的程序性能分析工具 Profiler。

：打开帮助系统。

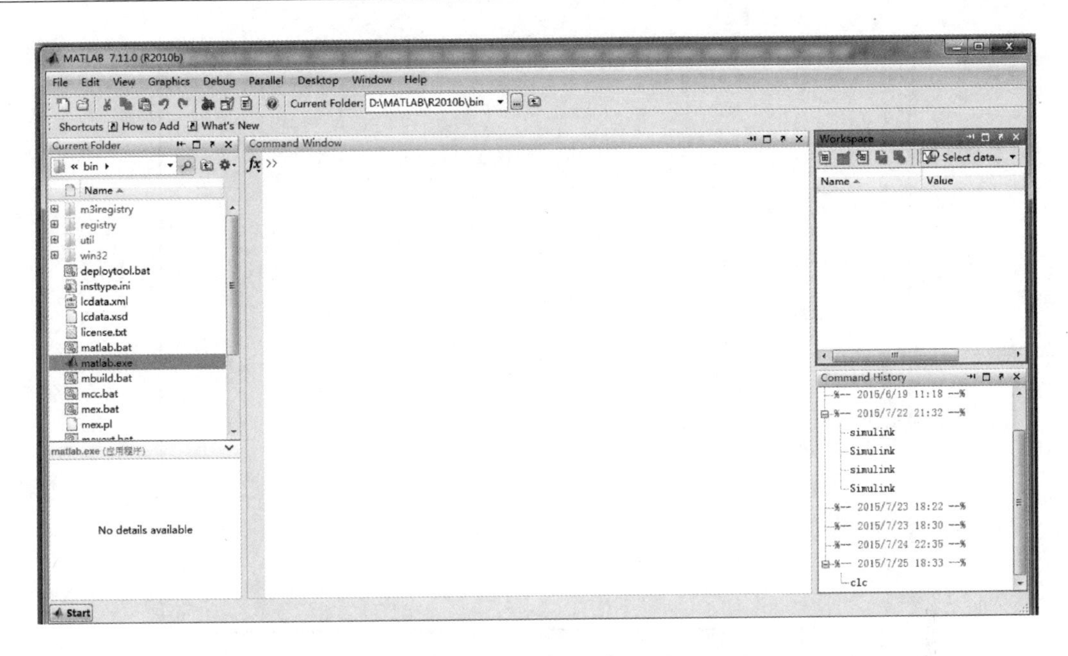

图 1-3　【Graphics】菜单

Current Folder: D:\MATLAB\R2010b\bin ：显示当前目录，单击下拉菜单可以浏览 MATLAB 的搜索路径。

在主窗口左下角有一个“Start”开始按钮，单击它可以快捷地选择多级菜单中的功能选项，如图 1-4 所示。“Start”开始按钮和工具栏中的部分功能选项是重复的，用户可以根据自己的习惯和方便来选择使用。

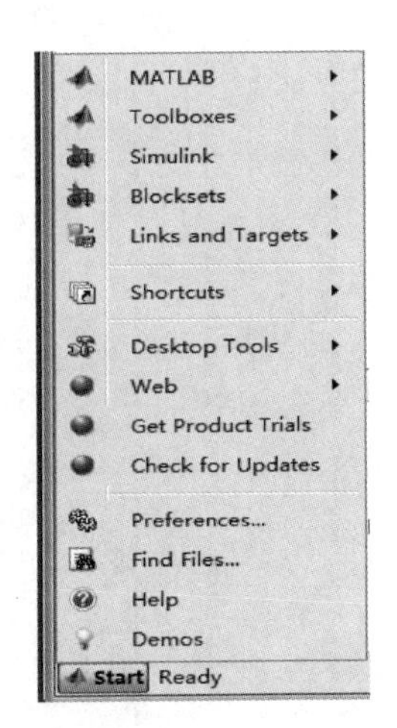

图 1-4　“Start”按钮

2. 命令窗口

MATLAB 的命令窗口如图 1-5 所示，其中“ >> ”为运算提示符，表示 MATLAB 处于准备状态。当在提示符后输入一段程序或一段运算式后按 < Enter > 键，MATLAB 会给出计算结果，并再次进入准备状态（所得结果将被保存在工作空间管理窗口中）。

单击命令窗口右上角的 ↗ 按钮，可以使命令窗口脱离主窗口而成为一个独立窗口；同理，单击独立窗口右上角的 ↘ 按钮，可以使命令窗口再次合并到 MATLAB 主界面。

在该窗口中选中某一表达式，然后单击鼠标右键，弹出如图 1-6 所示的上下文菜单，通过不同的选项可以对选中的表达式进行相应的操作。

在命令窗口中，*fx* 为函数浏览按钮，单击该按钮，将弹出函数浏览器，用户可以选择需要的函数，同时 MATLAB 系统弹出黄色提示框显示该函数的用法，如图 1-7 所示。右击某一函数，在弹出的快捷菜单中选择“Insert Function into Command Window”，即可将该函数插入到运算提示符“ >> ”后。

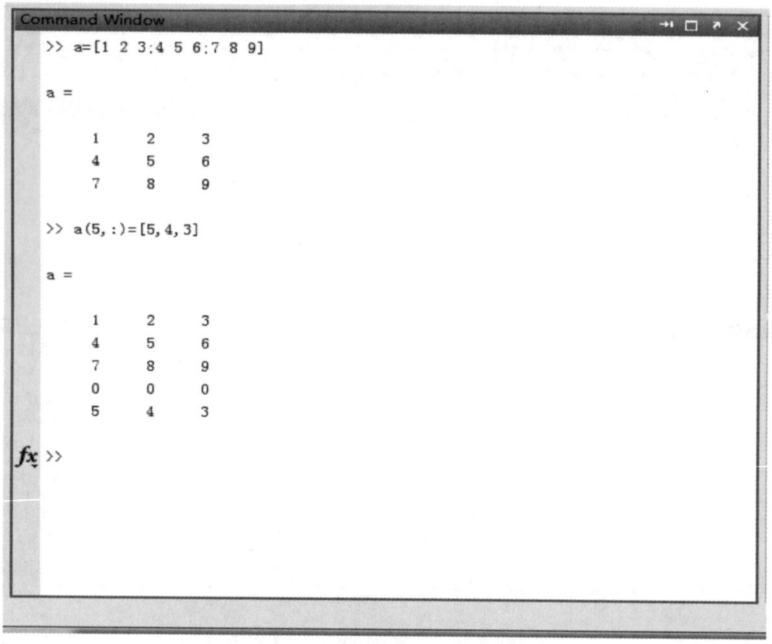

```
Command Window
>> a=[1 2 3;4 5 6;7 8 9]

a =

     1     2     3
     4     5     6
     7     8     9

>> a(5,:)=[5,4,3]

a =

     1     2     3
     4     5     6
     7     8     9
     0     0     0
     5     4     3

fx >>
```

图 1-5　命令窗口

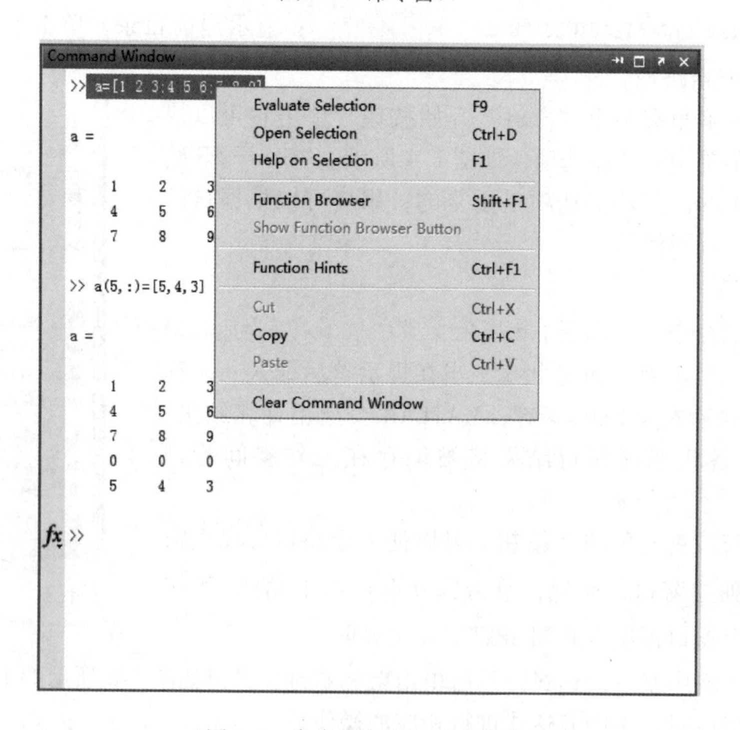

图 1-6　命令窗口的上下文菜单

3. 历史命令窗口

该窗口主要用于记录所有执行过的命令，在默认设置下，该窗口会保留自安装后所有使用过的命令的历史记录，并标明使用时间。同时，用户可以用鼠标单击某一历史命令来重新

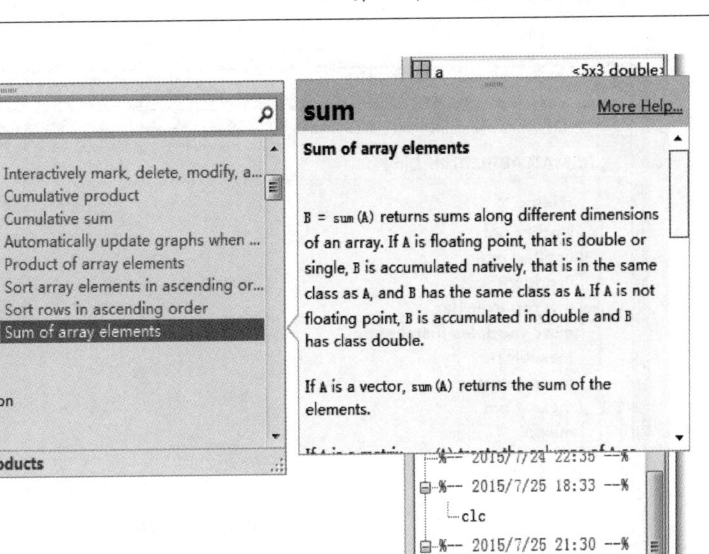

图 1-7　函数浏览器

执行该命令。与命令窗口类似，该窗口也可以成为独立窗口。

在该窗口中选中某一历史命令，然后单击鼠标右键，弹出如图 1-8 所示的上下文菜单。通过上下文菜单，用户可以删除或粘贴历史记录；也可为选中的表达式或命令创建一个 M 文件；还可为某一句或某一段表达式或命令创建快捷按钮。

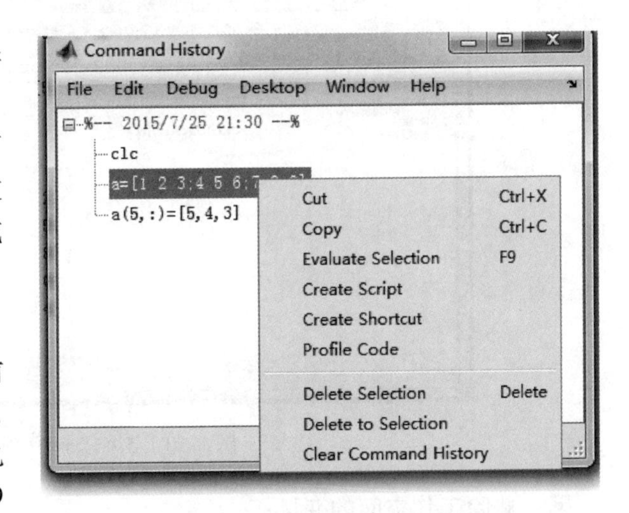

图 1-8　历史命令窗口的上下文菜单

4. 当前工作目录窗口

在目录窗口中可显示或改变当前目录，还可以显示当前目录下的文件，搜索功能与命令窗口类似，该窗口也可以成为一个独立的窗口，如图 1-9 所示。

5. 工作空间管理窗口

在工作空间管理窗口中可以显示当前内存中所有的 MATLAB 变量的变量名、数据结构、字节数以及类型等信息，不同的变量类型分别对应不同的变量名图标，如图 1-10 所示。

下面介绍“工作空间管理窗口”中部分按钮的功能。

：向工作空间添加新的变量；

：打开在工作空间中选中的变量；

：向工作空间中导入数据文件；

：保存工作空间的变量；

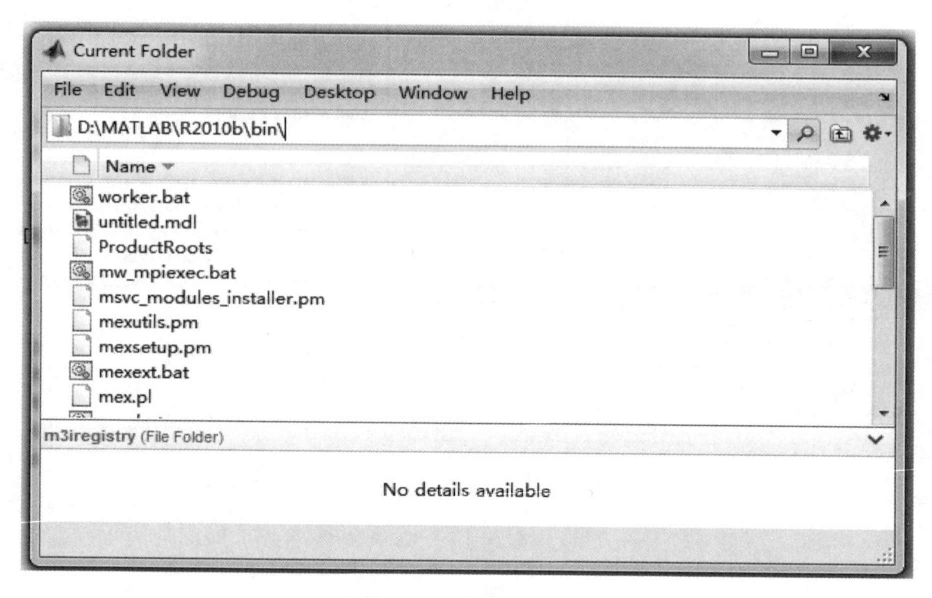

图 1-9 当前工作目录窗口

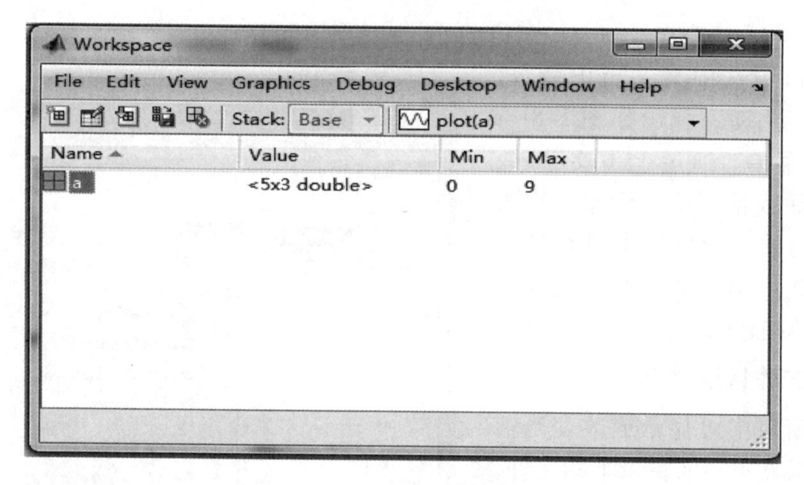

图 1-10 工作空间管理窗口

：删除工作空间的变量；

：绘制工作空间的变量，可以用不同的绘制命令来绘制变量。

1.3 MATLAB 的通用命令

通用命令是 MATLAB 中经常使用的一些命令，这些命令可以用来管理目录、命令、函数、变量、工作空间、文件和窗口。为了更好地使用 MATLAB，用户需要熟练地掌握和理解这些命令。下面对这些命令进行介绍。

1. 常用命令

常用命令的功能见表 1-1。

表 1-1　MATLAB 常用命令

命　令	命令说明	命　令	命令说明
cd	显示或改变当前工作目录	Load	加载指定文件的变量
dir	显示当前目录或指定目录下的文件	Diary	日志文件命令
clc	清除工作窗口中的所有显示内容	!	调用 DOS 命令
home	将光标移至命令窗口的最左上角	exit	退出 MATLAB 7.0
clf	清除图形窗口	quit	退出 MATLAB 7.0
type	显示文件内容	pack	收存内存碎片
clear	清理内存变量	hold	图形保持开关
echo	工作窗口信息显示开关	path	显示搜索目录
disp	显示变量或文字内容	save	保存内存变量到指定文件

2. 输入内容的编辑

在 MATLAB 命令窗口中，为了便于对输入的内容进行编辑，MATLAB 提供了一些控制光标位置和进行简单编程的常用编辑键和组合键。熟练地掌握这些功能，可以在输入命令的过程中起到事半功倍的效果。表 1-2 列出了一些常用键盘按键及说明。

表 1-2　命令行中的键盘按键

键盘按键	说　明	键盘按键	说　明
↑	Ctrl + p，调用上一行	Home	Ctrl + a，光标置于当前行开头
↓	Ctrl + n，调用下一行	End	Ctrl + e，光标置于当前行末尾
←	Ctrl + b，光标左移一个字符	esc	Ctrl + u，清除当前输入行
→	Ctrl + f，光标右移一个字符	del	Ctrl + d，删除光标处的字符
Ctrl + ←	Ctrl + l，光标左移一个单词	backspace	Ctrl + h，删除光标前的字符
Ctrl + →	Ctrl + r，光标右移一个单词	Alt + backspace	恢复上一次的删除

3. 标点

在 MATLAB 语言中，一些标点符号也被赋予了特殊的意义，或代表一定的运算，具体内容见表 1-3。

表 1-3　MATLAB 语言的标点

标　点	说　明	标　点	说　明
:	冒号，具有多种应用功能	%	百分号，注释标记
;	分号，区分行及取消运行结果显示	!	惊叹号，调用操作系统运算
,	逗号，区分列及函数分隔符	=	等号，赋值标记
( )	括号，指定运算优先级	‘	单引号，字符串的标示符
[ ]	方括号，定义矩阵	.	小数点及对象域访问
{ }	大括号，构造单元数组	…	续行符号

1.4 MATLAB 的计算基础

MATLAB 的计算主要是数组和矩阵的计算，并且定义的数值元素是复数，这是 MATLAB 的重要特点。函数是计算中必不可少的，MATLAB 函数的变量不需要事先定义，它以在命令语句中首次出现而自然定义，这在使用中很方便。当使用 MATLAB/Simulink 进行仿真时，MATLAB 的计算大部分已经模块化了，但是掌握一些必要的知识和定义还是很有必要的。

1.4.1 MATLAB 的预定义变量

MATLAB 中有很多预定义变量，这些变量都是在 MATLAB 启动后就已经定义好的，它们都具有特定的意义，见表 1-4。

表 1-4 MATLAB 预定义变量表

变 量 名	预 定 义
ans	分配最新计算的而又没有给定名称的表达式的值。当在命令窗口中输入表达式而不赋值给任何变量时，在命令窗口中会自动创建变量 ans，并将表达式的运算结果赋给该变量。但是变量 ans 仅保留最近一次的计算结果
eps	返回机器精度，定义了 1 与最接近可代表的浮点数之间的差。在一些命令中也用作偏差。可重新定义，但不能由 clear 命令恢复。MATLAB 7.0 为 2.2204e-016
realmax	返回计算机能处理的最大浮点数。MATLAB 7.0 为 1.7977e+308
realmin	返回计算机能处理的最小的非零浮点数。MATLAB 7.0 为 2.2251e-308
pi	即 π，若 eps 足够小，则用 16 位十进制数表达其精度
Inf/inf	定义为 $\frac{1}{0}$，即当分母或除数为 0 时返回 inf，不中断执行而继续运算
nan	定义为“Not a number”，即未定式 $\frac{0}{0}$ 或 $\frac{\infty}{\infty}$
i/j	定义为虚数单位 $\sqrt{-1}$。可以为 i 和 j 定义其他值但不再是预定义常数
nargin	给出一个函数调用过程中输入自变量的个数
nargout	给出一个函数调用过程中输出自变量的个数
computer	给出本台计算机的基本信息
version	给出 MATLAB 的版本信息

1.4.2 常用运算和基本数学函数

MATLAB 中常用的运算有算术运算、关系运算和逻辑运算。

算术运算的表达式由字母或数字用运算符号连接而成。MATLAB 中常用的运算符号见表 1-5。

表 1-5　MATLAB 常用运算符号表

算术运算符	说　明	算术运算符	说　明
+	加	-	减
*	乘	.*	数组乘
^	乘方	.^	数组乘方
\	反斜杠或左除	/	斜杠或右除
./ 或 .\	数组除	kron	张量积

例如：算术表达式 x^2/y - z 表示 $x^2 \div y - z$ 或 $\frac{x^2}{y} - z$，算术表达式 x^2\(y - z) 则表示 $(y - z) \div x^2$ 或 $\frac{y - z}{x^2}$。

关系运算是指两个元素之间的比较，关系运算的结果只能是 0 或 1。0 表示该关系式不成立，即为“假”；1 表示该关系式成立，即为“真”。在 MATLAB 中关系运算有六种，见表 1-6。

表 1-6　MATLAB 的关系运算符号表

关系运算符	说　明	关系运算符	说　明
==	等于	~=	不等于
<	小于	>	大于
<=	小于或等于	>=	大于或等于

逻辑量只有 0（假）和 1（真）两个值，逻辑量的基本运算有与（&）、或（|）和非（~）三种。有时也包括异或运算（xor），异或运算可以通过三种基本运算组合而成。基本逻辑运算的真值表见表 1-7。

表 1-7　基本逻辑运算的真值表

<table>
<tr><th rowspan="2">逻辑运算</th><th colspan="2">A = 0</th><th colspan="2">A = 1</th></tr>
<tr><th>B = 0</th><th>B = 1</th><th>B = 0</th><th>B = 1</th></tr>
<tr><td>A&B</td><td>0</td><td>0</td><td>0</td><td>1</td></tr>
<tr><td>A| B</td><td>0</td><td>1</td><td>1</td><td>1</td></tr>
<tr><td>~A</td><td>1</td><td>1</td><td>0</td><td>0</td></tr>
<tr><td>xor（A，B）</td><td>0</td><td>1</td><td>1</td><td>0</td></tr>
</table>

MATLAB 的函数极为丰富，一些最简单最常用的数学函数见表 1-8。

表 1-8　MATLAB 常用数学函数表

函　数	数学含义	函　数	数学含义
abs(x)	求 x 的绝对值，即 $\|x\|$，若 x 是复数，即求 x 的模	csc(x)	求 x 的余割函数，x 为弧度
sign(x)	求 x 的符号，x 为正得 1，x 为负得 -1，x 为零得 0	asin(x)	求 x 的反正弦数，即 $\sin^{-1}x$
sqrt(x)	求 x 的平方根，即$\sqrt{x}$	acos(x)	求 x 的反余切函数，$\cos^{-1}x$
exp(x)	求 x 的指数函数，即 e^x	atan(x)	求 x 的反正切函数，$\tan^{-1}x$
log(x)	求 x 的自然对数，即 lnx	acot(x)	求 x 的反余切函数，$\cot^{-1}x$
log10(x)	求 x 的常用对数，即 lgx	asec(x)	求 x 的反正割函数，$\sec^{-1}x$
log2(x)	求 x 的以 2 为底的对数，即 $\log_2 x$	acsc(x)	求 x 的反余割函数，$\csc^{-1}x$
sin(x)	求 x 的正弦函数，x 为弧度	Round(x)	求最接近 x 的整数
cos(x)	求 x 的余弦函数，x 为弧度	rem(x, y)	求整除 x/y 的余数
tan(x)	求 x 的正切函数，x 为弧度	real(z)	求复数 z 的实部
cot(x)	求 x 的余切函数，x 为弧度	Imag(z)	求复数 z 的虚部
sec(x)	求 x 的正割函数，x 为弧度	conj(z)	求复数 z 的共轭，即求 $\bar{z}$

1.4.3　数值的输出格式

在 MATLAB 中，数值的屏幕输出通常以不带小数的整数格式或带 4 位小数的浮点格式输出。如果输出结果中所有数值都是整数，则以整数格式输出；如果输出结果中有一个或多个元素是非整数，则以浮点数格式输出。在 MATLAB 中，数值的默认存储类型是双精度浮点类型，存储位宽为 64 位，在运行中 MATLAB 总是以所能达到的最高精度计算，输出格式不会影响计算的精度。使用命令 format 可以改变屏幕输出的格式，也可以通过命令窗口的下拉菜单来改变屏幕输出的格式。有关 format 命令格式及其他有关的屏幕输出命令见表 1-9。

表 1-9　数值输出格式命令

命令及格式	说　明
format shot	以 4 位小数的浮点格式输出
format long	以 14 位小数的浮点格式输出
format short e	以 4 位小数加 e+000 的浮点格式输出
format long e	以 15 位小数加 e+000 的浮点格式输出
format hex	以十六进制格式输出
format +	提取数值的符号
format bank	以银行格式输出，即只保留 2 位小数
format rat	以有理数格式输出
more on/off	屏幕显示控制。more on 表示满屏停止，等待键盘输入；more off 表示不考虑窗口一次性输出
more(n)	如果输出多于 n 行，则只显示 n 行

1.5　基本赋值和运算

利用 MATLAB 可以做任何简单运算和复杂运算，可以直接进行算术运算，也可以利用 MATLAB 定义的函数进行运算；可以进行向量运算，也可以进行矩阵或张量运算。这里只介绍最简单的算术运算、基本的赋值与运算。

1. 简单数学计算

```
>> 3365 +76438 /24
ans =
  6.5499e +003
>> cos(18)              % 求 18 的余弦值
ans =
    0.6603
>> abs(-327)            % 求 -327 的绝对值
ans =
    327
```

在同一行上可以有多条命令，中间必须用逗号分开。

```
>> 3^5,6^2 * (4 +6)     % 一行输入多个表达式
ans =
   243
ans =
   360
```

2. 简单赋值运算

MATLAB 中的变量用于存放所赋的值和运算结果，有全局变量与局部变量之分。一个变量如果没有被赋值，MATLAB 将结果存放到预定义变量 ans 之中。

```
>> x =20                % 将 20 赋值给变量 x
x =
    20
>> y =6^2 * (4 +6)      % 将 6^2 * (4 +6)赋值给变量 y
y =
    360
>> u =x +y;             % 将 x +y 赋值给变量 u
```

一行可以只有一个表达式语句，也可以有多个表达式语句，这时语句间用分号（;）或逗号（,）分隔，语句以回车换行结束。以分号结束的语句执行后不显示运行结果，以逗号和回车 <Enter> 键结束的语句执行后立即显示运行结果。如果一条语句需要占用多行，这时需要使用连续符（…）。

3. 向量或矩阵的赋值和运算

一般 MATLAB 的变量多指向量或矩阵，向量或矩阵的赋值方式是：变量名 = [变量

值]。如果变量值是一个向量，数字与数字之间用空格隔开；如果变量值是一个矩阵，行的数字用空格隔开，行与行之间用分号隔开。

一个行向量 $\boldsymbol{A}=(1,2,3,4,5)$ 的输入方法是：

```
>> A = [1 2 3 4 5 ]                    % 定义向量 A
A =
     1     2     3     4     5
```

一个列向量 $\boldsymbol{B}=\begin{pmatrix}4\\3\\2\\1\end{pmatrix}$ 的输入方法是：

```
>> B = [4 ;3 ;2 ;1 ]                   % 定义向量 B
B =
     4
     3
     2
     1
```

一个 3×4 维矩阵 $\boldsymbol{C}=\begin{pmatrix}6 & 0 & 2 & 1\\-5 & 4 & 7 & 3\\3 & 9 & 8 & 5\end{pmatrix}$ 的输入方法是：

```
>> C = [6 0 2 1; -5 4 7 3;3 9 8 5] % 定义矩阵 C
C =
      6     0     2     1
     -5     4     7     3
      3     9     8     5
```

函数可以用于向量或矩阵操作，例如：

```
>> sqrt(A)                             % 求向量 A 的平方根向量
ans =
    1.0000    1.4142    1.7321    2.0000    2.2361
>>cos(B)                               % 求列向量 B 的正弦向量
ans =
   -0.6536
   -0.9900
   -0.4161
    0.5403
>> C'                                  % 求矩阵 C 的转置矩阵
ans =
    6    -5    3
    0     4    9
    2     7    8
    1     3    5
```

1.6 MATLAB 程序设计基础

MATLAB 是一种解释性高级程序设计语言，对程序中的语言边解释边执行。MATLAB 与其他高级语言一样，是由顺序、选择和循环三种基本控制结构组成的。MATLAB 语句包括表达语句、控制语句、调试语句和空语句等。控制语句还包括条件、循环和一些转移语句。MATLAB 的语句键入后按 <Enter> 键即可执行，因此一般也是把语句称为命令。

MATLAB 程序的基本结构如下，即

```
% 程序说明
清除命令
定义变量
    逐行执行的命令
    ……
    循环和转移
    逐行执行的命令
    ……
          end
       逐行执行的命令
       ……
```

在 MATLAB 中，决定程序结构的语句可分为顺序语句、条件语句和循环语句三种，每种语句有各自的流程控制机制，相互配合使用可以实现功能强大的程序。

1. 顺序语句

顺序语句就是依次顺序执行程序的各条语句，这种语句不需要任何特殊的流程控制。示例代码如下：

```
% 定义变量 t
t =0:0.1:4 *pi;
% 定义变量 y
y =sin(t);
% 使用默认设置进行作图,以 t 为横轴,y 为纵轴
plot(t,y)
```

2. 条件语句

条件语句就是程序判定所给的条件是否满足，根据判定的结果（真或假）来执行不同的操作。在 MATLAB 中有 if-else-end 和 switch-case-otherwise 两种条件语句。

(1) if-else-end 语句

最简单的 if-else-end 结构如下：

```
if expression
    statements
end
```

其中，expression 为条件表达式，为 statements 要执行的语句。只有当 expression 结果中的所有元素都为真时，statements 才被执行。

当希望在 expression 为真和假两种条件下执行不同的操作时，可使用如下语法结构：

```
if expression
    statements1
else
    statements2
end
```

当需要根据多个条件执行不同的操作时，可使用如下的复杂结构：

```
if expression1
    statements1
elseif expression2
    statements2
elseif expression3
    statements3
    ……
else
    statementsN
end
```

下面是一个简单的条件语句例程，其代码如下：

```
function y = control(n)
a =20;
if n ==0
    y = a +1;
elseif n ==1
    y = a * (1 +n);
elseif n ==2
    y = a +n;
else
    y = a;
end
```

(2) switch-case-otherwise 语句

该语句与 C 语言中的选择语句的功能是相同的，它通常用于条件较多而且较单一的情况，类似于一个数控的多路开关。其语法结构如下：

```
switchexpression
    case value1
        statements1
    case value2
        statements2
```

```
    ……
    otherwise
        statements
end
```

在上述语法结构中，expression 必须是一个标量或者一个字符串。程序将 expression 的值依次与各个 case 指令后的检测值进行比较，当比较结果为真时，就执行该 case 值以下语句组，然后跳出该 switch 结构；如果所有的比较结果都为假，则执行 otherwise 后的语句组。当然 otherwise 也可以不存在。

下面利用 switch-case 结构给出一个简单的单位换算的例子：

```
x = 2.7;
units ='m';
switchunits % convert x to centimeters
    case{'inch','fit'}
        y = x*2.54;
    case{'feet','ft'}
        y = x*2.54/12;
    case{'meter','m'}
        y = x/100;
    case{'millimeter','mm'}
        y =x*100
    case{'centimeter','cm'}
        y = x
    otherwise
        disp(['Unkown Units:'units])
        y =nan;
end
```

由于上例中 units = 'm'，第三条 case 语句被执行，执行结果是 y =0. 027。

3. 循环语句

循环语句一般用于有规律的重复计算。被重复执行的语句称为循环体，控制循环语句走向的语句称为循环条件。MATLAB 中有 for 循环和 while 循环两种语句。

（1）for 循环

for 循环的一般格式如下：

```
for variable = expression
    statements
end
```

在上述格式中，expression 为条件数组，statements 为要执行的循环代码。for 循环是根据数组 expression 中的列数决定其循环执行的次数。for 循环每执行一次，variable 就取 expression 中的一列作为其值，一次执行结束后，variable 就取 expression 的下一列的值，直到 expression 的最后一列。下面是一个简单的 for 循环语句例程，其代码及执行结果如下：

```
>> for ii =1:10
x(ii) = sin(ii * pi/10);
end
>> x
x =
      0.3090    0.5878    0.8090    0.9511    1.0000    0.9511
0.8090    0.5878    0.3090    0.0000
```

需要注意的是，上例仅是演示 for 循环的用法，并不意味着是高效率的执行代码。在 MATLAB 中，若用数组方法可以解决问题，就应尽量避免使用 for 循环语句，因为数组方法的执行效率通常要比 for 循环快几个数量级。这是由于数组方法是基于向量方法进行的，因此又称为向量化解决方案；而 for 循环是基于标量方法进行的，因此又称为标量化解决方案。以上用 for 循环求解 sin 值的问题，如果采用向量化解决方案，其代码及执行结果如下：

```
>> ii =1:10;
>> x = sin(ii * pi/10)
x =
      0.3090    0.5878    0.8090    0.9511    1.0000    0.9511
0.8090    0.5878    0.3090    0.0000
```

可见，向量化解决方案除执行效率快几个数量级之外，其代码可读性好，需要输入的字符也少。

(2) while 循环

while 循环的一般格式如下：

```
while expression
   statements
end
```

在上述格式中，expression 为条件表达，statements 为要执行的循环代码。while 循环的次数是不固定的，只要 expression 的值为真，循环体就会被执行。一般情况下，expression 的计算结果为一个标量，但也可以是一个数组表达式，如果为一个数组，只有当数组中的所有元素均为真时，statements 才会被执行。下面是一个简单的利用 while 循环求解 MATLAB 中相对浮点精度（eps）值的循环语句例程，其代码及执行结果如下：

```
>> num = 0; EPS = 1;
>>  while (1 + EPS) >1
    EPS = EPS/2;
    num = num +1;
 end
>> num
num =
   53
```

```
>> EPS =2 * EPS
EPS =
  2.2204e-016
```

1.7　MATLAB 的绘图功能

在科学研究中，有时需要面对大量的原始数据，人们很难直接从中找出内在的规律，而数据图形恰能使人们感受到数据的许多内在本质，发现数据间的内在联系。

MATLAB 在数据的可视化方面提供了很强大的功能，它可以把数据以多种形式加以表现。本节将对常用的绘图方法进行介绍。

1. 基本形式

MATLAB 最基本的绘制线性平面图形的函数为 plot( )，对于不同的输入参数，该函数有不同的形式可以实现不同的功能。

(1) plot(y)

当只有一个参数时，plot 以该参数的值为纵坐标，横坐标从 1 开始自动赋值为向量［1 2 3…］或其转置向量，向量的方向和长度与参数 y 相同。

例如：

```
>> y = [0 0.76 0.38 1 0.86 0.5 0.11];plot(y)
```

则显示如图 1-11 所示的曲线，其横坐标为向量［1 2 3 4 5 6 7］。

(2) plot(x, y)

这是最常用的形式。x 为横坐标向量，y 为纵坐标向量。例如：

```
>> t =0:0.1:4 * pi;
>> y =sin(t);
>> plot(t,y)
```

将绘出如图 1-12 所示的两个周期的正弦曲线。

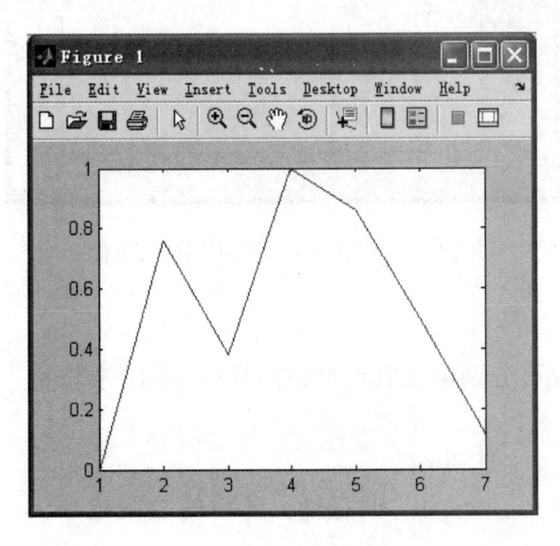

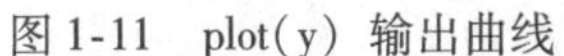
图 1-11　plot(y) 输出曲线

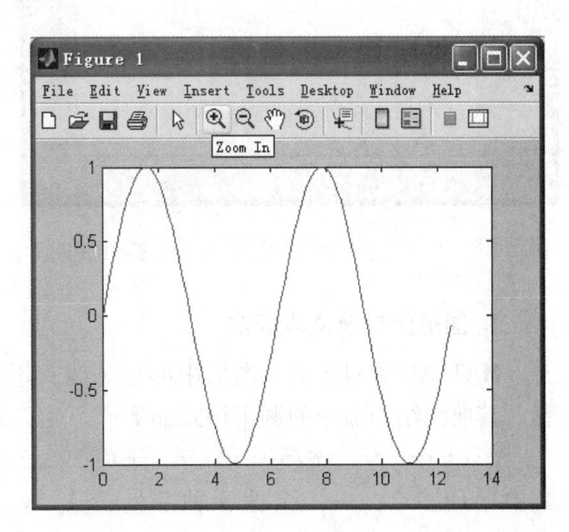

图 1-12　plot(x, y) 绘制的正弦曲线

在使用这个函数时，x 和 y 必须方向相同（行或列），长度相等，否则 MATLAB 将提示错误信息。

参数 y 还可以是包括多个长度都和向量 x 相等的列向量，这样就可以在一个图形窗口同时绘制多条曲线，这些曲线具有相同的横坐标。例如：

```
>> t =0:0.1:4 * pi;
>> y = [sin(t);sqrt(t)];
>> plot(t,y)
```

可以绘制出如图 1-13 所示的正弦和平方根两条曲线。MATLAB 自动把不同的曲线绘制成不同的颜色，而且在黑白打印机上输出时会以不同的灰度来表示。

（3） plot(x1，y1，x2，y2，…)

用这种形式也可以在同一窗口绘制多条曲线，而且每条曲线的横坐标可以不同，每一组向量也可以有不同的长度。例如：

```
>> t1 =0:0.1:4 * pi;
>> t2 =0:0.1:2 * pi;
>> plot(t1,sin(t1),t2,cos(t2))
```

可以绘制出如图 1-14 所示的两条曲线，它们的坐标位置不同，而且长度也不同。

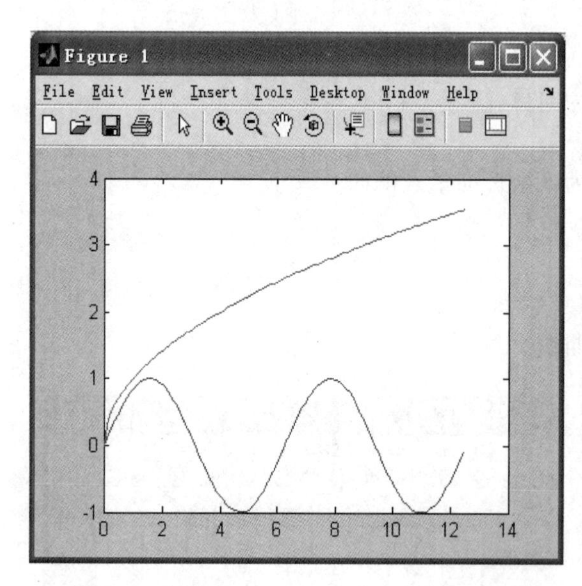

图 1-13　在同一个窗口绘制正弦和平方根两条曲线

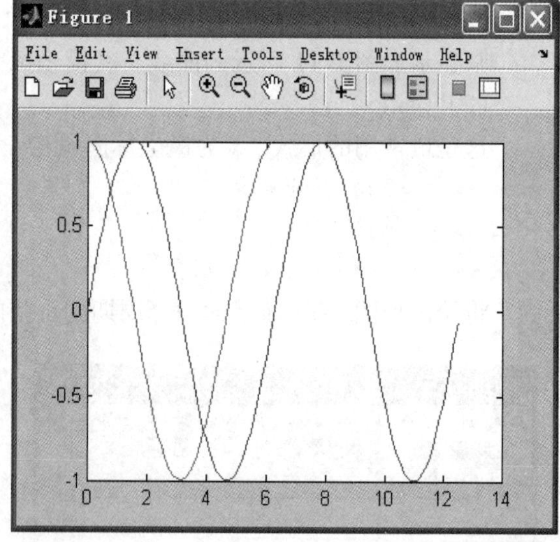

图 1-14　两条曲线具有不同的横坐标

2. 图形修饰及文本标注

MATLAB 中对于同一图形中的多条线，不仅可分别定义其线型，而且可分别选择其色彩，其曲线绘制命令的调用格式如下：

```
plot(x1,y1,选项1,x2,y2,选项2,…,xn,yn,选项n)
```

其中，x1，x2，…，xn 为 x 轴变量；y1，y2，…，yn 为 y 轴变量，常用的绘图选项见表 1-10。

表 1-10　常用的绘图选项

选　项	含　义	选　项	含　义
‘-’	实线	‘.’	用点号标出数据点
‘--’	虚线	‘o’	用圆圈标出数据点
‘:’	点线	‘x’	用叉号标出数据点
‘-.’	点画线	‘+’	用加号标出数据点
‘r’	红色	‘s’	用小正方形标出数据点
‘g’	绿色	‘d’	用菱形标出数据点
‘b’	蓝色	‘∨’	用下三角标出数据点
‘y’	黄色	‘∧’	用上三角标出数据点
‘m’	洋红	‘<’	用左三角标出数据点
‘c’	青色	‘>’	用右三角标出数据点
‘w’	白色	‘h’	用六角形标出数据点
‘k’	黑色	‘p’	用五角形标出数据点
‘*’	用星号标出数据点		

利用表中的这些选项可以把同一窗口中的不同曲线设置为不同的线型和颜色，可以只画出数据点，也可以在绘制的曲线上同时标出数据点。这些选项可以组合使用，例如，选项‘--r’表示绘制红色的虚线，‘: bx’表示绘制蓝色点线，同时用符号‘x’标记数据点。例如：

```
>> x=0:0.1:2*pi;
>> plot(x,sin(x),'--r',x,cos(x),':bx')
```

输出曲线如图 1-15 所示。

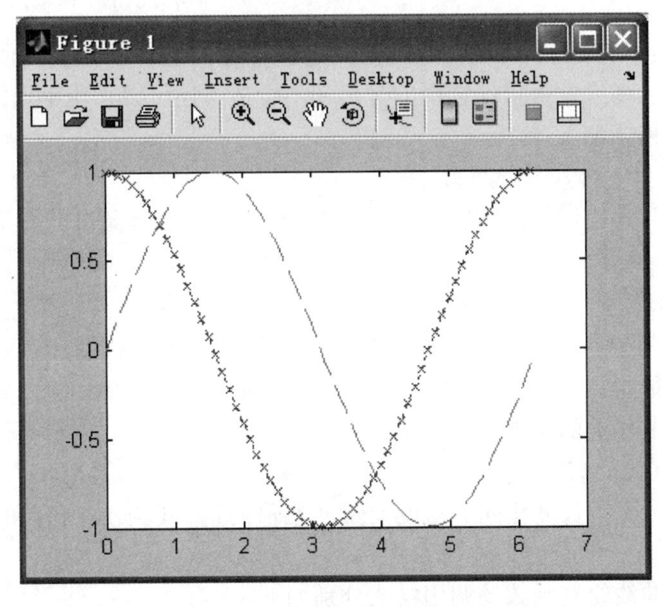

图 1-15　用不同的线型绘制曲线

绘制完曲线后，MATLAB 还提供特殊绘图函数对屏幕上已有的图形加注释、题头或坐标网格。

例如：

```
>> x=0:0.1:2*pi;y=sin(x);plot(x,y)
>>title('Figure example')                % 给出题头
>>xlabel('This is x axis')               % x 轴的标注
>>ylabel('This is y axis')               % y 轴的标注
>>grid                                   % 增加网格
```

输出带有标注的曲线，如图 1-16 所示。

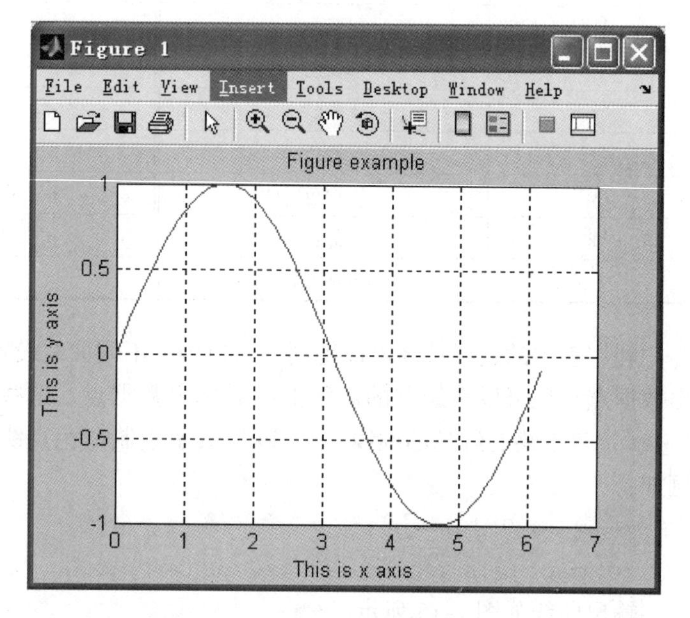

图 1-16 带有标注的 plot 输出曲线

3. 图形控制

MATLAB 允许将一个图形窗口分割成 $n \times m$ 部分，对每一部分可以用不同的坐标系单独绘制图形，窗口分割命令的调用格式如下：

```
subplot(n,m,k)
```

其中，n、m 分别表示将这个图形窗口分割的行列数，k 表示每一部分的代号。例如，想将窗口分割成 4×3 个部分，则左上角代号为 1，右下角的代号为 12，MATLAB 最多允许 9×9 个窗口的分割。

MATLAB 可以自动根据绘制曲线数的范围选择合适的坐标系范围，使得曲线能够尽可能清晰地显示出来。如果觉得自动选择的坐标还不合适，还可以采用手动的方式来选择新的坐标系。调用函数格式如下：

```
axis([xmin,xmax,ymin,ymax])
```

另外，MATLAB 还提供了清除图形窗口命令 clg，保持当前窗口的图形命令 hold、放大和缩小窗口命令 zoom 等。

4. 特殊坐标图形

除了基本的绘图命令 plot( ) 外，MATLAB 还具有绘制极坐标曲线、对数坐标曲线、条形图和阶梯图等功能。

极坐标曲线绘制函数的调用格式如下：

```
polar(theta,rho,选项)
```

其中，theta 和 rho 分别为长度相同的角度向量和幅值向量，选项的内容和 plot( ) 函数基本一致。

对数和半对数曲线绘制函数的调用格式分别如下：

```
semilogx(x,y,选项)                % 绘制 x 轴为对数标度的图形
```

```
semilogy(x,y,选项)                    % 绘制 y 轴为对数标度的图形
loglog(x,y,选项)                      % 绘制两个轴均为对数标度的图形
```

semilogx( ) 仅对横坐标进行对数变换，而纵坐标仍保持线性坐标；而 semilogy( ) 只对纵坐标进行对数变换，而横坐标仍保持线性坐标；loglog( ) 则分别对横纵坐标都进行对数变换（最终得出全对数坐标的曲线来）。选项的定义与 plot( ) 函数完全一致。

例如：

```
x = -1:0.1:1;
subplot(2,2,1)
polar(x,exp(x))
subplot(2,2,2)
semilogx(x,exp(x))
subplot(2,2,3)
semilogy(x,exp(x))
subplot(2,2,4)
loglog(x,exp(x))
```

结果输出的特殊曲线如图 1-17 所示。

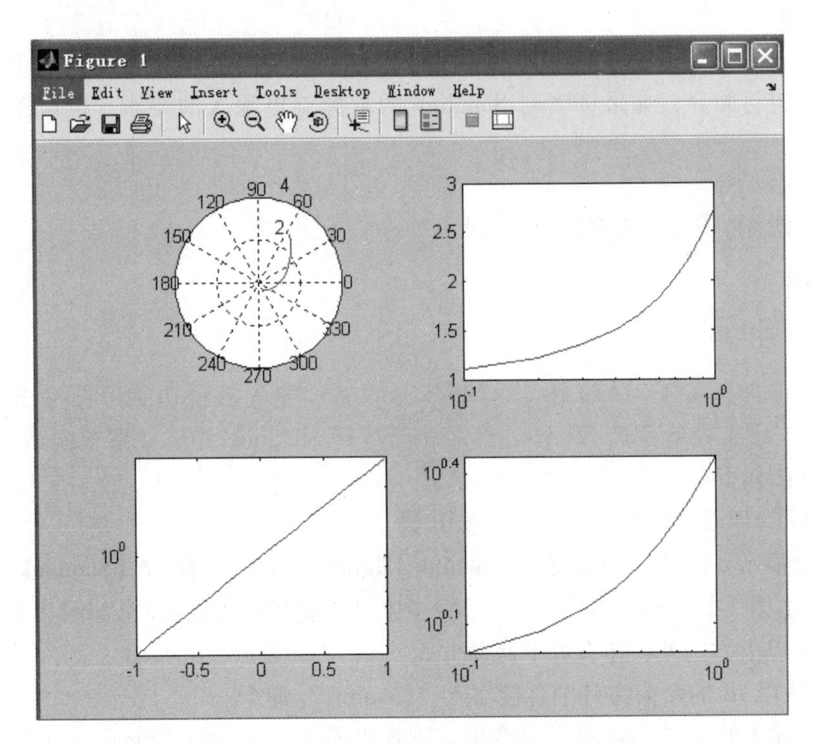

图 1-17　特殊曲线输出

第2章　Simulink 仿真入门

Simulink 是基于 MATLAB 的图形化仿真设计环境。确切地说，它是 MATLAB 提供的对动态系统进行建模、仿真和分析的一个软件包。它支持线性和非线性系统、连续时间系统、离散时间系统、连续和离散混合系统，而且系统可以是多进程的。它使用图形化的系统模块对动态系统进行描述，并在此基础上采用 MATLAB 的计算引擎对动态系统在时域内进行求解。MATLAB 计算引擎主要对系统微分方程和差分方程求解。Simulink 和 MATLAB 是高度集成在一起的，因此，它们之间可以进行灵活的交互操作。

Simulink 提供了友好的图形用户界面（GUI），模型由模块组成的框图来表示，用户通过简单的鼠标操作就能够完成建模。Simulink 的模块库为用户提供了包括基本功能模块和扩展模块在内的多种功能模块，在 MATLAB 中，可直接在 Simulink 环境中运作的工具箱和模块已覆盖航空、航天、通信、控制、信号处理、电力系统、机电系统等诸多领域。随着 MATLAB 的不断升级，Simulink 所涉及的内容专业性越来越强，使用也越来越方便。

目前与 Simulink 有关的书籍已经很多，所以本章主要对在电力系统仿真中经常使用的 Simulink 知识进行简介，如果读者对 Simulink 的掌握有更深入的要求，可以阅读其他相关书籍。

2.1　Simulink 基本操作

2.1.1　运行 Simulink

由于 Simulink 是基于 MATLAB 环境基础上的高性能的系统仿真设计平台，因此启动 Simulink 之前必须首先运行 MATLAB，然后才能运行 Simulink 并建立系统模型。运行 Simulink 的常用方法如下：

单击 MATLAB 工具栏中的 Simulink 按钮。

运行后会显示如图 2-1 所示的“Simulink Library Browser”窗口（Simulink 模块库浏览器），然后单击图 2-1 工具栏左边的图标（建立新模型），就会弹出如图 2-2 所示的新建模型窗口。除以上方法外，还有如下两种方式：

1）在 MATLAB 的命令窗口中直接输入“simulink”命令。

注意：当输入的是“simulink”命令时，则弹出图 2-1 所示的“Simulink Library Browser”窗口；当输入的是“Simulink”命令时，则弹出图 2-3 所示的标准 Simulink 模块库窗口。

2）在 MATLAB 菜单上选择“File”→“New”→“Model”选项。

如果要打开已经存在的模型文件，可用以下的方式之一：

1）在 MATLAB 命令窗口直接输入模型文件名（不要加扩展名“. mdl”），此方式要求该文件在当前的路径范围内。

2）在 MATLAB 菜单上选择“File”→“Open”选项。

3）单击图 2-1 所示工具栏中的📂图标。

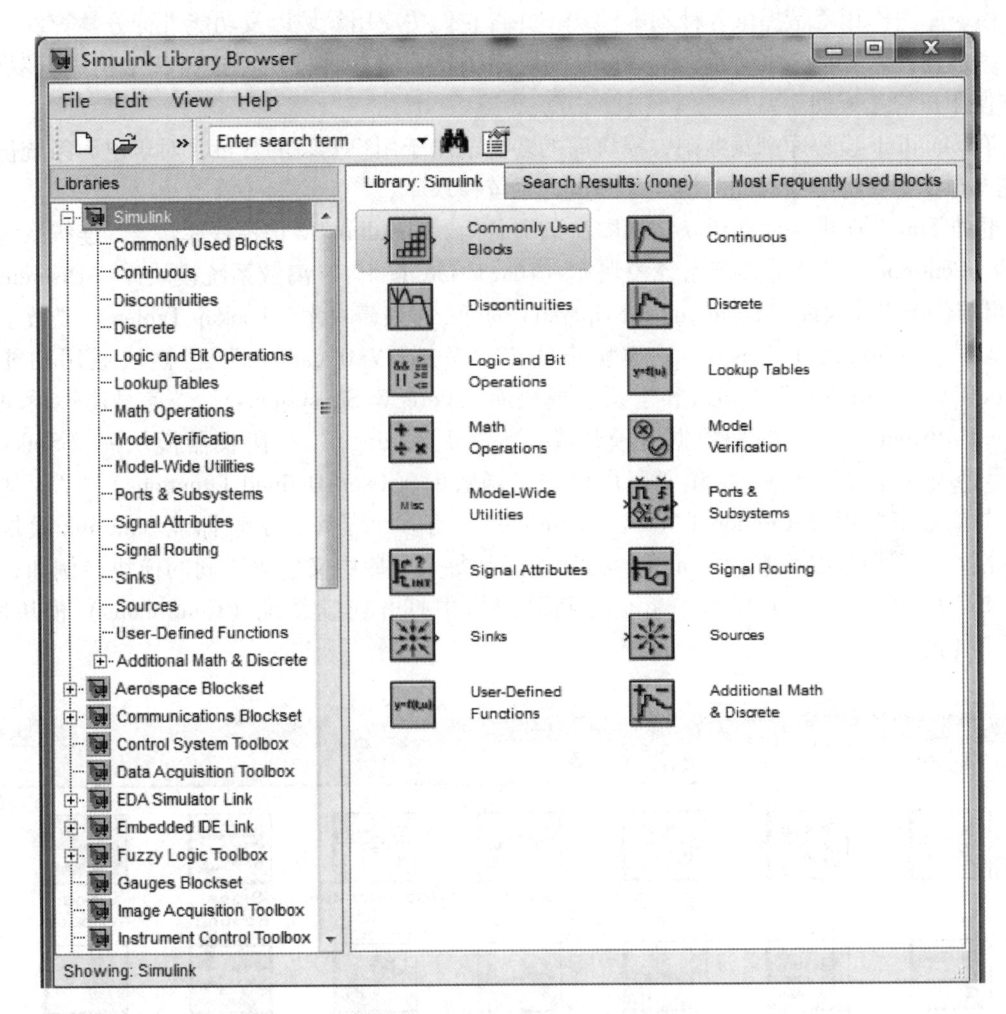

图 2-1　Simulink 模块库浏览器

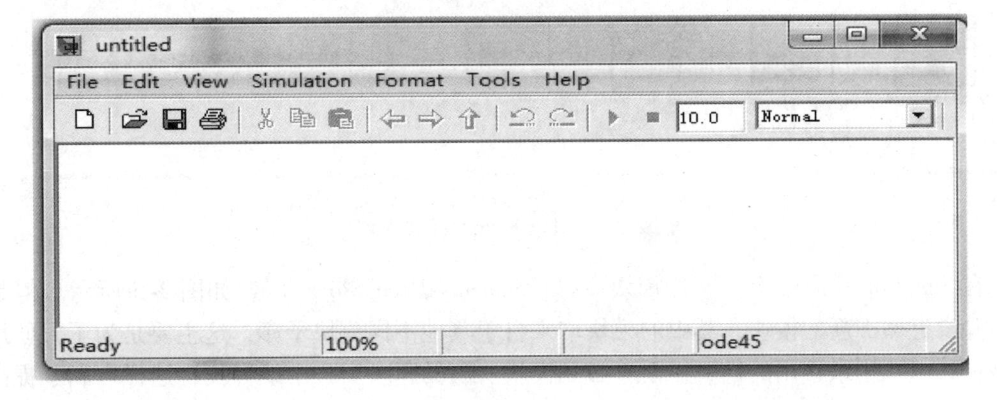

图 2-2　新建模型窗口

2.1.2 Simulink 模块库

模块库的作用就是提供各种基本模块，并将它们按应用领域以及功能进行分类管理，以方便用户查找。如图 2-1 所示，Simulink 模块库浏览器将各种模块库按树状结构进行罗列，以方便用户快速查询。

在 Simulink 模块库浏览器中，模块库的多少取决于用户安装的数量，对于电力系统仿真来说，至少要有标准 Simulink 模块库和电力系统模块库。

标准 Simulink 模块库在树状结构图窗口中名为“Simulink”。该模块库包含“连续系统模块库（Continuous）”“非连续系统模块库（Discontinuities）”“离散系统模块库（Discrete）”“逻辑与位操作模块库（Logic and Bit Operations）”“查表模块库（Lookup Tables）”“数学运算模块库（Math Operations）”“模块声明库（Model Verification）”“模块通用功能库（Model-Wide Utilities）”“端口和子系统模块库（Ports & Subsystems）”“信号属性模块库（Signal Attributes）”“信号数据流模块库（Signal Routing）”“接收器模块库（Sinks）”“信号源模块库（Sources）”和“用户自定义函数库（User-Defined Functions）”“附加的数学与离散函数库（Additional Math & Discrete）”等多个子库，了解标准 Simulink 模块库中各模块的作用是熟练掌握 Simulink 的基础。其每个子库中又包含不同的模块，例如，单击图 2-3 中的 Continuous 图标，就会在新的窗口中打开连续系统（Continuous）模块库，如图 2-4 所示。

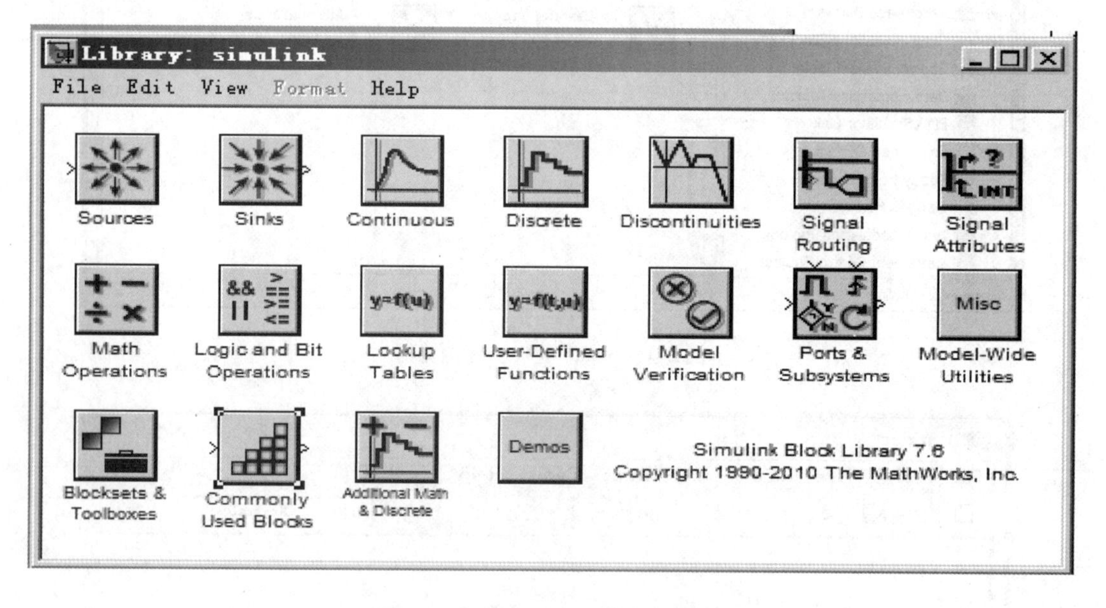

图 2-3 标准 Simulink 模块库窗口

在 Simulink 中有一个“常用模块库（Commonly Used Blocks）”，如图 2-5 所示。但是库里面并没有增加新的模块，其中的模块均来自于其他不同模块子库，这主要是为了方便用户能够在其中调用最常用的模块，而不必到模块所属的库一个一个地寻找，这样有利于提高建模速度。

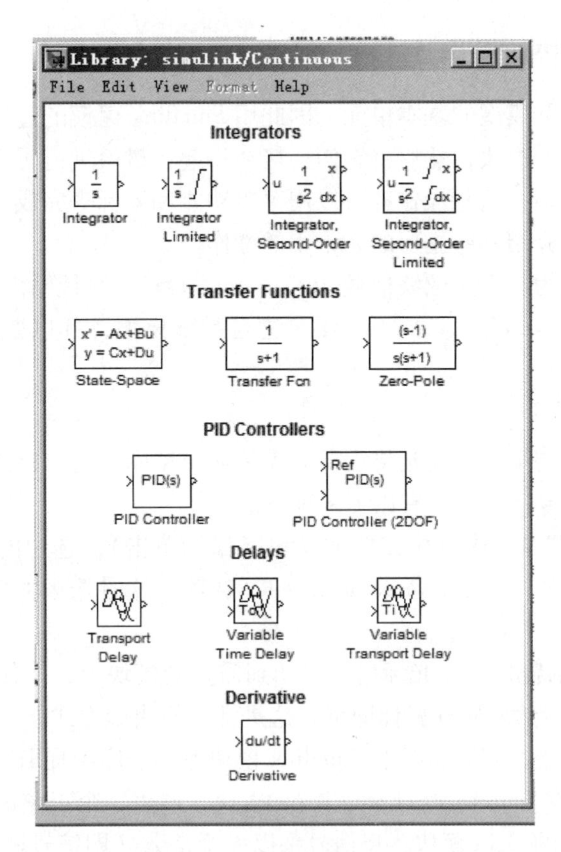

图 2-4　连续系统模块库窗口

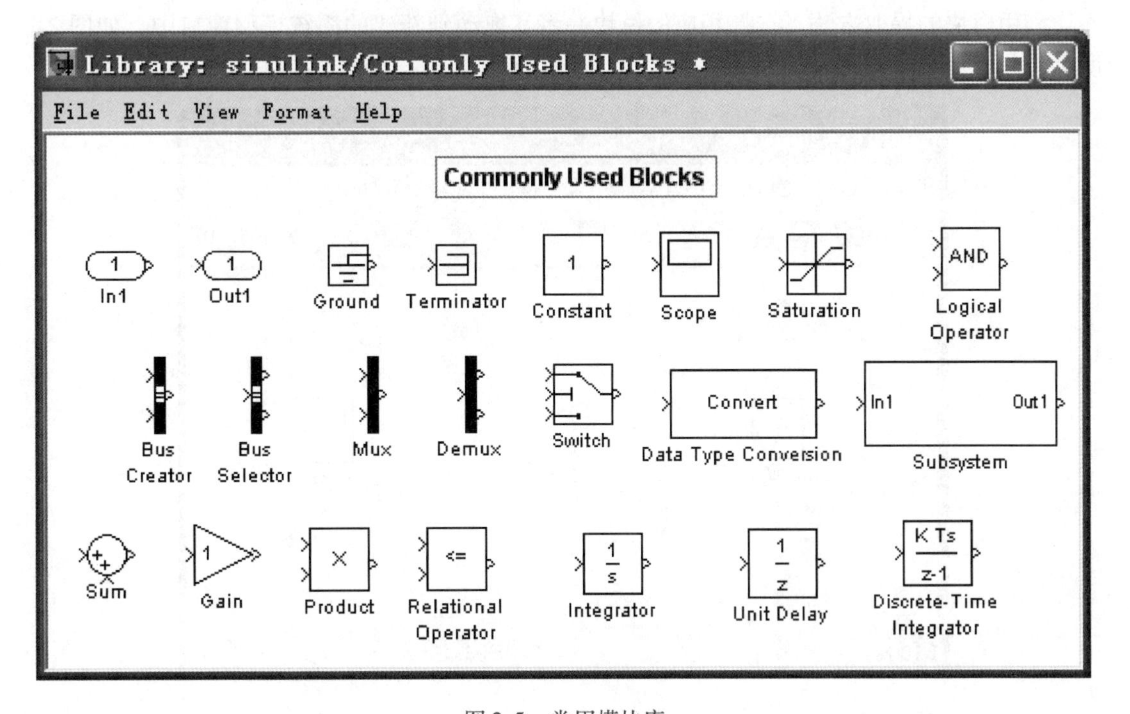

图 2-5　常用模块库

2.1.3 Simulink 模块的操作

模块是建立 Simulink 模型的基本单元，因此用 Simulink 建模的过程，就可以简单地理解为从模块库中选择合适的模块，然后将它们连接在一起，最后进行仿真的过程。

有关模块的操作很多，这些操作都可以用菜单功能和鼠标来完成，这里将结合一个建立动态系统模型的例子来介绍一些主要的、常用的操作。

例：设系统的输入为一个正弦波信号 $u(t)=\sin t$，$t\geqslant 0$，系统输出 $y(t)$ 为 $u(t)$ 与一个常数 α 的积，即：$y(t)=\alpha u(t)$，$\alpha\neq 0$。要求建立系统模型，并以图形方式输出系统运算结果。

1. 模块的提取

建立 Simulink 模型的第一步就是将需要的模块从模型库中提取出来，并放到 Simulink 窗口（Simulink 的仿真平台）中去。有以下两种方法：

1）在模块库浏览器窗口中选中需要的模块（鼠标单击），选中的模块名会反显，然后在【Edit】菜单栏下选择“Add to current model”选项，这时选中的模块就会出现在 Simulink 的仿真平台上。

2）在模块库浏览器窗口中将光标指针移动到需要的模块上，按住鼠标左键将模块拖到 Simulink 的仿真平台上，然后松开鼠标即可，这是常用的快捷方式。

建立本例的系统模型，需要从标准 Simulink 模块库的子库中提取以下模块：

1）系统输入模块库 Sources 中的 Sine Wave 模块：产生一个正弦信号。

2）数学库 Math 中的 Gain 模块：将信号乘以一个常数（即信号增益）。

3）系统输出库 Sinks 中的 Scope 模块：以图形方式显示结果。

利用模块的提取方法，选择相应的模块并将其拖动到新建的系统模型窗口中，如图 2-6 所示。

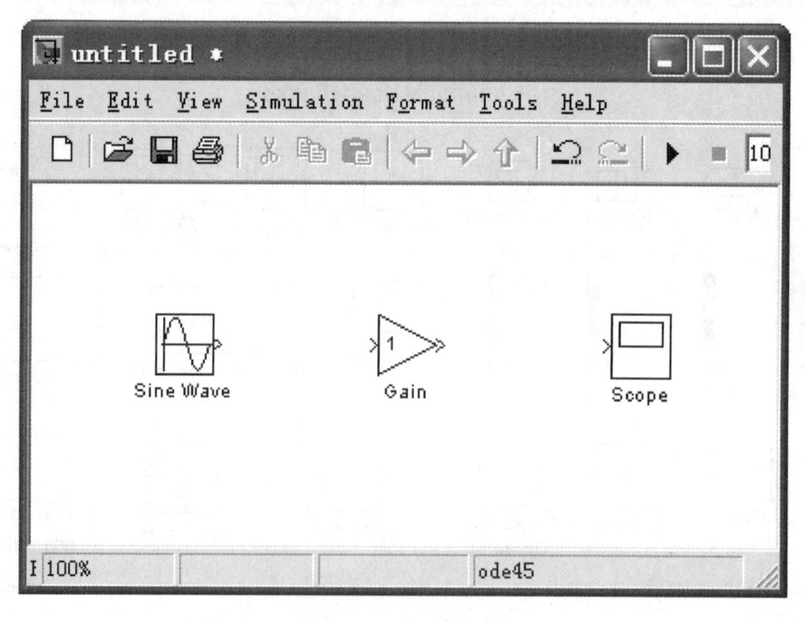

图 2-6 模块的提取

2. 模块的选择和移动

模块选定操作是许多其他操作（如复制、移动、删除）的前导操作。被选定的模块 4 个角处会出现小黑块，这种小黑块称作 Handle（柄）。当要选定单个模块时，将光标指向待选模块，单击即可。在图 2-7 中，“Sine Wave” 模块被选定。

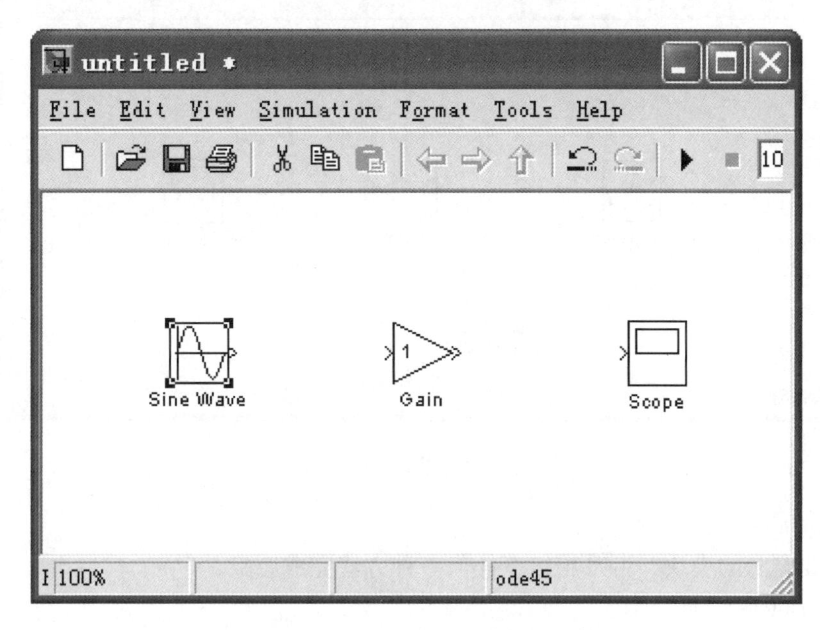

图 2-7　“Sine Wave” 模块被选定

选定多个模块的操作方法如下。

1）按下 <Shift> 键的同时，依次单击所需选定的模块。

2）按下鼠标左键或右键，同时拖曳鼠标，拉出矩形虚线框，将所有待选模块括在其中，于是矩形里所有模块（包括与模块连接的信号线）均被选中。

当需要移动某一个模块时，首先选中需要移动的模块，按下鼠标左键将模块拖曳至合适的地方即可。

3. 模块的复制

如果需要几个同样的模块，可以右击并拖曳基本模块进行复制。也可以在选中所需的模块后，使用【Edit】菜单上的“Copy” 和 “Paste” 选项或使用 <Ctrl + C> 键和 <Ctrl + V> 键完成同样的功能。它又分为以下两种不同情况。

（1）不同模型窗（包括库窗口在内）之间的模块复制方法

1）在窗口选中模块，将其拖至另一模型窗，释放鼠标。

2）在窗口选中模块，单击“复制” 图标，然后用鼠标单击目标模型窗中需要复制的模块的位置，最后单击“粘贴” 图标即可。此方法也适用于同一窗口内的复制。

（2）在同一模型窗口内的模块复制方法

1）按下鼠标右键，拖动鼠标到合适的地方，释放鼠标即完成。

2）按住 <Ctrl> 键，再按下鼠标左键，拖曳鼠标至合适的地方，释放鼠标。

如图 2-8 所示，“Sine Wave1” 就是复制产生的模块。

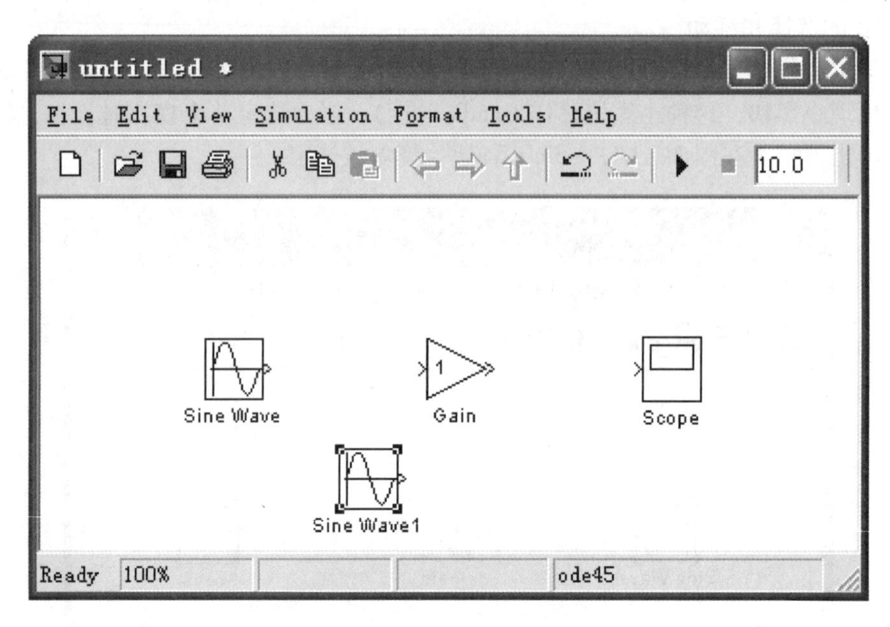

图 2-8 模块的复制

4. 模块的删除

选中需要删除的模块，可采用以下任何一种方法完成删除。

1）按 <Delete> 键。

2）单击工具栏上的“剪切”图标，将选定内容剪除并存放于剪贴板上。

5. 模块大小的改变

首先选中该模块，待模块柄出现之后，将光标指向适当的柄，拖曳至适当的位置，从而改变模块的大小。

6. 模块的旋转

默认状态下的模块总是输入端在左，输出端在右，通过选择“Format”→“Flip Block”选项将选定模块旋转180°；而通过选择“Format”→“Rotate Block”选项可将选取模块旋转90°。

7. 模块名的操作

1）修改模块名：单击模块名，将在原名字的四周出现一个编辑框。此时，就可对模块名进行修改。当修改完毕后，将光标移出编辑框，单击即结束修改。

2）模块名字体设置：选择“Format”→“Font”选项，打开字体对话框并根据需要设置各项参数。

3）改变模块名的位置：单击模块名，出现编辑框后，可用鼠标拖曳。如果模块的输入、输出端位于其左右两侧，则模块名位置可以在模块的上下方；如果模块的输入、输出端位于其上下方，则模块名位置可以在模块的左右侧。

4）隐藏模块名：单击模块后，选择“Format”→“Hide Name”选项，可以隐藏模块名。与此同时，菜单也变为“Format”→“Show Name”。

图 2-9 即为对模块名进行修改后的结果。

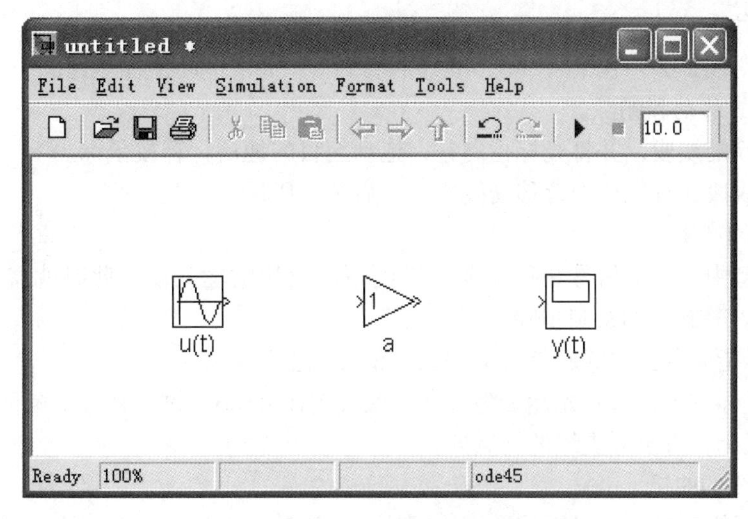

图 2-9　模块名的操作

8. 模块间的连线

Simulink 模型中的信号总是由模块之间的连线携带并传送，模块间的连线被称作信号线（Signal lines）。在连接模块时，要注意模块的输入、输出端和各模块间的信号流向。在 Simulink中，模块总是由输入口接收信号，由输出口发送信号。

（1）水平或垂直连线的产生

先将光标指向连线的起点（即某模块输出端），待光标变为十字后，按下左键并拖动至终点（即某模块输入端），释放鼠标。Simulink 会根据起点和终点的位置，自动配置连线，或者采用直线，或者采用折线（由水平和垂直线组成）连接。

在图 2-9 的基础上，按上述方法依次连接 $u(t)$—a—$y(t)$ 后，如图 2-10 所示。

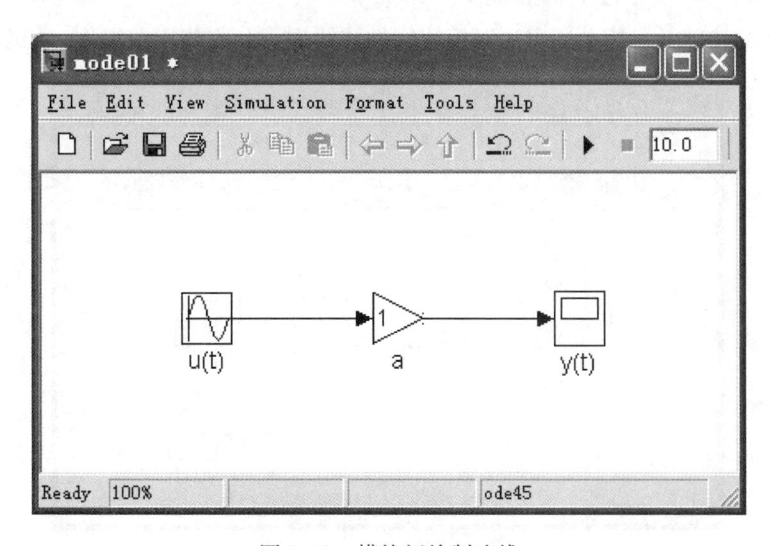

图 2-10　模块间绘制连线

另一个绘制模块之间连线的常用方法是：先单击选中一个模块，然后按下 <Ctrl> 键并单击要连接的模块，便会在两个模块的输入与输出间自动产生连线。

（2）斜连线的产生

为了绘制斜线，必须按下 <Shift> 键，再像（1）那样拖动鼠标至完成。

（3）连线的移动和删除

选中待删除的线段，并将光标指向它，拖动至目的地后，释放鼠标。

要删除某线段，首先选中待移动线段，然后按 <Delete> 键。

（4）分支的产生

在实际模型中，一个信号往往需要分送到不同模块的输入端，此时就需要绘制分支线（Branch Line）。分支线的绘制步骤如下：

1）将光标指向分支线的起点（即在已有信号线上的某点）。

2）按下鼠标右键，看到光标变为十字；或者按住 <Ctrl> 键，再按下鼠标左键。

3）拖动鼠标，直至分支线的终点处。

（5）信号线的曲折

在构建框图模型时，有时需使两模块间的连线移动，以让出空白，绘制其他东西。产生"折曲"的过程是：选中已存在的信号线，将光标指向待折点，按住 <Shift> 键，再按下鼠标左键，拖动鼠标至合适位置，释放鼠标。

（6）折点的移动

选中折线，将光标指向待移动的折点处，当光标变为一个小圆圈时，按下鼠标左键并拖动鼠标至合适位置，释放鼠标。

（7）信号线宽度显示

信号线所携带的信号既可能是标量也可以是向量，并且不同信号线所携带的向量信号的长度可能互不相同。为了使信息一目了然，Simulink 不但具有用粗宽线显示向量信号线的能力，而且可以将向量长度用数字标出。操作方法：选择"Format"→"Wide nonscale Lines"选项和"Format"→"Signal dimensions"选项。

在图 2-10 的基础上，按上述方法对模块间的连线进行分支与折曲操作，如图 2-11 所示。

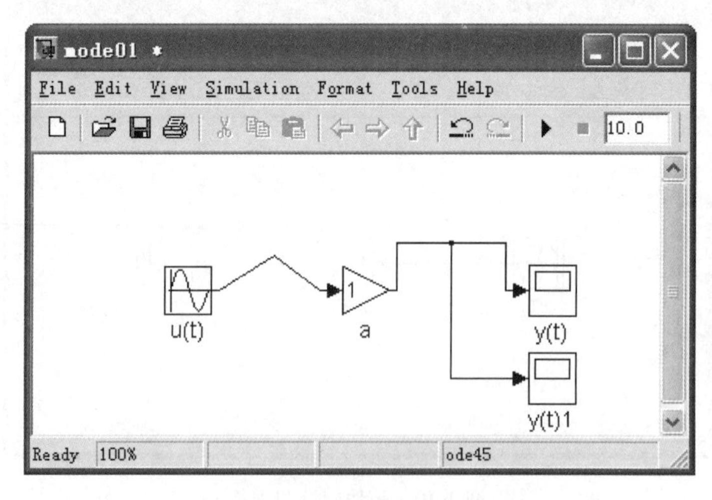

图 2-11　模块间连线的分支与折曲

当按照信号的输入、输出关系连接各系统模块之后，系统模型的创建工作就完成了。为了对动态系统进行正确的仿真与分析，必须设置正确的系统模块参数与系统仿真参数。系统模块参数的设置方法如下：

1）双击系统模块，打开系统模块的参数设置对话框。参数设置对话框包括系统模块的简单描述、模块的参数选项等信息。注意，不同的系统模块的参数设置不同。

2）在参数设置对话框中设置合适的模块参数，根据系统的要求在相应的参数选项中设置合适的参数。图 2-12 所示为信号增益 Gain 模块的参数设置对话框。

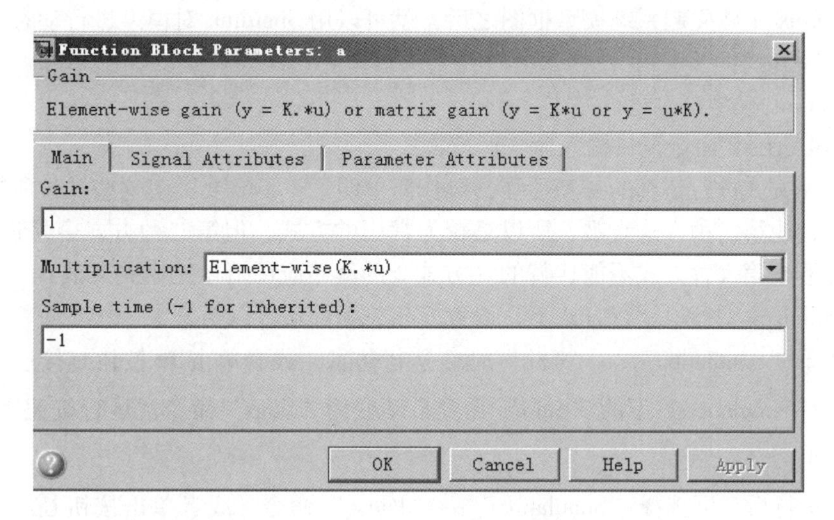

图 2-12 信号增益 Gain 模块的参数设置对话框

当系统中各模块的参数设置完毕后，可设置合适的系统仿真参数以进行动态系统的仿真（在此应用系统默认的设置，具体的设置方法在 2.2 节中介绍）。

对系统中各模块参数以及系统仿真参数进行正确设置之后，单击系统模型编辑器上的运行按钮 ▶ 或选择“Simulation”→“Start”选项便可以对系统进行仿真分析。仿真之后双击 Scope 模块以显示系统仿真的输出结果，如图 2-13 所示。

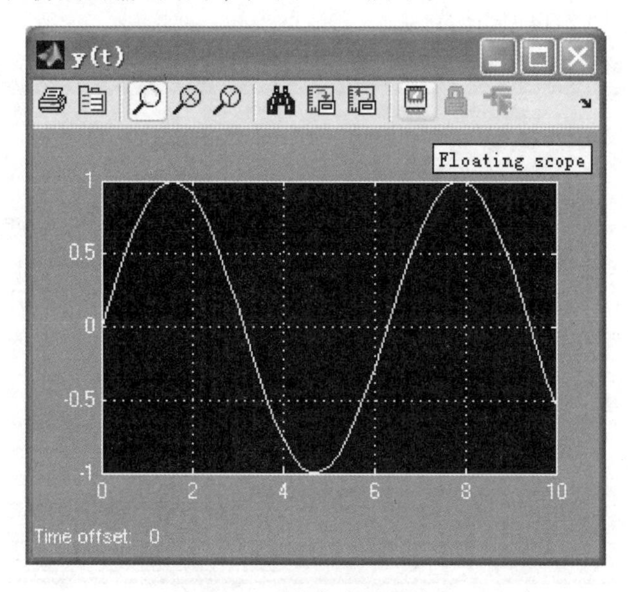

图 2-13 系统仿真结果输出

2.2　运行仿真及参数设置简介

2.2.1　运行仿真

在 Simulink 中建立起系统模型框图之后，就可以用 Simulink 对模型进行动态仿真了。运行仿真有两种方式：

1）Simulink 模型窗口运行方式。

2）在 MATLAB 命令窗口输入命令运行方式。

用第一种方式进行仿真的交互性强，操作简单明了，不需要了解这些操作所执行的具体命令及语法，比第二种方式直观，所以是较为常用的方式，但第二种方式容易进行批处理，在有些情况下是第一种方式不能代替的（方式 2 的具体应用请参见相关文献）。

在 Simulink 模型窗口运行方式下，设置好相关参数就可以仿真了。

运行菜单“Simulation”→“Start”命令运行仿真，或者单击 ▶ 按钮直接运行。模型运行时，菜单【Simulation】下的“Start”命令自动变为“Stop”命令，运行按钮 ▶ 变为暂停按钮 ⏸。

当仿真运行后，可选择“Simulation”→“Pause”命令，或者单击按钮 ⏸ 来暂停仿真。当需要使仿真停止时，可选择“Simulation”→“Stop”命令，或者单击 ■ 按钮来终止仿真。

2.2.2　仿真参数设置简介

在进行仿真前，如果不采用默认设置，那么就必须对各种参数进行配置。可以通过模型窗口菜单中的“Simulation”→“Configuration Parameters”命令打开设置仿真参数的对话框，也可以通过右击模型窗口中的空白处，在弹出的快捷菜单中选择“Configuration Parameters”项打开该对话框，如图 2-14 所示。

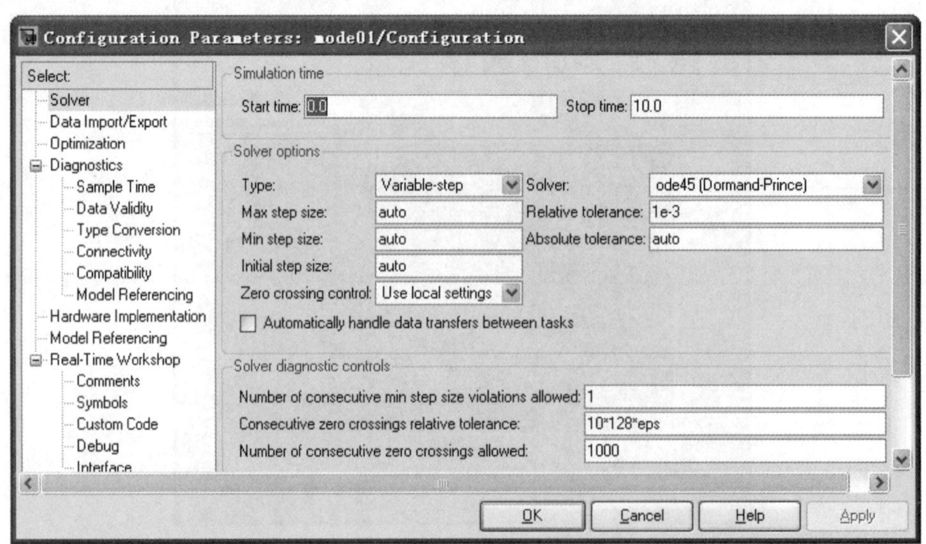

图 2-14　仿真参数对话框

对话框将参数分成不同类型的 6 组，下面对每一组中各个参数的作用和设置方法进行简单的介绍。

（1） Solver 面板

该面板主要用于设置仿真开始和结束时间，选择解法器，并设置它的相关参数，如图 2-15 所示。

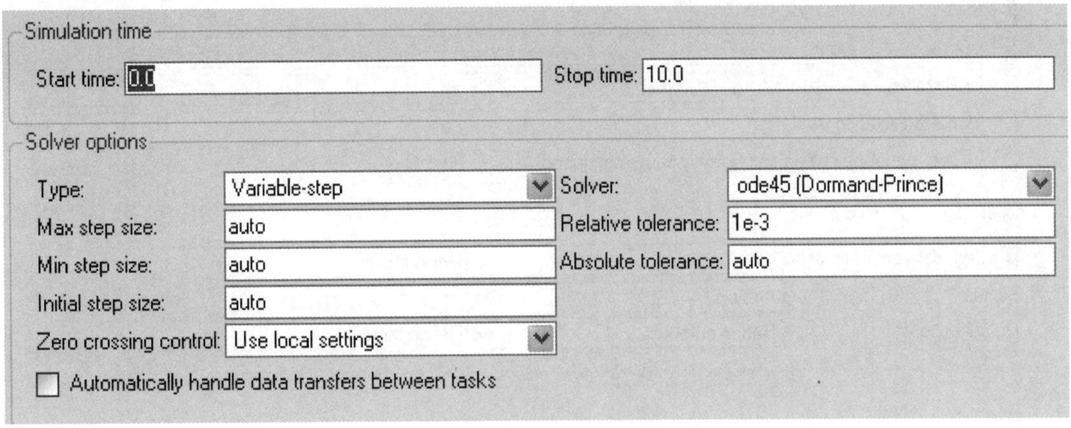

图 2-15　Solver 面板

仿真开始和结束时间在“Simulation time”栏设置。解法器在“Solver options”栏设置。Simulink 支持两类解法器：固定步长和可变步长解法器。两种解法器计算下一个仿真时间的方法都是在当前仿真时间上加一个时间步长。不同的是，固定步长解法器的时间步长是常数，而可变步长解法器的时间步长是根据模型的动态特性可变的。当模型的状态变化特别快时，为了保证精度则要降低时间步长，反之就要增加时间步长。面板中的“Type”项用于设置解法器的类型，当选择了不同的类型时，Solver 中可选的算法也不同，有关的各种算法在下一节中介绍。

关于该面板中其他参数的设置，读者可以查看在线帮助。

（2） Data Import/Export 面板

该面板主要用于向 MATLAB 工作空间输出模型仿真结果数据，或从 MATLAB 工作空间读数据到模型，如图 2-16 所示。

“Load from workspace”栏：设置从 MATLAB 工作空间向模型导入数据，作为输入和系统的初始状态。

“Save to workspace”栏：设置向 MATLAB 工作空间输出仿真时间、系统状态、系统输出和系统的最终状态。

“Save options”栏：设置向 MATLAB 工作空间输出数据的数据格式、数据量、存储数据的变量名以及生成附加输出信号数据等。

（3） Optimization 面板

该面板用于设置各种选项来提高仿真性能和由模块生成的代码的性能，如图 2-17 所示。

“Block reduction optimization”选项：设置用时钟同步模块来代替一组模块，以加速模型的运行。

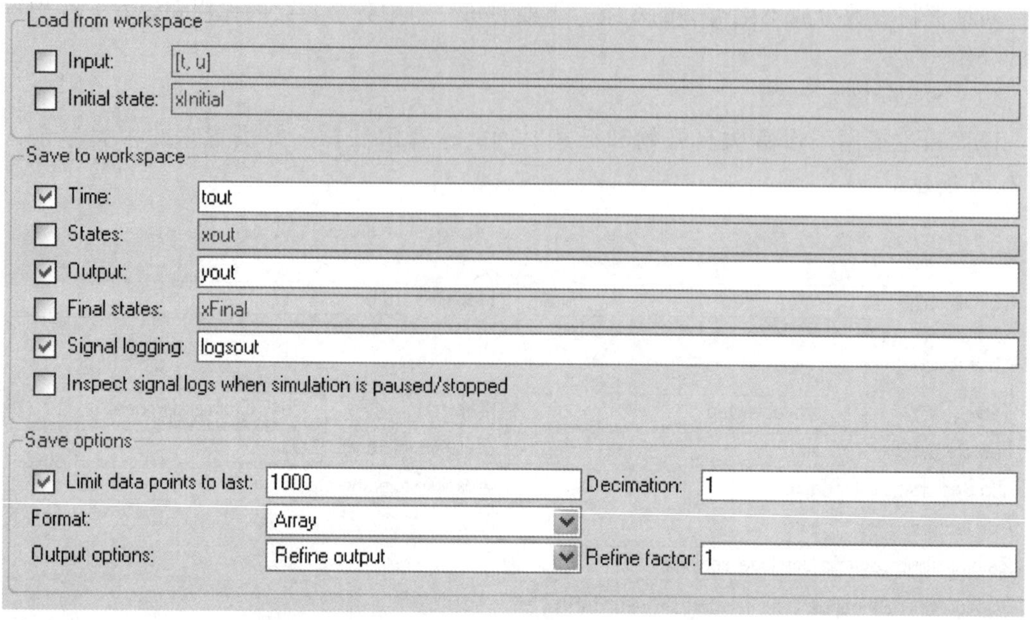

图 2-16 Data Import/Export 面板

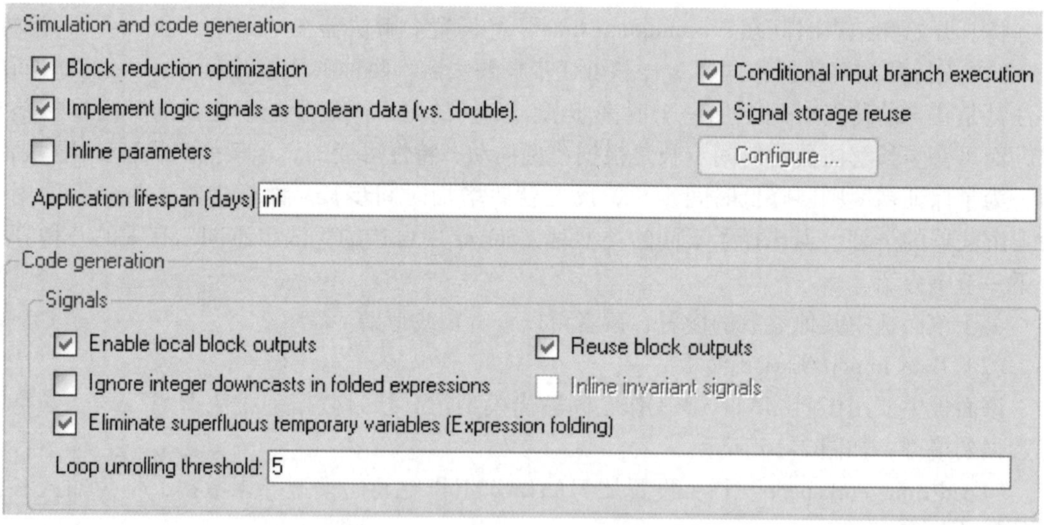

图 2-17 Optimization 面板

“Conditional input branch execution”选项：用于优化模型的仿真和代码的生成。

“Inline parameters”选项：选中该选项使得模型的所有参数在仿真过程中不可调，Simulink 在仿真时就会将那些输出仅决定于模块参数的模块从仿真环中移出，以加快仿真。如果用户要想使某些变量参数可调，那么可以单击“Configure”按钮打开“Model Parameter Configuration”对话框将这些变量设置为全局变量。

“Implement logic signals as boolean data (vs. double)”选项：使得接收布尔值输入的模块只能接收布尔类型。若该项没被选，则接收布尔输入的模型也能接收 double 类型的输入。

(4) Diagnostics 面板

该面板主要用于设置当模块在编译和仿真遇到突发情况时，Simulink 将采用哪种诊断动作，如图 2-18 所示。该面板还将各种突发情况的出现原因分类列出，各类突发情况的诊断办法设置在此不做详细介绍。

Solver

Algebraic loop:	warning
Minimize algebraic loop:	warning
Block priority violation:	warning
Min step size violation:	warning
Consecutive zero crossings violation:	error
Unspecified inheritability of sample time:	warning
Solver data inconsistency:	none
Automatic solver parameter selection:	warning
Extraneous discrete derivative signals:	error

图 2-18　Diagnostics 面板

(5) Hardware Implementation 面板

该面板主要用于定义硬件的特性（包括硬件支持的字长等），如图 2-19 所示。这里的硬件是指将来要用来运行模型的物理硬件。这些设置可以帮助用户在模型实际运行目标系统（硬件）之前通过仿真检测到以后在目标系统上运行可能会出现的问题，如溢出问题等。

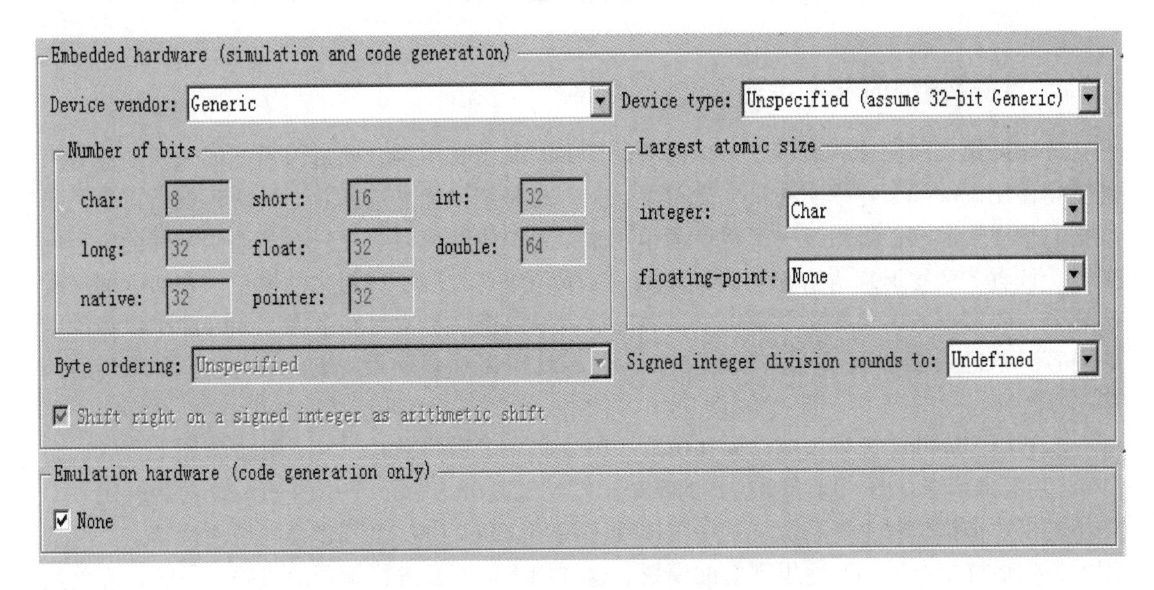

图 2-19　Hardware Implementation 面板

(6) Model Referencing 面板

该面板主要用于生成目标代码、建立仿真以及定义当此模型中包含其他模型或其他模型引用该模型时的一些选项参数值，如图 2-20 所示，在此不做详细介绍。

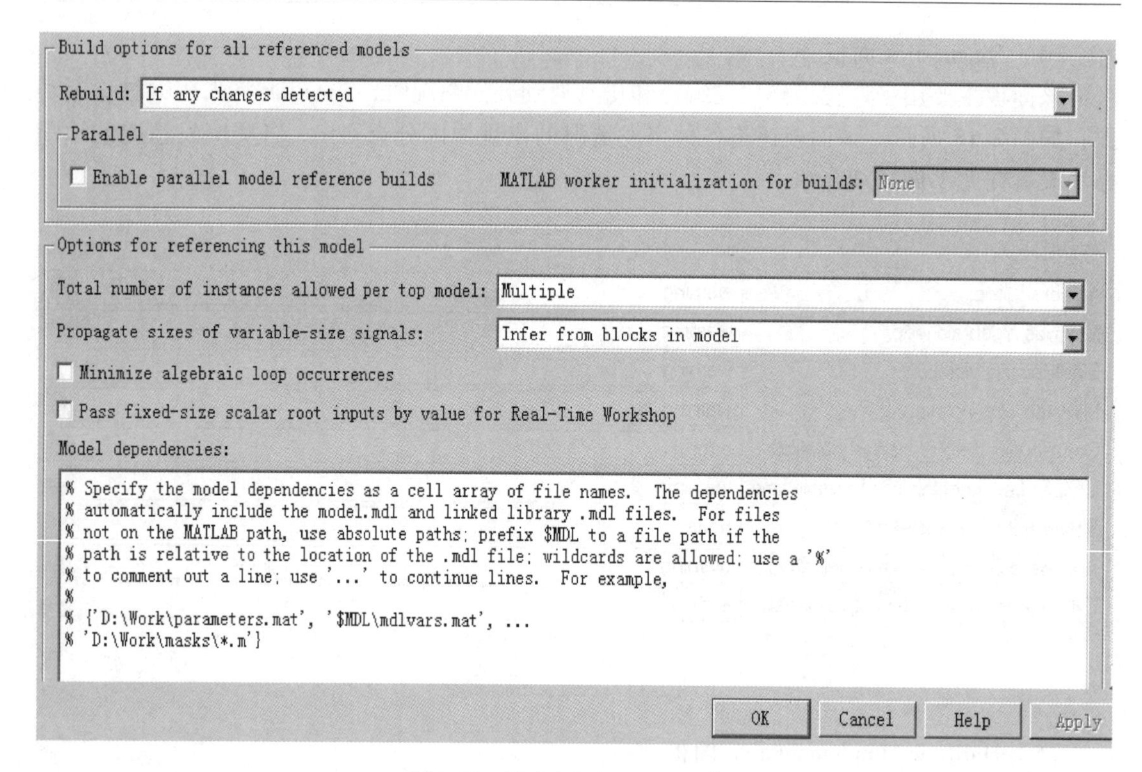

图 2-20 Model Referencing 面板

2.3 创建模型的基本步骤及仿真算法简介

2.3.1 创建模型的基本步骤

本章的第二节向读者展示了一个简单的 Simulink 仿真示例，通过该示例的学习，读者可能觉得使用 Simulink 建模实在是太简单了，只不过是用鼠标来选择几个模块，然后再用几条线把它们连接起来，最后按一下运行菜单观察结果曲线就可以了。只有当遇到实际的工程问题时，读者才会意识到所给的示例实在是一个太简单、太过于理想化的模型。在实际的工程仿真中，要考虑的比这些要复杂得多，因此读者需要进一步学习和掌握 Simulink 中更为深层的内容。不过只要掌握了上一节的内容，读者就可以通过在线帮助来解决更为复杂的问题了。

当利用 Simulink 进行系统建模和仿真来解决实际工程问题时，其一般步骤如下：

1）画出系统草图。将所要仿真的系统根据功能划分成一个个小的子系统，然后用一个个小的模块来搭建每个子系统。这一步体现了用 Simulink 进行系统建模的层次性特点。所选用的模块最好是 Simulink 库里现有的模块，这样用户就不必进行烦琐的代码编写了，当然这就要求用户必须熟悉这些库的内容。

2）启动 Simulink 模块库浏览器，新建一个空白模型。

3）在库中找到所需模块并拖到空白模型窗口中，按系统草图的布局摆放好各模块并连接各模块。

4）如果系统较复杂、模块太多，可以将实现同一功能的模块封装成一个子系统，使系统的模型看起来更简洁。

5）设置各模块的参数以及与仿真有关的各种参数。

6）保存模型，模型文件的扩展名为“. mdl”。

7）运行仿真，观察结果。如果仿真出错，请按照弹出的错误提示框来查看出错的原因，然后进行修改；如果仿真结果与预想的结果不符，首先要检查模块的连接是否有误、选择的模块是否合适，然后检查模块参数和仿真参数的设置是否合理。

8）调试模型。如果仿真结果与预想的结果不符且在上一步中没有检查出任何错误，那么就有必要进行调试，以查看系统在每个仿真步骤的运行情况，找到出现仿真结果与预想的或时间情况不符的地方，修改后再进行仿真，直至结果符合要求，保存模型。

由于本章主要对在仿真中经常使用的 Simulink 知识进行简介，对 Simulink 更深入的要求，尤其是模型的调试等知识，限于篇幅，没有进行介绍，读者可以阅读其他相关的书籍。

2.3.2　仿真算法简介

在 Simulink 的仿真过程中选择合适的算法是很重要的。仿真算法是求常微分方程、传递函数、状态方程解的数值计算方法，这些方法主要有欧拉法（Euler）、阿达姆斯法（Adams）、龙格-库塔法（Rung-Kutta），它们主要建立在泰勒级数的基础上。欧拉法是最早出现的一种数值计算方法，它是数值计算的基础，它用矩形面积来近似积分计算，欧拉法比较简单，但精度不高，现在已经较少使用。阿达姆斯法是欧拉法的改进，它用梯形面积近似积分计算，所以也称梯形法，梯形法计算每步都需要经过多次迭代，计算量较大，采用预报-校正后只要迭代一次，计算量减少，但是计算时需要用其他算法计算开始的几步。龙格-库塔法是间接使用泰勒级数展开式的方法，它在积分区间内多预报几个点的斜率，然后进行加权平均，用作计算下一点的依据，从而构造了精度更高的数值积分计算方法。如果取两个点的斜率就是二阶龙格-库塔法，取四个点的斜率就是四阶龙格-库塔法。

在 Simulink 中汇集了各种求解常微分方程数值解的方法，这些方法由不同的函数来完成。在介绍这些函数的适用范围之前，首先介绍一个概念——刚性（Stiff）问题。定性地讲，对于一个常微分方程组，如果其雅可比（Jacobian）矩阵的特征值相差悬殊，那么这个方程组就称为刚性方程组。对于刚性方程组，为了保持解法的稳定，步长选取很困难。有些解法不能用来解刚性方程组，有的解法出于对稳定性的要求不严格，可以用来解决刚性问题。下面对常用算法的特点进行简单介绍。

Simulink 求解常微分方程数值解的方法，分为可变步长类算法（Variable-step）和固定步长类算法两大类。

（1）可变步长类算法

可变步长类算法是在解算模型（方程）时可以自动调整步长，并通过减小步长来提高计算的精度。在 Simulink 的算法中，可变步长类算法有如下几种：

1）Ode45。基于显式四/五阶 Rung-Kutta 算法，它是一种单步解法，即只要知道前一步的解，就可以计算出当前的解，不需要附加初始值。对大多数仿真模型来说，首先使用 Ode45 来解算模型是最佳的选择，所以在 Simulink 的算法选择中将 Ode45 设为默认的算法。

2）Ode23。基于显式二阶/三阶 Rung-Kutta 算法，它也是一种单步解法。在容许误差和计算略带刚性的问题方面，该算法比 Ode45 要好。

3）Odel13。可变阶数的 Adams-Bashforth-Moulton PECE 算法，Odel13 是一种多步算法，也就是需要知道前几步的解，才能计算出当前的解。在误差要求很严时，Odel13 算法较 Ode45 更适合。此算法不能解刚性问题。

4）Ode15s。一种可变阶数的 Numerical Differentiation Formulas（NDFs）算法，它是一种多步算法，当遇到刚性问题时或者使用 Ode45 算法不通时，可以考虑这种算法。

5）Ode23s。这是一种改进的二阶 Rosenbrock 算法。它是一种多步算法，在容许误差较大时，Ode23s 比 Ode15s 有效，所以在解算一类带刚性的问题无法使用 Ode15s 算法时，可以用 Ode23s 算法。

6）Ode23t。一种采用自由内插方法的梯形算法。如果模型有一定刚性，又要求解没有数值衰减时，可以使用这种算法。

7）Ode23tb。采用 TR－BDF2 算法，即在龙格-库塔法的第一阶段用梯形法，第二阶段用二阶的 Gear 算法。在容差比较大时，Ode23tb 和 Ode23t 都比 Ode15s 要好。此算法可以解刚性问题。

（2）固定步长类算法

固定步长类算法，顾名思义，是在解算模型（方程）的过程中步长是固定不变的。在 Simulink 的算法中固定步长类算法有如下几种：

1）Ode5：是固定步长的 Ode45 算法。

2）Ode4：四阶的龙格-库塔法。

3）Ode3：采用 Bogacki-Shampine 算法。

4）Ode2：一种改进的欧拉算法。

5）Ode1：欧拉算法。

2.4 子系统及其封装

2.4.1 创建子系统

在利用 Simulink 仿真时，当模型变得越来越大、越来越复杂时，就会给用户的仿真调试带来很多不便。在这种情况下，通过子系统可以把大的模型分割成几个小的模型系统，以使整个模型更简洁、可读性更高，而且这种操作也不复杂。建立子系统有以下优点：

1）减少模型窗口中模块的个数，使得模型窗口更加整洁。

2）把一些功能相关的模块集成在一起，还可以实现复用。

3）通过子系统可以实现模型图表的层次化，这样用户既可以采用自上而下的设计方法，也可以采用自下而上的设计方法。

在 Simulink 中创建子系统的方法有以下两种：

1）通过子系统模块来创建子系统：先向模型中添加 Subsystem 模块，然后打开该模块并向其中添加模块。

2）组合已存在的模块创建子系统：具体建立步骤见 2.4.2 节的示例。

下面通过两个示例来介绍上文中提到的两种建立子系统的方法。

方法一：通过 Subsystem 模块来创建子系统。

具体步骤如下：

1）从 Ports&Subsystems 中复制 Subsystem 模块到自己的模型中，如图 2-21a 所示。

2）用鼠标左键双击 Subsystem 模块图标打开如图 2-21b 所示的 Subsystem 模块编辑窗口。

3）在新的编辑窗口创建子系统，然后保存。

4）运行仿真并保存。

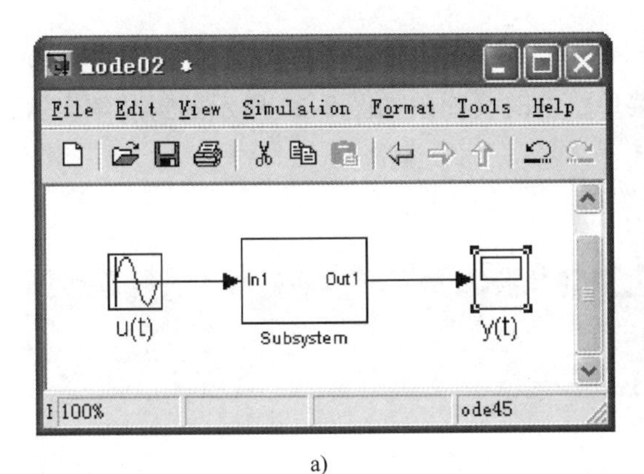

a)

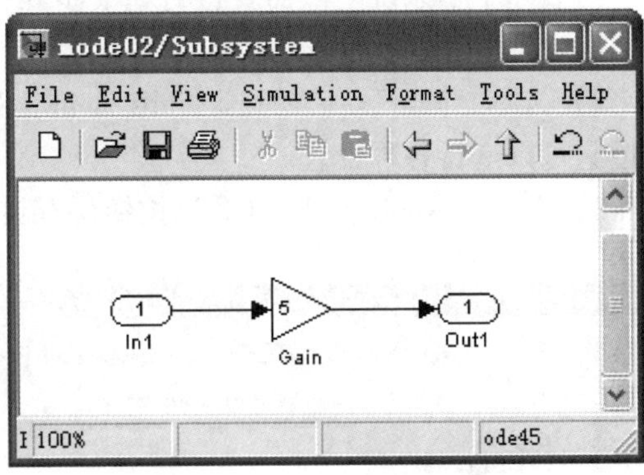

b)

图 2-21　通过 Subsystem 模块来创建子系统

方法二：组合已存在的模块创建子系统。

具体步骤如下：

1）创建如图 2-22a 所示的系统，并选中要创建成子系统的模块。

2）选择“Edit”→“Create Subsystem”菜单，结果如图 2-22b 所示。

3）运行仿真并保存。

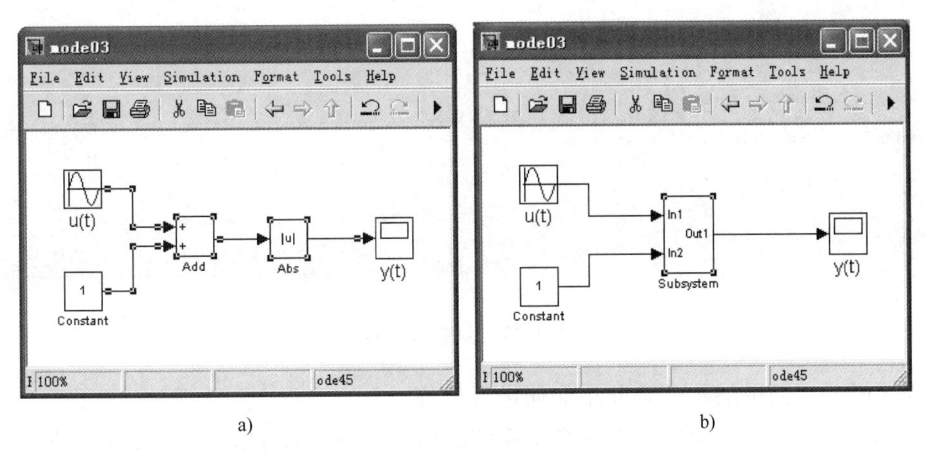

a)　　　　b)

图 2-22　组合已存在的模块创建子系统

2.4.2　封装子系统

子系统可以使模型更简洁，但是在设置模型中各模块的参数时仍然很烦琐，此时可以使用封装技术。封装可以使用户创建的子系统表现得与 Simulink 提供的模块一样拥有自己的图标，并且用鼠标左键双击模块图标时会出现一个用户自定义的“参数设置”对话框，实现在一个对话框中设置子系统中所有模块的参数。

封装子系统可以为用户带来以下好处：

1）在设置子系统中各个模块的参数时只通过一个参数对话框就可以完成所需的设置。

2）为子系统创建一个可以反映子系统功能的图标。

3）可以避免用户在无意中修改子系统中模块的参数。

封装一个子系统一般需要进行如下步骤：

1）选择需要封装的子系统。

2）选择“Edit”→“Mask Subsystem”菜单，这时会弹出如图2-23所示的封装编辑器，通过它可以进行各种设置。

3）单击“Apply”或“OK”按钮保存设置。

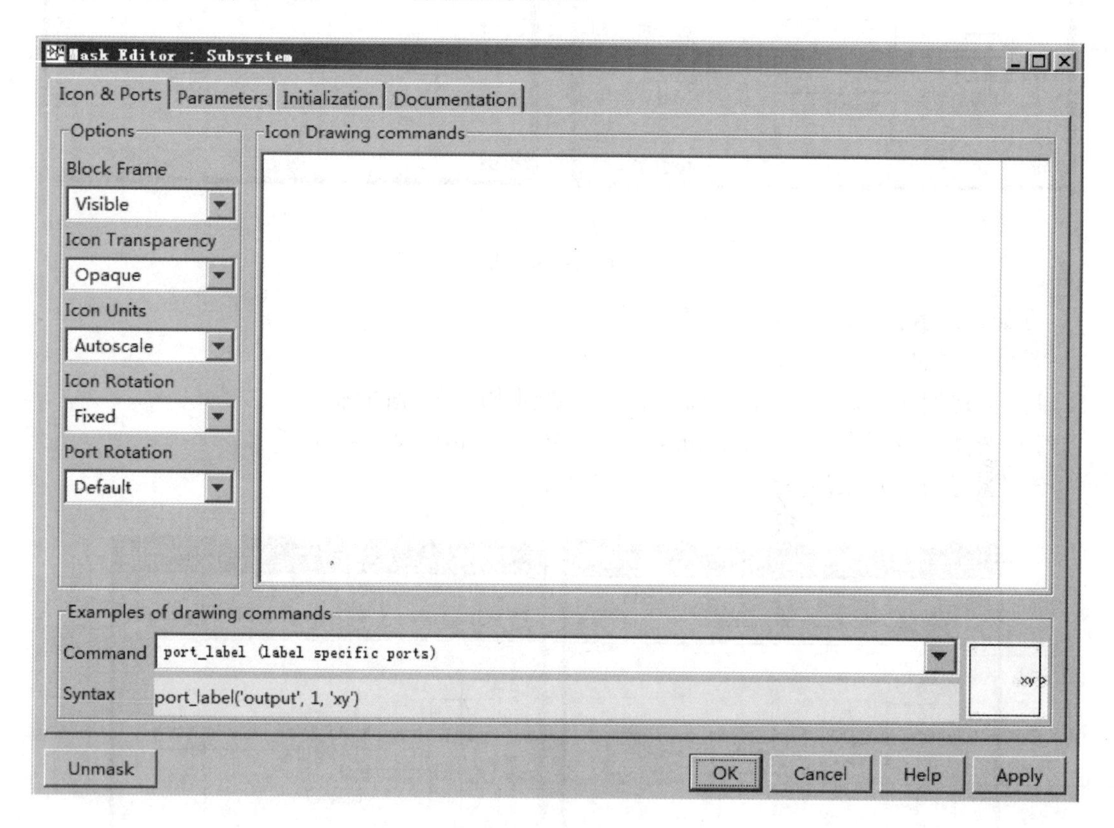

图2-23 封装编辑器

下面通过一个简单的示例来介绍如何进行封装。

1）建立如图2-24所示的含有一个子系统的模型，并设置子系统中Gain模块的Gain参数为一变量 m。

2）选中模型中的“Subsystem”子系统，选择“Edit”→“Edit Mask”菜单（或用鼠标右键单击子系统弹出上下文菜单，然后选择“Edit Mask”子菜单），打开封装编辑器，如图2-25所示。

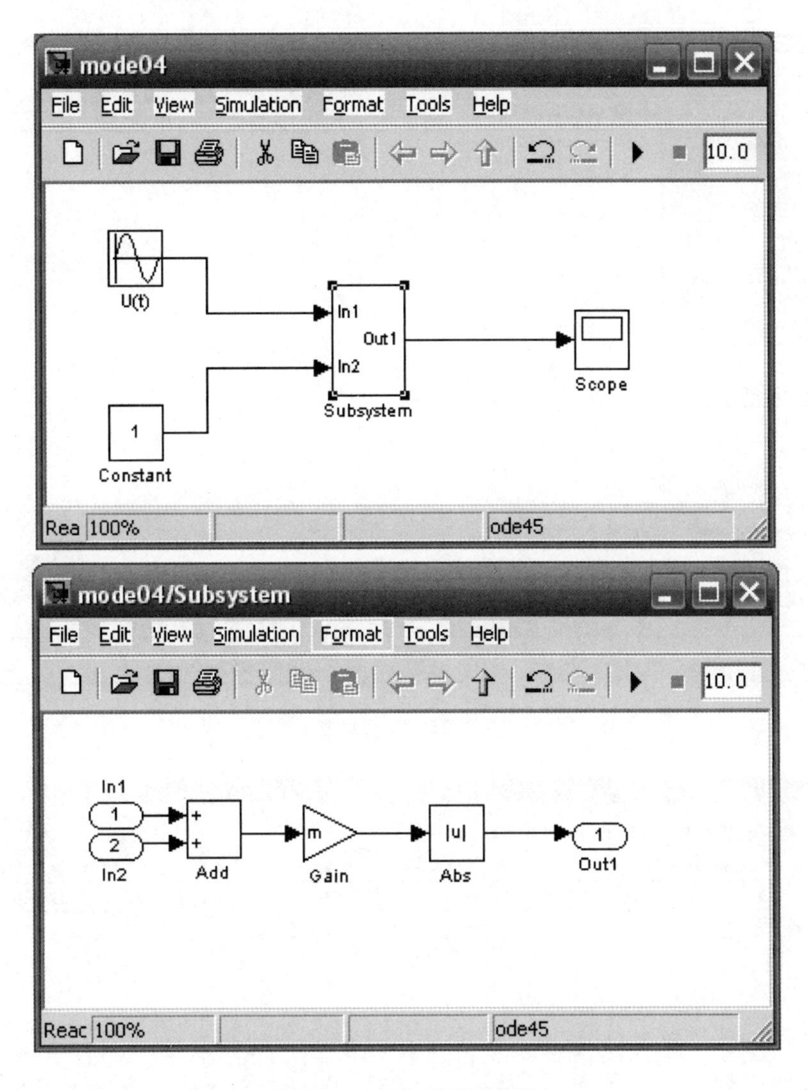

图 2-24 封装子系统示例

3）进行封装设置。按照图 2-25 所示设置“Icon”页。

“Icon”页允许用户定义封装子系统的图标，其中各项设置的含义如下：

Options 面板：定义图标的边框是否可见（Frame），系统在图标中自动生成的端口标签等是否可见（Transparency）等，用户只要稍加尝试就能很快掌握。

Icon Drawing commands 文本框：用 MATLAB 命令来定义如何绘制模型的图标，这里的绘图命令可以调用 Initialization 页中定义的变量。

Examples of drawing commands 面板：向用户解释如何使用各种绘制图标的命令，每种命令都对应在右下角有一个示例。用户可以方便地按照“Command”选项框中的命令格式和右下角给出的相应示例图标来书写自己的图标绘制命令。

4）按照如图 2-26 所示设置“Parameters”页。

“Parameters”页允许用户定义封装子系统的参数对话框的可设置参数，其中各项设置的含义如图 2-26 所示。

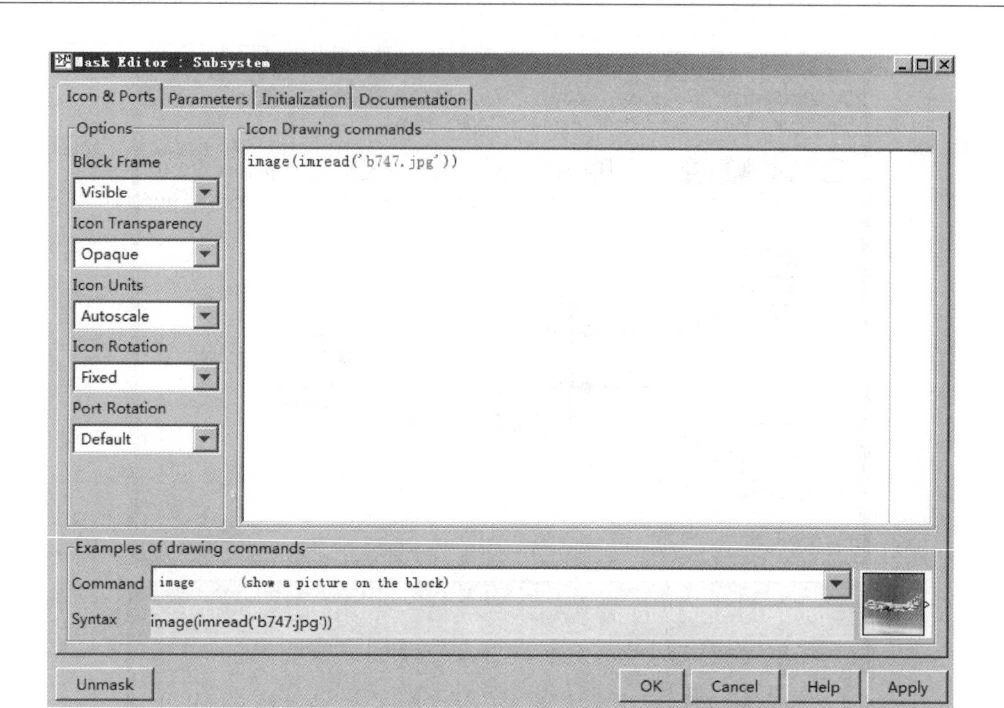

图 2-25 设置图标

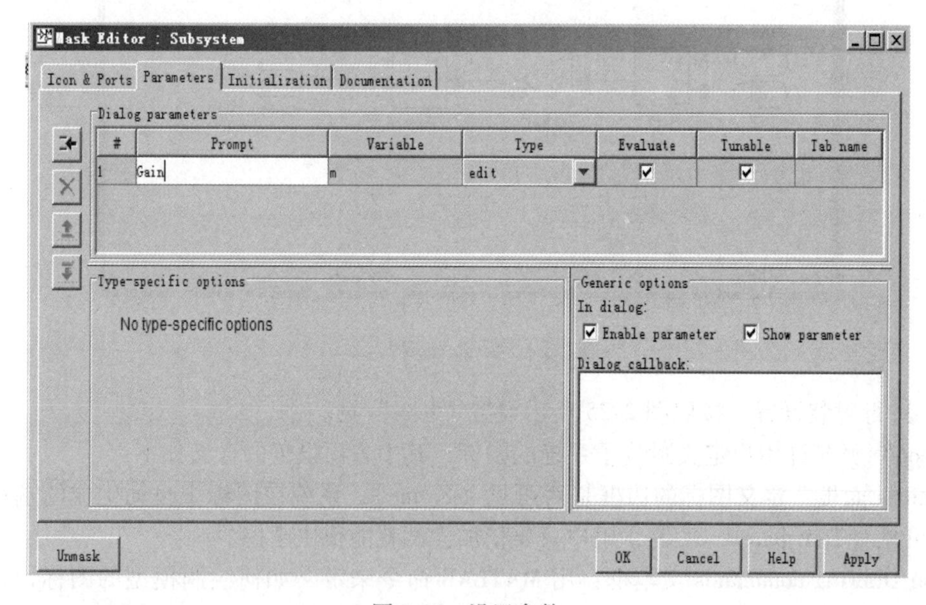

图 2-26 设置参数

5）按照如图 2-27 所示设置“Initialization”页。

“Initialization”页允许用户定义封装子系统的初始化命令。初始化命令可以使用任何有效的 MATLAB 表达式、函数、运算符和在“Parameters”页定义的变量，但是初始化命令不能访问 MATLAB 工作空间的变量。在每一条命令后用分号结束可以避免模型运行时在 MATLAB 命令窗口显示运行结果。一般在此定义附加变量、初始化变量或绘制图标等。

6）按照如图 2-28 所示设置“Documentation”页。

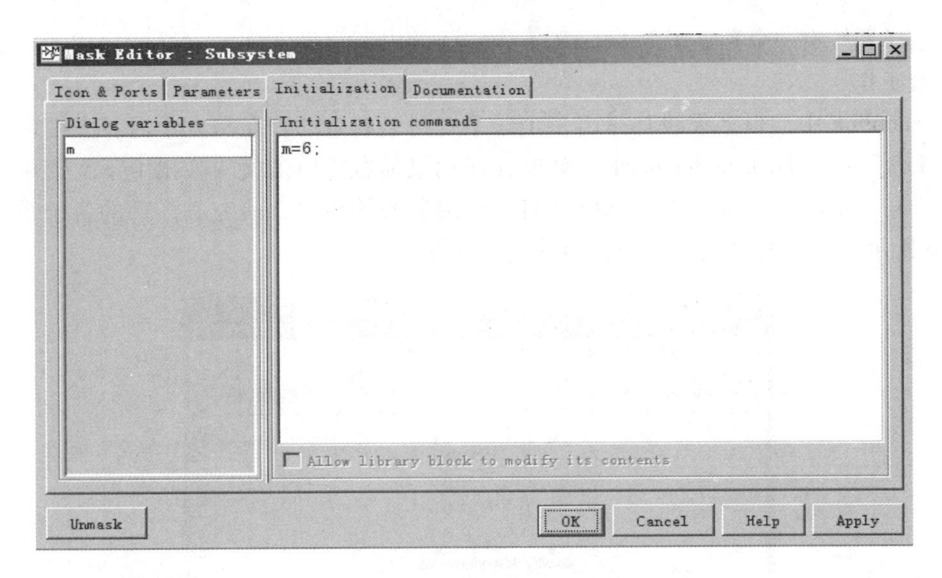

图 2-27　设置初始化参数

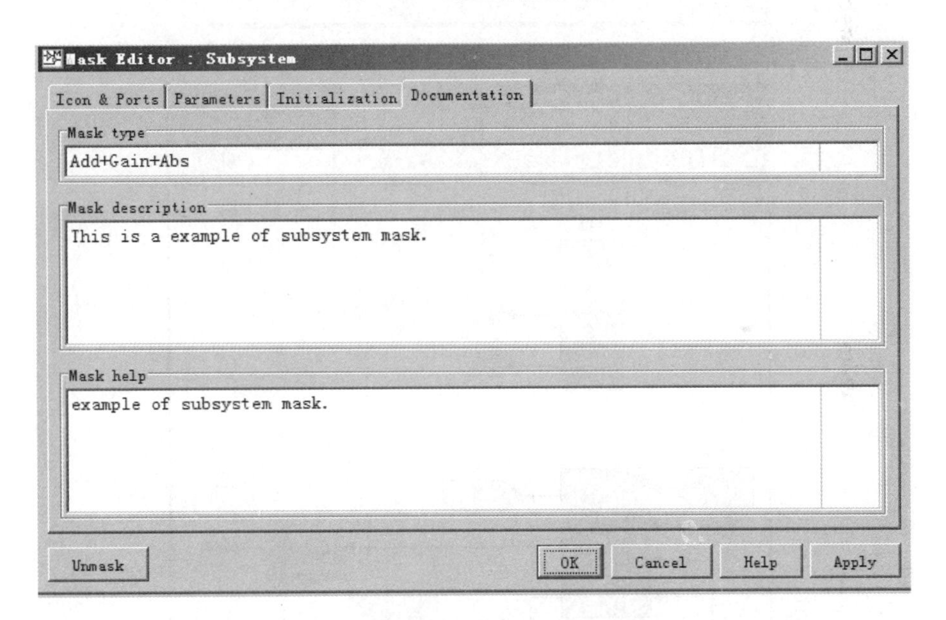

图 2-28　设置“Documentation”页参数

“Documentation”页允许用户定义封装子系统的封装类型、模块描述和帮助信息。

单击“Apply”或“OK”按钮。用鼠标左键双击模型中的 Subsystem 子系统，就会弹出如图 2-29 所示的封装子系统参数设置对话框。封装子系统的模块对话框中的变量不可在 MATLAB 工作空间赋值，这与非封装子系统不

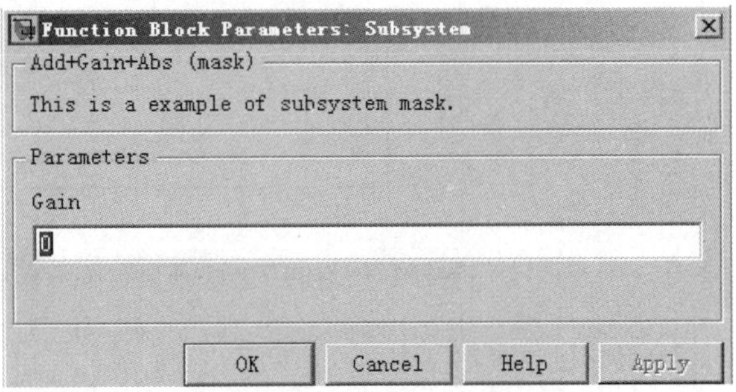

图 2-29　封装后的子系统参数设置对话框

同。封装子系统有一个独立于 MATLAB 工作空间的内部存储空间。这样就完成了一个子系统的封装工作。

在 Simulink 中，很多模块都是由多个子系统封装起来的，在深入学习各个模块时，可选择“Edit”→“Look under mask”菜单（或用鼠标右键单击模块弹出上下文菜单，选择“Edit”→“Look under mask”菜单），打开已封装好的模块，研究其内部的各子系统。如图 2-30 所示为同步发电机模块及其组成的子系统。

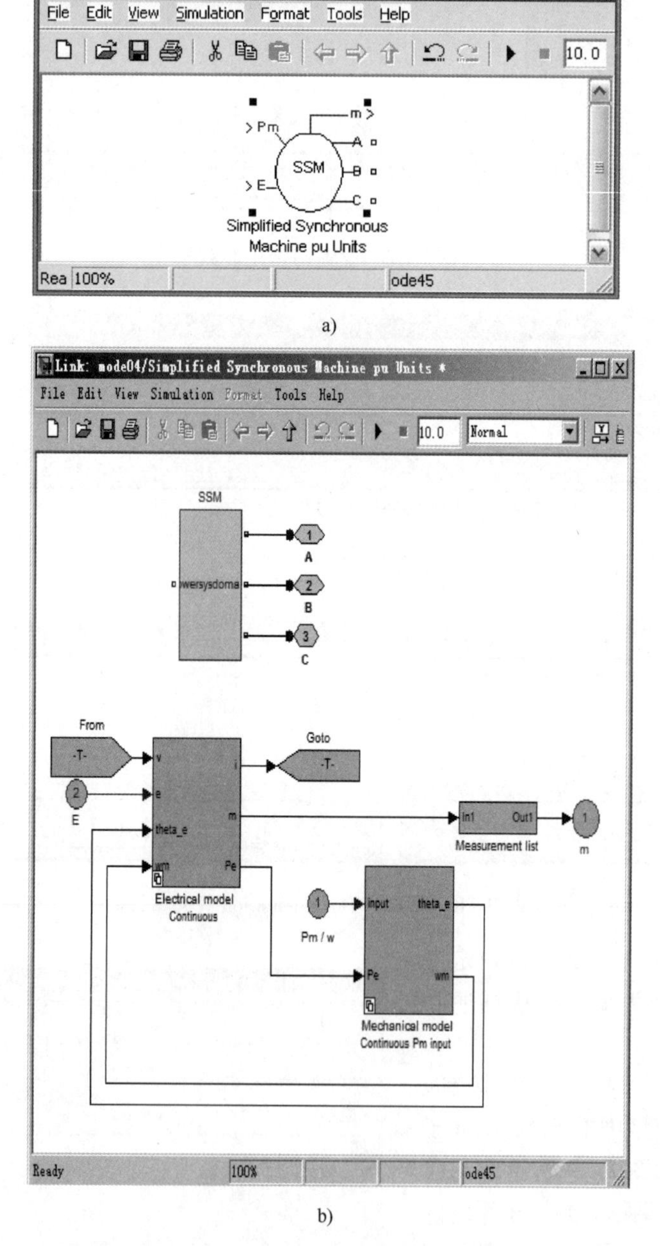

图 2-30 同步发电机模块及其组成的子系统

第 3 章　电力系统元件模型及模型库介绍

在利用 MATLAB 进行电力系统仿真时，首先需要了解电力系统元件的模型。本章将重点介绍同步发电机、电力变压器、输电线路和负荷的等效模型。

3.1　同步发电机数学模型

3.1.1　同步发电机电气部分数学模型

在 dqo 坐标系下，当从发电机的定子侧看进去时，同步发电机等效电路如图 3-1 所示。

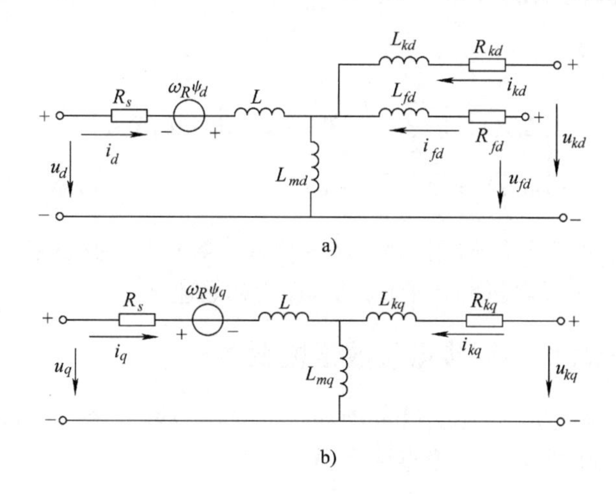

图 3-1　同步发电机等效电路

a）d 轴等效电路　b）q 轴等效电路

当采用五阶模型模拟同步发电机电气部分时，其电压方程如下：

$$\begin{cases} u_d = R_s i_d + \dfrac{\mathrm{d}\psi_d}{\mathrm{d}t} - \omega_R \psi_q \\ u_q = R_s i_q + \dfrac{\mathrm{d}\psi_q}{\mathrm{d}t} + \omega_R \psi_d \\ u_{fd} = R_{fd} i_q + \dfrac{\mathrm{d}\psi_{fd}}{\mathrm{d}t} \\ u_{kd} = R_{kd} i_{kd} + \dfrac{\mathrm{d}\psi_{kd}}{\mathrm{d}t} \\ u_{kq} = R_{kq} i_{kq} + \dfrac{\mathrm{d}\psi_{kq}}{\mathrm{d}t} \end{cases} \tag{3-1}$$

式中，u 为各绕组的端电压；i 为各绕组的电流；R 为定子每相绕组电阻；ψ 为各绕组的磁链；下标 d、q 表示 dqo 坐标系中的纵轴和横轴；下标 f 表示励磁绕组；下标 k 表示阻尼绕组。

磁链方程为

$$\begin{cases}\psi_d = L_d i_d + L_{md} i_{fd} + L_{md} i_{kd} \\ \psi_q = L_q i_q + L_{mq} i_{kq} \\ \psi_{fd} = L_{fd} i_{fd} + L_{md} i_d + L_{md} i_{kd} \\ \psi_{kd} = L_{kd} i_{kd} + L_{md} i_d + L_{md} i_{fd} \\ \psi_{kq} = L_{kq} i_{kq} + L_{mq} i_q \end{cases} \tag{3-2}$$

式中，L_d、L_q 为定子绕组纵轴、横轴的同步电感；L_{fd} 为纵轴电枢绕组之间的反应电感；L_{md}、L_{mq} 为发电机励磁绕组电感在纵轴、横轴的分量；L_{kd}、L_{kq} 为发电机阻尼绕组电感在纵轴、横轴的分量。

3.1.2 同步发电机机械部分数学模型

同步发电机机械系统的方程为

$$\begin{cases}\Delta\omega(t) = \dfrac{1}{2H}\displaystyle\int_0^t (T_m - T_e)\,\mathrm{d}t - k_d \Delta\omega(t) \\ \omega(t) = \Delta\omega(t) + \omega_0 \end{cases} \tag{3-3}$$

式中，$\Delta\omega(t)$ 为发电机转子角速度偏差；H 为惯性常数；T_m 为机械转矩；T_e 为电磁转矩；k_d 为阻尼系数；$\omega(t)$ 为发电机的转子转速；ω_0 为初始速度。

3.1.3 基于电气原理图的同步电机数学模型

在 MATLAB 中，发电机模型位于 SimPowerSystems 工具箱下的 machines 库中，共有简化的同步电机模型和详细的同步电机模型两大类。

1. 简化同步电机模块

在简化同步电机模型中，电机电气部分采用忽略电枢反应电感、励磁绕组和阻尼绕组漏感，仅由理想电压源串联 RL 线路组成的电路模拟，其中 R 值和 L 值分别为电机的内阻抗。这是一个只计及转子动态的二阶模型，同时忽略了暂态凸极效应。

SimPowerSystems 库中提供了标幺制单位下的简化同步电机模块（Simplified Synchronous Machine pu Units）和国际单位制下的简化同步电机模块（Simplified Synchronous Machine SI Units）。模块的示意图如图 3-2 所示，其中图 3-2a 是标幺制单位下的简化同步电机模块，图 3-2b 是国际单位下的简化同步电机模块。简化同步电机的两种模块本质上是一致的，唯一不同的是参数所选用的单位不同。本书标幺制下的单位用 pu 或 p.u. 表示。

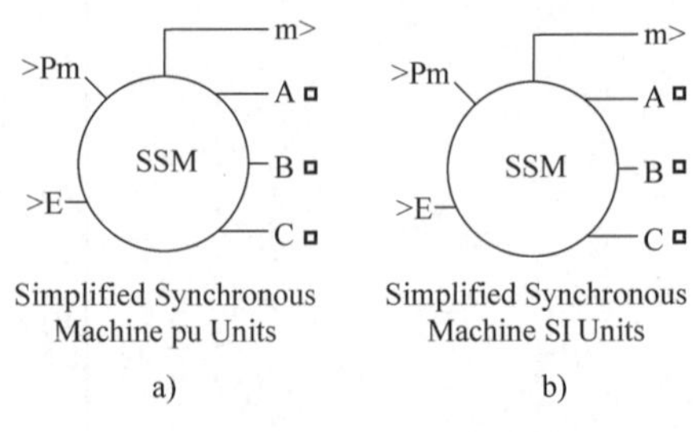

图 3-2 简化同步电机模块示意图
a）标幺制下的简化同步电机模型
b）国际单位制下的简化同步电机模型

简化同步电机模块的端子功能如下：

P_m：此端子为发电机轴的机械功率。P_m 的值是大于零的，它可以是常数也可以是原动机的输出。

E：此端子为发电机内部电压源的电压，可以是常数，也可以直接与电压调节器的输出端相连接。

A、B、C：发电机定子输出电压的电气连接端子。

m：此端子为包含12个信号的矢量。在仿真库中，可利用电机测量信号分离器对12个信号进行分离。这些信号的组成见表3-1。

表3-1 简化同步电机模型输出信号

输　出	符　号	端　口	定　义	单　位
1~3	i_{sa}，i_{sb}，i_{sc}	is_ abc	定子三相电流	A 或者 p. u.
4~6	V_a，V_b，V_c	vs_ abc	定子三相电压	V 或者 p. u.
7~9	E_a，E_b，E_c	e_ abc	电机内部三相电源电压	V 或者 p. u.
10	θ	Thetam	转子角度	rad
11	ω	wm	转子角速度	rad/s 或者 p. u.
12	P_e	Pe	电磁功率	V·A 或者 p. u.

简化同步电机模型参数可利用其元件库对话框来设置，如图3-3所示。其中，图3-3a为标幺制下的对话框，图3-3b为国际单位制下的对话框。两种简化同步电机模型的参数名称定义相似，参数定义如下：

Connection type（联结类型）：定义电机的联结类型，分为3线Y联结和4线Y联结（即中性线可见）两种。

Nominal power, line-to-line voltage, and frequency（额定功率、线电压和频率）：三相额定视在功率 P_n（V·A）、额定线电压有效值 V_n（V）、额定频率 f_n（Hz）。

Inertia, damping factor and pairs of poles（转动惯量、阻尼系数、极对数）：发电机的转动惯量 J（$kg \cdot m^2$）或惯性时间常数 H（s）、阻尼系数 K_d（转矩的标幺值/转速的标幺值）和极对数 p。

Internal impedance（内部阻抗）：发电机单相电阻 R（Ω 或 p. u.）和电抗 L（H 或 p. u.）。R 和 L 为电机内阻抗，设置时允许 R 值为0，但 L 值必须大于零。

Initial conditions（初始条件）：发电机的初始速度偏移 $\Delta\omega$（%），转子初始角 θ（°）、线电流幅值 i_a、i_b、i_c（A 或 p. u.）和相角 ph_a、ph_b、ph_c（°）。初始条件可由Powergui模块自动获取。

2. 同步电机模块

在Simulink中同步电机模块模拟了隐极或凸极同步电机的动态模型。它可通过机械功率的设置实现同步电机的发电机运行状态或电动机运行状态（发电机运行模式时机械功率为正值、电动机运行模式时机械功率为负值）。同步电机的电气部分用式(3-1)、式(3-2)给出的五阶状态方程表示，机械系统的模型与简化模型相同。

SimPowerSystems库中提供了三种同步电机模块，用于对三相隐极和凸极同步电机进行动态建模，它包括标幺制下的同步电机的基本模型（p. u. 基本同步电机模块，Synchronous Machine pu Fundamental），如图3-4a所示，国际单位制下的基本模型（S. I. 基本同步电机

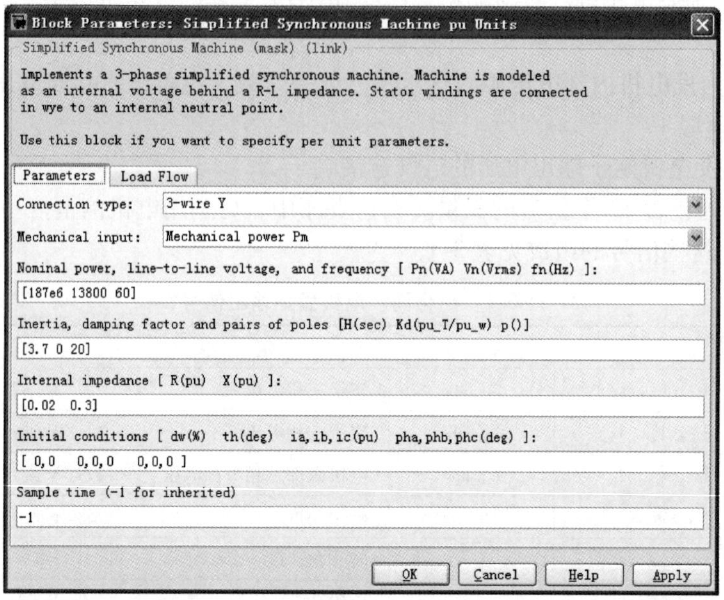

Block Parameters: Simplified Synchronous Machine pu Units
Simplified Synchronous Machine (mask) (link)
Implements a 3-phase simplified synchronous machine. Machine is modeled as an internal voltage behind a R-L impedance. Stator windings are connected in wye to an internal neutral point.
Use this block if you want to specify per unit parameters.
Parameters | Load Flow
Connection type: 3-wire Y
Mechanical input: Mechanical power Pm
Nominal power, line-to-line voltage, and frequency [Pn(VA) Vn(Vrms) fn(Hz)]:
[187e6 13800 60]
Inertia, damping factor and pairs of poles [H(sec) Kd(pu_T/pu_w) p()]
[3.7 0 20]
Internal impedance [R(pu) X(pu)]:
[0.02 0.3]
Initial conditions [dw(%) th(deg) ia,ib,ic(pu) pha,phb,phc(deg)]:
[0,0 0,0,0 0,0,0]
Sample time (-1 for inherited)
-1
OK Cancel Help Apply

a)

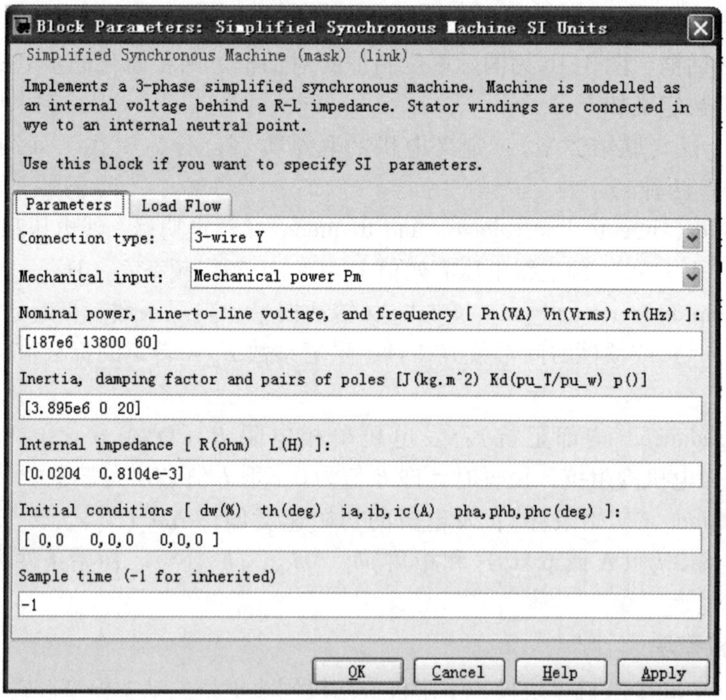

Block Parameters: Simplified Synchronous Machine SI Units
Simplified Synchronous Machine (mask) (link)
Implements a 3-phase simplified synchronous machine. Machine is modelled as an internal voltage behind a R-L impedance. Stator windings are connected in wye to an internal neutral point.
Use this block if you want to specify SI parameters.
Parameters | Load Flow
Connection type: 3-wire Y
Mechanical input: Mechanical power Pm
Nominal power, line-to-line voltage, and frequency [Pn(VA) Vn(Vrms) fn(Hz)]:
[187e6 13800 60]
Inertia, damping factor and pairs of poles [J(kg.m^2) Kd(pu_T/pu_w) p()]
[3.895e6 0 20]
Internal impedance [R(ohm) L(H)]:
[0.0204 0.8104e-3]
Initial conditions [dw(%) th(deg) ia,ib,ic(A) pha,phb,phc(deg)]:
[0,0 0,0,0 0,0,0]
Sample time (-1 for inherited)
-1
OK Cancel Help Apply

b)

图 3-3 简化同步电机模型参数对话框

a）标幺制下的对话框 b）国际单位制下的对话框

模块，Synchronous Machine SI Fundamental）和标幺制下的标准模型（p. u. 标准同步电机模块，Synchronous Machine pu Standard），分别如图 3-4b、c 所示。

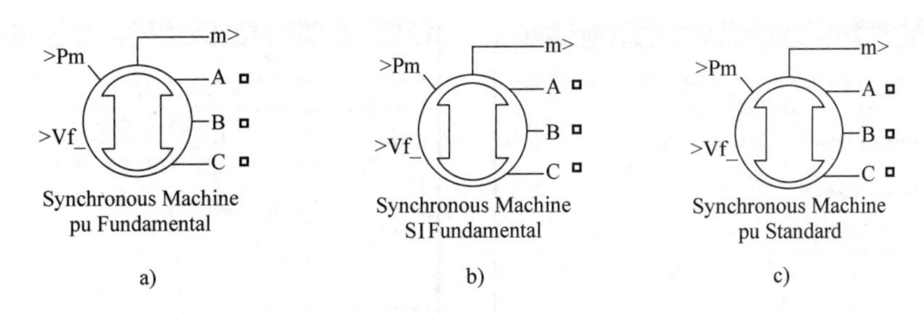

图 3-4 同步电机模块示意图

a）标幺制下的基本模型 b）国际单位制下的基本模型 c）标幺制下的标准模型

发电机模型的端子功能如下：

P_m：此端子为发电机轴的机械功率。P_m 的值是大于零的，它可以是函数也可以是原动机的输出。

V_f：此端子为发电机的励磁电压，它由发电机励磁系统的调压器提供。

m：此端子为包含22个信号的矢量。在仿真库中，可利用总线对22个信号进行分离。这些信号见表3-2。

表 3-2 同步电机模型输出信号

输出	符号	端口	定义	单位
1~3	i_{sa}，i_{sb}，i_{sc}	is_ abc	定子三相电流	A 或者 p. u.
4、5	i_{sq}，i_{sd}	is_ qd	定子 q 轴和 d 轴电流	A 或者 p. u.
6~9	i_{fd}，i_{kq1}，i_{kq2}，i_{kd}	ik_ qd	励磁电流、q 轴和 d 轴阻尼绕组电流	V 或者 p. u.
10、11	φ_{mq}，φ_{md}	phim_ qd	q 轴和 d 轴磁通量	Vs 或者 p. u.
12、13	V_d，V_q	vs_ qd	定子 q 轴和 d 轴电压	V 或者 p. u.
14	$\Delta\theta$	d_ theta	转子角偏移量	rad
15	ω_m	wm	转子角速度	rad/s
16	P_e	Pe	电磁功率	V·A 或者 p. u.
17	$\Delta\omega$	dw	转子角速度偏移	rad/s
18	θ	theta	转子机械角	rad
19	T_e	Te	电磁转矩	N·m 或者 p. u.
20	δ	Delta	功率角	deg
21、22	P_{eo}，Q_{eo}	Peo，Qeo	输出的有功功率和无功功率	V·A 或者 p. u.

同步电机模型参数可利用其元件库对话框来设置，下面分别对以上同步电机三种模型参数的设置进行说明。

（1）p. u. 基本同步电机模块

p. u. 基本同步电机模块参数对话框如图3-5所示。在图3-5a中定义如下参数。

1）在图3-5a中定义如下参数。

Preset model（设定模型）：它提供给定额定容量、线电压、频率和额定速度的发电机机械和电气系统参数。若不选用内部设定的发电机，就选择“No”。

a)

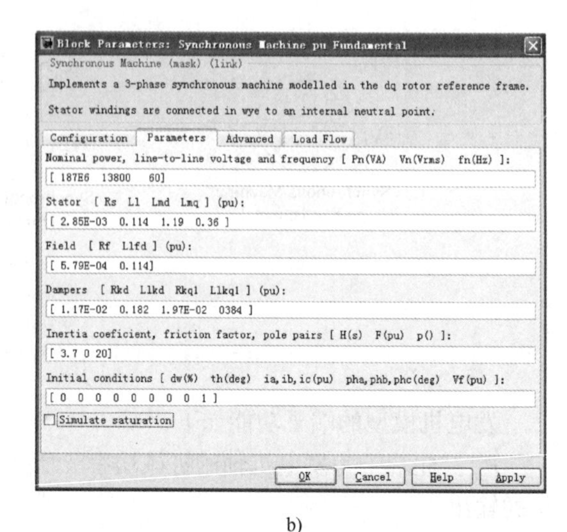

b)

c)

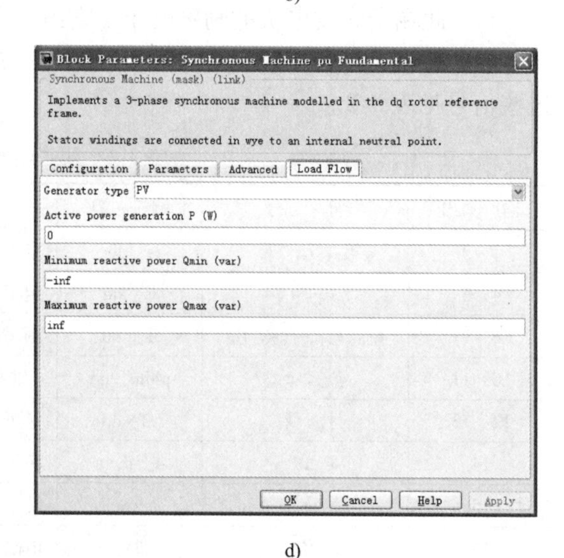

d)

图 3-5　标幺制下的同步电机模块参数对话框

a）Configuration 选项　b）Parameters 选项　c）Advanced 选项　d）Load Flow 选项

Mechanical input（驱动输入）：设定发电机的机械驱动量。发电机的驱动量有两个：机械功率 P_m 和发电机转子转速 ω。

Rotor type（转子类型）：有两种选择：凸极机和隐极机。

Mask units（模型设置）：用于提供模型的电气和机械参数的固有信息。

2）在图 3-5b 中定义如下参数。

Nominal power、voltage、frequency and field current（额定功率、电压、频率和励磁电流）：设定同步发电机总的三相额定功率 P_n（V·A）、额定线电压有效值 V_n（V）、额定频率 f_n（Hz）和励磁电流 i_{fn}（A）。

Stator（定子参数）：归算到定子侧的发电机定子电阻 R_s（p. u. ）、漏抗 L_l（p. u. ）和 d、q 轴的励磁电抗 L_{md}、L_{mq}（p. u. ）。

Field（励磁参数）：归算到定子侧的励磁绕组电阻 R'_f（p. u.）和漏抗 L'_{1fd}（p. u.）。

Dampers（阻尼绕组）：归算到定子侧的阻尼绕组 d、q 轴电阻 R_{kd}、R_{kq}（p. u.）和漏抗 L_{1kd}、L_{1kq}（p. u.）。

Inertia、friction factor and pole pairs（惯量、阻尼系数和极对数）：给定发电机的转动惯量 J（$kg \cdot m^2$）或惯性时间常数 H（s）、衰减系数 F（p. u.）和极对数 p。

Initial conditions（初始条件）：发电机的初始速度偏移 $\Delta\omega$（%），转子初始角 θ（°）、线电流幅值 i_a、i_b、i_c（p. u.）和相角 ph_a、ph_b、ph_c（°）和励磁电压 U_f（p. u.）。初始条件可由 Powergui 模块自动获取。

Simulate saturation（饱和状态的仿真）：设定发电机定子和转子铁心是否处于饱和状态。若需要考虑定子和转子的饱和情况，则选中该复选框，在该复选框下将出现图 3-6 所示的文本框。要求在文本框中输入代表空载饱和特性的矩阵。先输入饱和后的励磁电流值（p. u.），再输入饱和后的定子输出电压值（p. u.），相邻两个电流/电压值之间用空格或逗号分隔，电流和电压值之间用分号分隔。电压基准值为额定线电压有效值，电流基准值为额定励磁电流值。

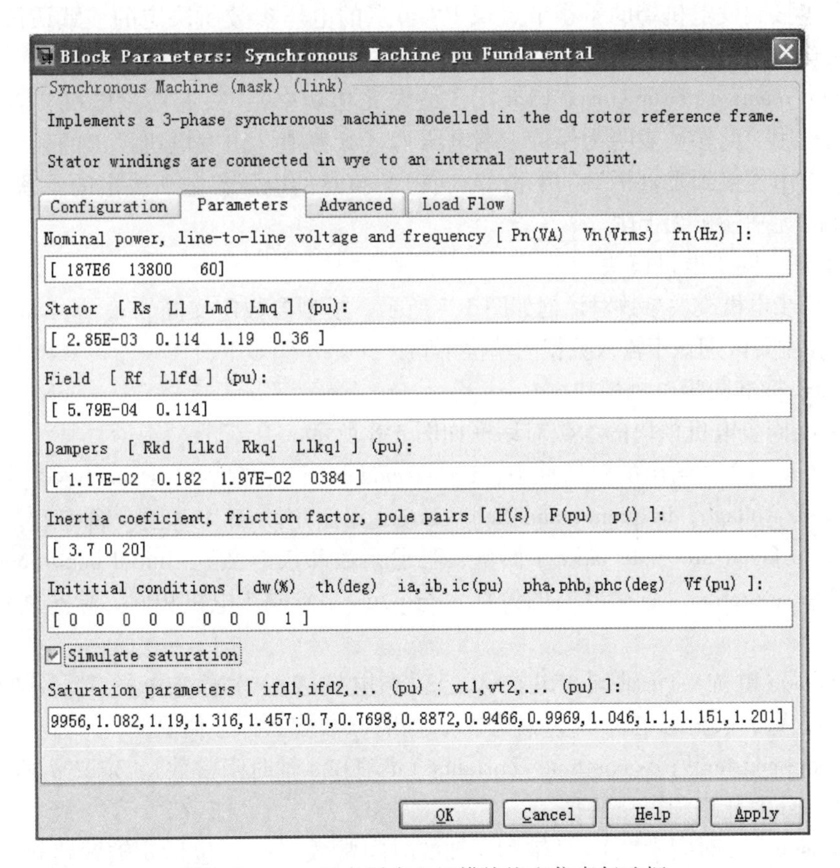

图 3-6　p. u. 基本同步电机模块饱和仿真复选框

3）在图 3-5c 中定义如下参数。

Sample time（采样时间）：用于指定模块的采样时间。由 Powergui 模块指定采样时间，将此参数设置为 -1。

Discrete solver model（离散算法模型）：当 Powergui 模块的求解算法类型设置为离散算法时，可通过该模块指定积分算法。有向前欧拉（默认）、梯形非迭代、梯形迭代三种积分算法供选择。

4）在图 3-5d 中定义如下参数。

Generator type（发电机节点类型）：指定该机发电机的节点类型。有 PV 节点、PQ 节点、平衡节点三种节点类型供选择。

Active power generation P（W）（发出的有功功率）：设定发电机所需发出的有功功率，单位为 W。当在电动机模式下运行时，需设置为负值。只有在发电机节点类型为 PV 和 PQ 时，此参数可用。

Reactive power generation Q（var）（发出的无功功率）：设定发电机所需发出的无功功率，单位为 var。当此参数设置为负值时，表示该电机吸收的无功功率。只有在发电机节点类型为 PQ 时，此参数可用。

Minimum reactive power Qmin（var）（最小无功功率）：只有在发电机节点类型为 PV 时，此参数可用。此参数表明为保持末端电压为其参考值，由发电机发出的最小无功功率。该参考电压是由连接到发电机端的平衡节点或 PV 节点的电压参数所决定的。默认值是负无穷，表明此时无功输出无下限。

Maximum reactive power Qmax（var）（最大无功功率）：只有在发电机节点类型为 PV 时，此参数可用。此参数表明为保持末端电压为其参考值，由发电机发出的最大无功功率。该参考电压是由连接到发电机端的平衡节点或 PV 节点的电压参数所决定的。默认值是正无穷，表明此时无功输出无上限。

（2）SI 基本同步电机模块

SI 基本同步电机模块参数对话框如图 3-7 所示，模型参数定义同 p. u. 基本同步电机模块的定义相似，主要区别在于输入数据的单位不同，SI 基本同步电机模块输入参数为有名值。

（3）p. u. 标准同步电机模块

p. u. 标准同步电机模块的参数对话框如图 3-8 所示。

在图 3-7 及图 3-8 给出的对话框中，Preset model（设定模型）、Rotor type（转子类型）、Nominal power，voltage，frequency and field current（额定功率、电压、频率和励磁电流）、Inertia，friction factor and pole pairs（惯量、阻尼系数和极对数）、Initial conditions（初始条件）、Simulate saturation（饱和状态的仿真）与 p. u. 基本同步电机相同。除此之外，还含有如下参数。

Reactances（电抗）：d 轴同步电抗 X_d、暂态电抗 X'_d、次暂态电抗 X''_d，q 轴同步电抗 X_q、暂态电抗 X'_q、次暂态电抗 X''_q，漏抗 X_1，所有参数均为标幺值。

d-axis time constants；q-axis time constants（d 轴和 q 轴时间常数）：定义 d 轴和 q 轴时间常数的类型，分为开路和短路两种。

Time constants（时间常数）：d 轴和 q 轴的时间常数（s），包括 d 轴开路暂态时间常数（T'_{d0}）/短路暂态时间常数（T'_d）、d 轴开路次暂态时间常数（T''_{d0}）/短路暂态时间常数（T''_d）、q 轴开路暂态时间常数（T'_{q0}）/短路暂态时间常数（T'_q）、q 轴开路次暂态时间常数（T''_{q0}）/短路暂态时间常数（T''_q），这些时间常数和时间常数列表中的定义一致。

Stator resistance（定子电阻）：定义定子电阻 R_s（p. u.）。

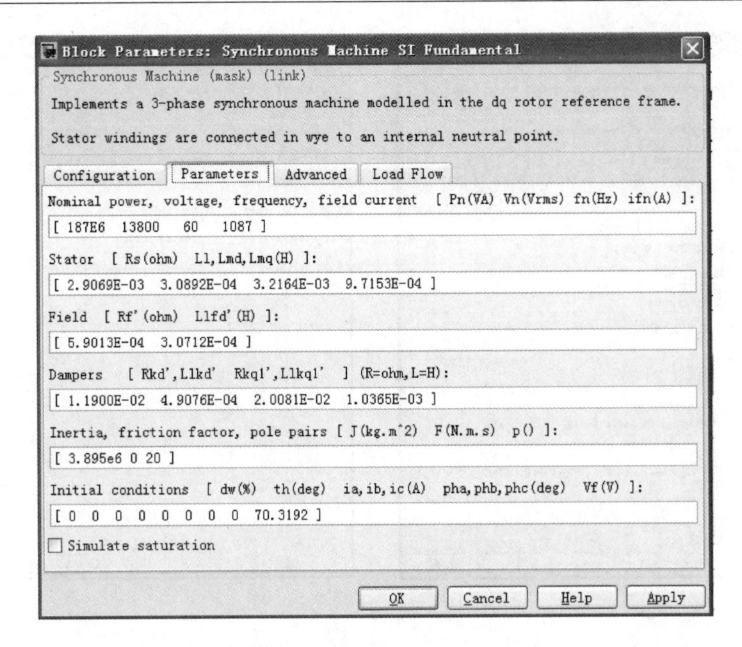

a)

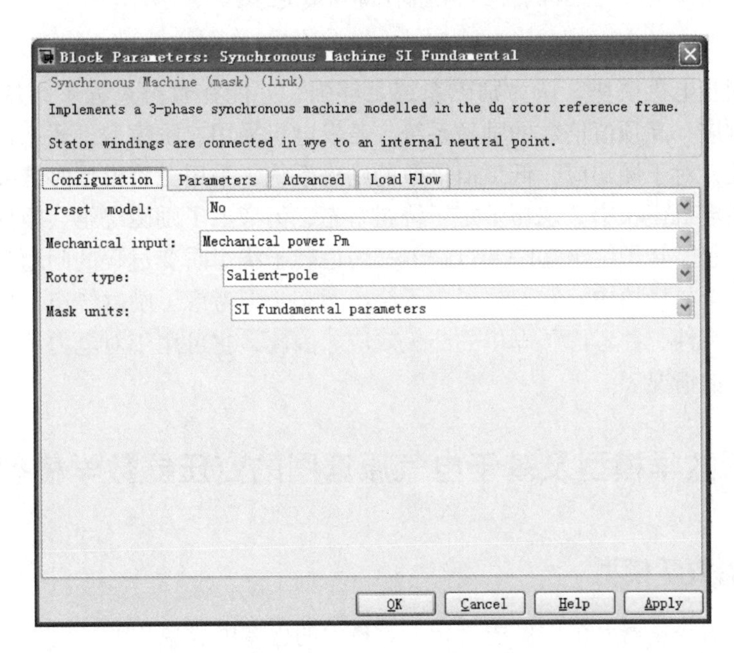

b)

图3-7　SI基本同步电机模块参数对话框

a）Parameters选项　b）Configuration选项

3. 各类模块的应用比较

简化的同步电机模块是只计及转子动态的二阶模型，由于其模型简单，机网接口方便，因而在大规模电力系统分析中得到了广泛的应用。一般在研究远离扰动发生地点的发电机转子动态特性时可由此选模型；在系统很大而精度要求不高时，也优先采用二阶模型，以节省机时及人力。

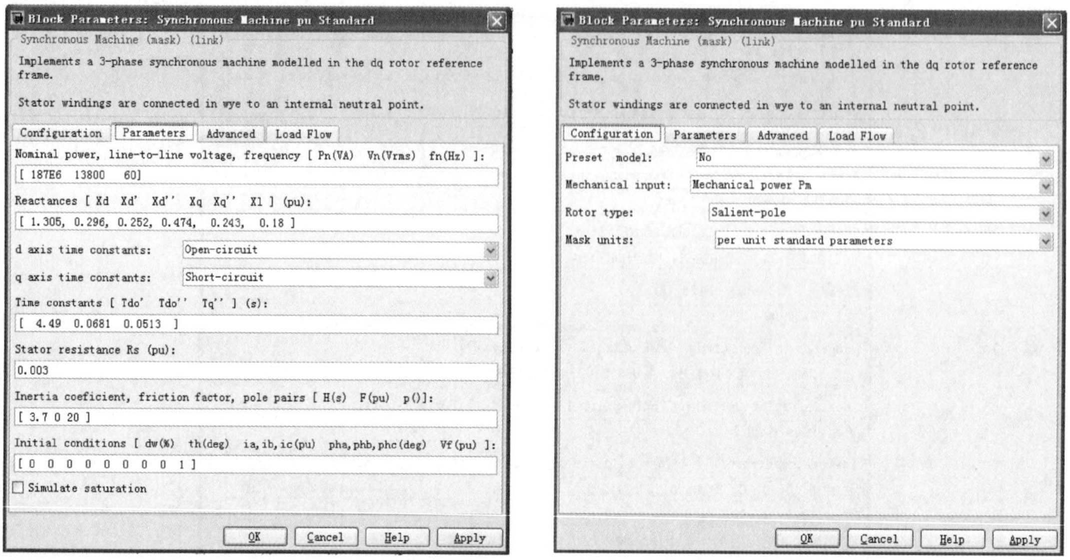

a)

b)

图 3-8 p. u. 标准同步电机模块的参数对话框

a）Parameters 选项 b）Configuration 选项

由于简化同步电机模块，认为励磁系统足够强，并能在暂态过程中维持暂态电动势恒定。对于快速响应、高顶值倍数的励磁系统，若发电机采用二阶模型，暂态稳定分析结果往往偏保守；相反，对于慢响应、低顶值倍数的励磁系统，采用二阶模型时结果可能偏乐观。

在基本同步电机模块中，忽略了定子绕组暂态，但考虑了励磁绕组、阻尼绕组的动态特性。常常用于可忽略转子绕组超瞬变过程但又考虑转子绕组瞬变过程的问题分析。

在标准同步电机模块中，它忽略了定子绕组暂态，但考虑了励磁绕组、阻尼绕组的暂态和转子绕组动态特性，并考虑了电机的凸极效应。因此，它可用于对电力系统暂态稳定分析的精度要求较高的情况。

3.2 变压器数学模型及基于电气原理图的变压器数学模型

3.2.1 变压器数学模型

电力系统中的变压器大多数做成三相，容量大的也有做成单相的，但是使用时总是接成三相变压器，包括双绕组和三绕组变压器。变压器的单相等值电路如图 3-9 所示，R_1、R_2、R_3 分别是变压器三个绕组的电阻，L_1、L_2、L_3 分别是变压器三个绕组的漏抗，R_m、L_m 分别是变压器的励磁电阻和励磁电抗。

3.2.2 基于电气原理图的变压器数学模型

在 SimPowerSystem 库中，提供的三相双绕组和三相三绕组变压器模块如图 3-10 所示。由于三相三绕组变压器的参数设置与三相双绕组变压器的参数设置类似，在此以三相双绕组变压器为例分析变压器的参数设置。

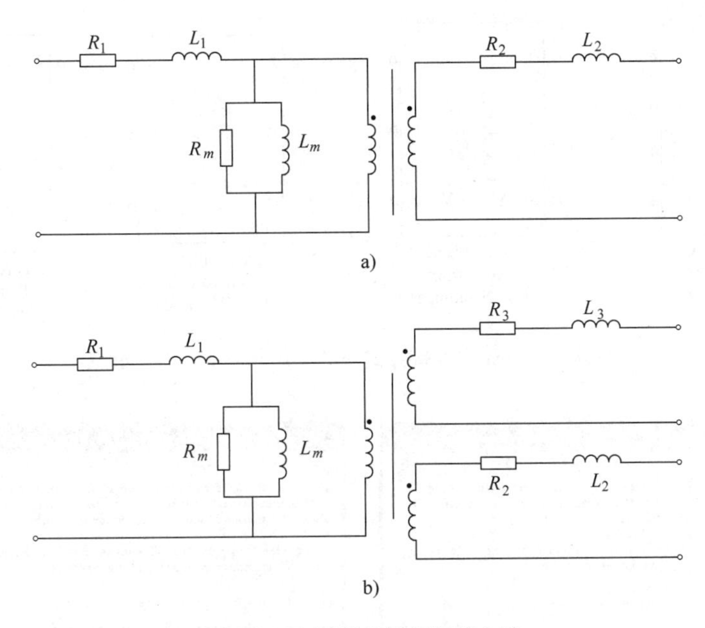

图3-9　变压器的单相等值电路

a）双绕组变压器　b）三绕组变压器

变压器模块的端子ABC、abc分别为变压器三个绕组的端子。变压器绕组的连接方式有：

Y形联结：3个电气连接端口（A、B、C或a、b、c）；

Yn联结：4个电气连接端口（A、B、C、N或a、b、c、n），绕组中性线可见；

Yg联结：3个电气连接端口（A、B、C或a、b、c），模块内部绕组接地；

Δ（D1）形联结：3个电气连接端口（A、B、C或a、b、c），Δ绕组滞后Y30°；

Δ（D11）形联结：3个电气连接端口（A、B、C或a、b、c），Δ绕组超前Y30°。

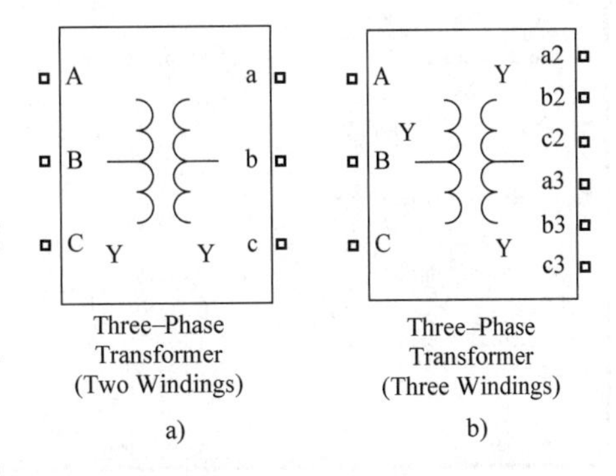

图3-10　变压器模块示意图

a）三相双绕组变压器　b）三相三绕组变压器

不同连接方式的变压器对应不同图标。图3-11为四种典型连接方式下的双绕组三相变压器图标，分别为Yg-Y、Δ-Yg、Δ-Δ和Y-Δ联结变压器。

三相双绕组变压器模块的参数对话框如图3-12所示。在参数对话框中有如下参数：

Units（单位）：变压器参数的单位可选择有名值（SI）或标幺值（pu）。

Nominal power and frequency（额定功率和额定频率）：变压器的额定功率（V·A）和额定频率（Hz）。

Winding 1 connection（ABC terminals）（一次绕组连接方式）：一次绕组的连接方式选择。

Winding 1 parameters（一次绕组的参数）：一次绕组的线电压有效值（V）、电阻（pu）和漏抗（pu）。

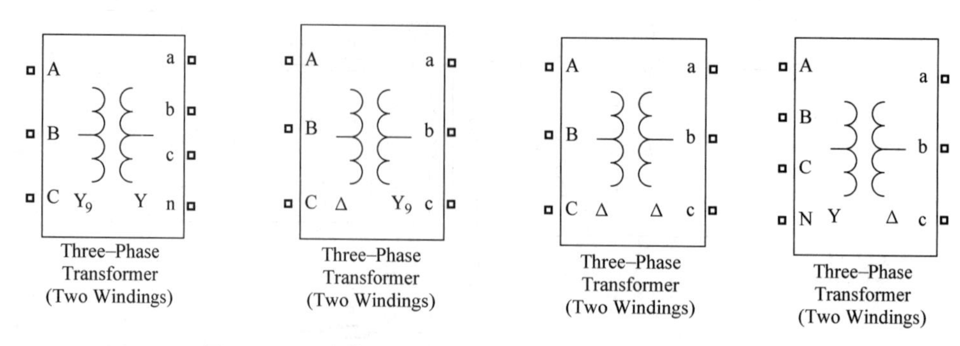

图 3-11 四种典型连接方式下的双绕组三相变压器图标

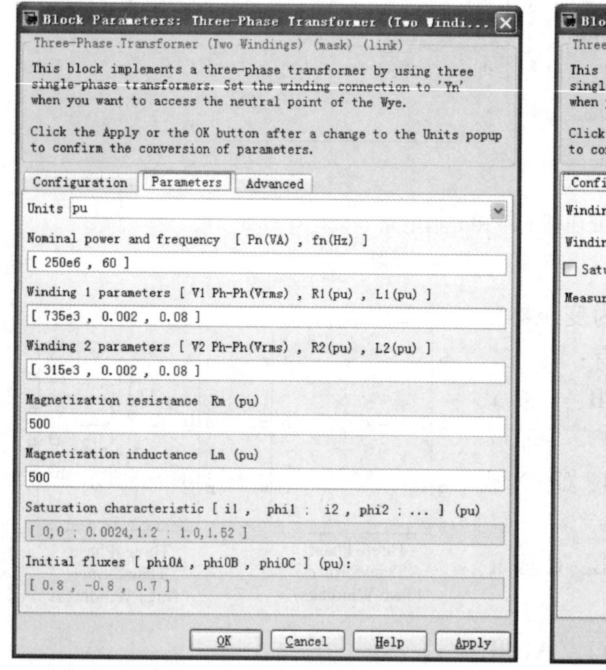

a)

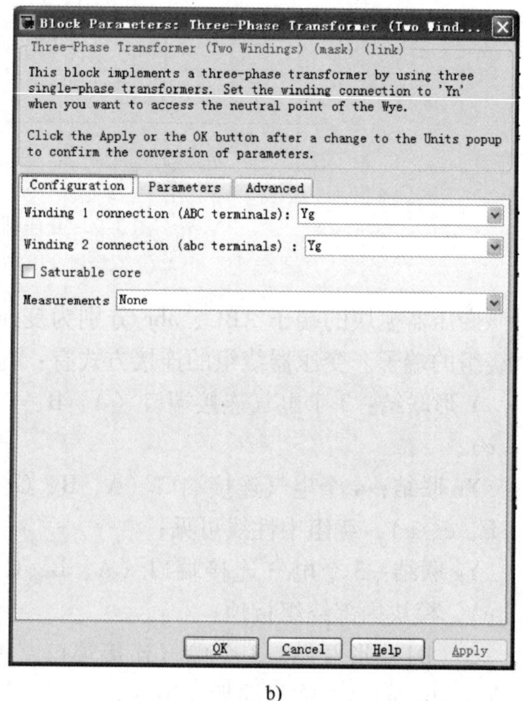

b)

图 3-12 变压器模块的参数对话框

a）Parameters 选项 b）Configuration 选项

Winding 2 connection（abc terminals）（二次绕组的连接）：二次绕组的连接方式选择。

Winding 2 parameters（二次绕组的参数）：二次绕组的线电压有效值（V）、电阻（pu）和漏抗（pu）。

Saturable core（铁心的饱和状态）：若选择该项，则模拟饱和状态的变压器。并且在仿真图中变压器的图标变为如图 3-13 所示。

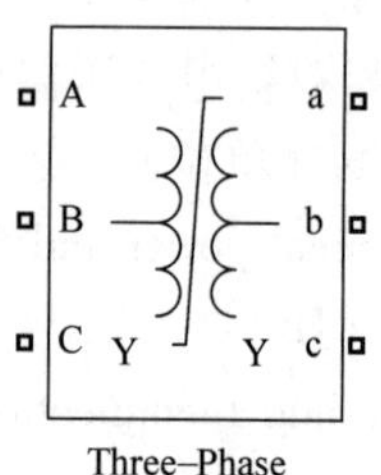

图 3-13 饱和变压器的图标

Magnetization resistance Rm（励磁铁心电阻）：反映变压器铁心损耗的励磁电阻（pu）。

Magnetization inductance Lm（励磁铁心电感）：变压器的励磁电感（pu）。若变压器铁心选择饱和状态，则该参数为零。若变压器铁心饱和状态不被选中，则需要输入该参数。

Saturation characteristic（饱和特性）：只有选中变压器铁心饱和状态时才显示这个参数，它是包含电流/磁链的序列值。

Initial fluxes（磁链初始值）：若选中该项，则磁链初始值参数用［phi0A phi0B phi0C］表示。

［phi0A phi0B phi0C］：只有选中变压器初始磁链和饱和铁心参数后才显示该项，给定变压器每相磁链的初始值。

Measurements（测量）：通过选择三相变压器绕组的电压、电流、磁链等变量就可以进行对应的测量。

除了三相双绕组变压器和三绕组变压器外，在SimPowerSystem库中还提供了其他的变压器模块，包括单相线性变压器（Linear Transformer）、单相饱和变压器（Saturable Transformer）、三相12端口变压器（Three-Phase Transformer 12 Terminals）和移相变压器（Zigzag Phase-Shifting Transformer）。其基本参数均与三相双绕组变压器参数相似，读者可以根据自己的需要进行选择。

3.3　输电线路模型

在电力系统分析中，用电阻、电抗、电纳和电导参数反映输电线路特性。实际上，这些参数是均匀分布的，即在线路任一微小长度内都存在电阻、电抗、电纳和电导，因此精确地建模非常复杂。输电线路模型可分为等值的集中参数元件模型和行波模型两大类。在仅需要分析线路端口状况，即两端电压、电流、功率时，通常可不考虑线路的这种分布特性，用集中参数元件模型模拟输电线路；当线路较长时，则需要用双曲函数研究均匀分布参数的线路；当研究开关开合时的瞬变过程等含有高频暂态分量的问题时，就需要考虑分布参数的特性了，这时应该使用分布参数线路模块。下面分别介绍电力系统分析中常用的输电线路等值模型。

3.3.1　输电线路的等效电路

假设在三相平衡的情况下，线路参数 R、L、C 分别为考虑三相线路之间以及三相线路与地之间相互耦合的电感和电容之间的正序、零序参数。若输电线路的参数 R、L、C 沿线均匀分布，利用三相“Π”形集中参数等效电路可模拟一个平衡的三相输电线路，如图3-14所示。

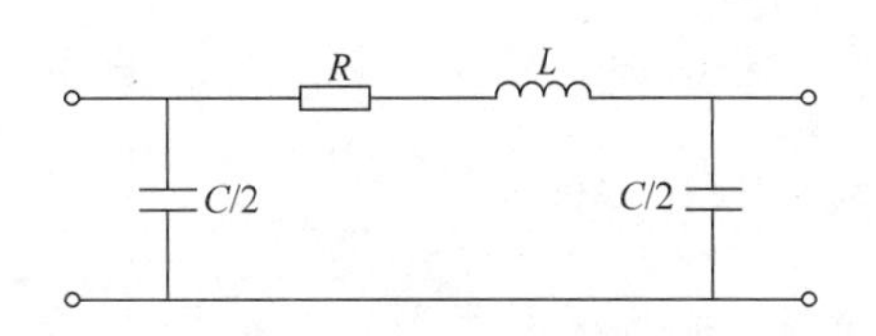

图3-14　输电线路的单“Π”形等效电路

当线路长度较长时，可利用几个相同的“Π”形等效电路的串联模拟，如图3-15所示。对于电压等级不高的短线路，通常忽略线路电容的影响。

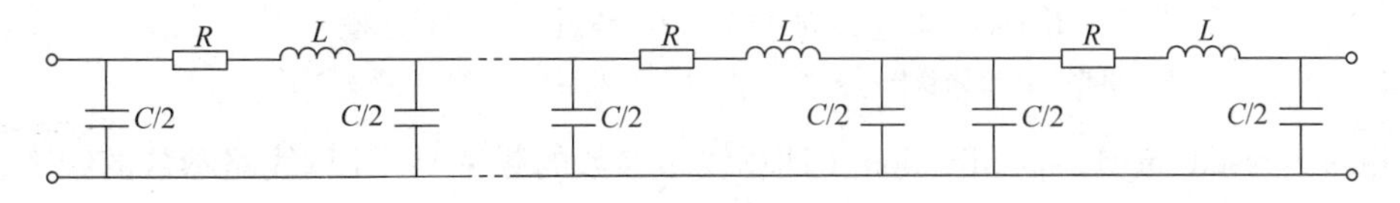

图3-15　长线的多个“Π”形等效电路

3.3.2　基于电气原理图的输电线路数学模型

在 SimPowerSystems 库中，提供的输电线路的模型有“Π”形等值模块和分布参数等值模块。

1. “Π”形等值模块

输电线路的“Π”形等值模块包括单相“Π”形等值电路模块（Single-phase Line）和三相“Π”形等值电路模块（Three-phase Line）。两种模型模块的示意图如图 3-16 所示，模形参数的对话框如图 3-17 所示。其中三相“Π”形等值电路对话框中的参数如下：

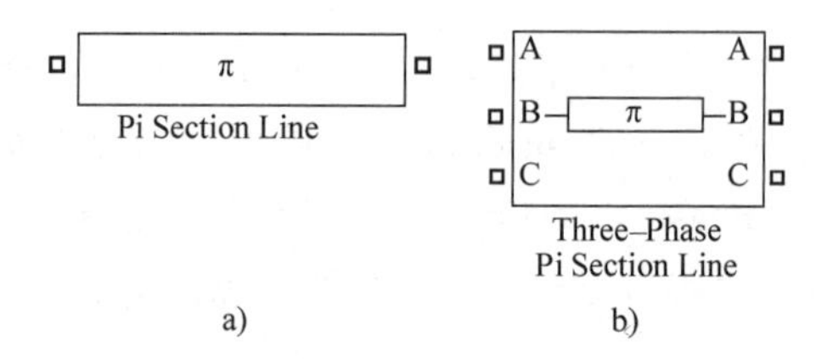

图 3-16　输电线路“Π”形线路模块示意图
a）单相等值电路模块　b）三相等值电路模块

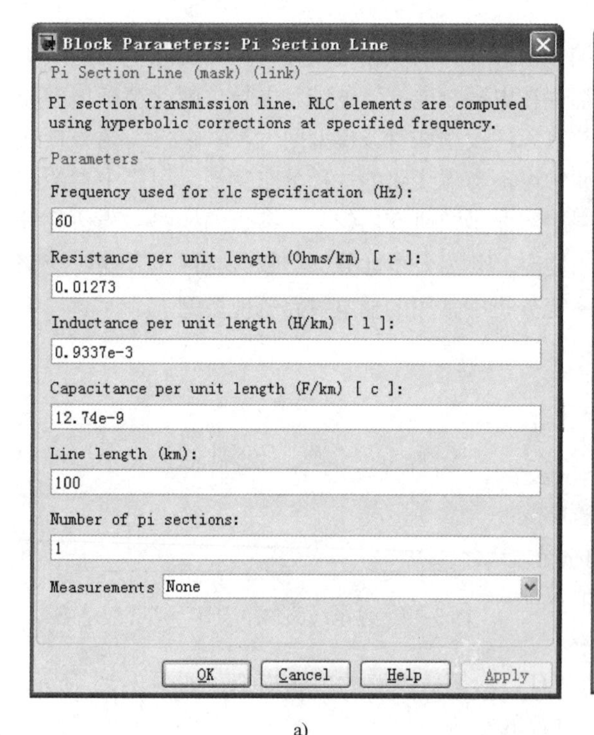

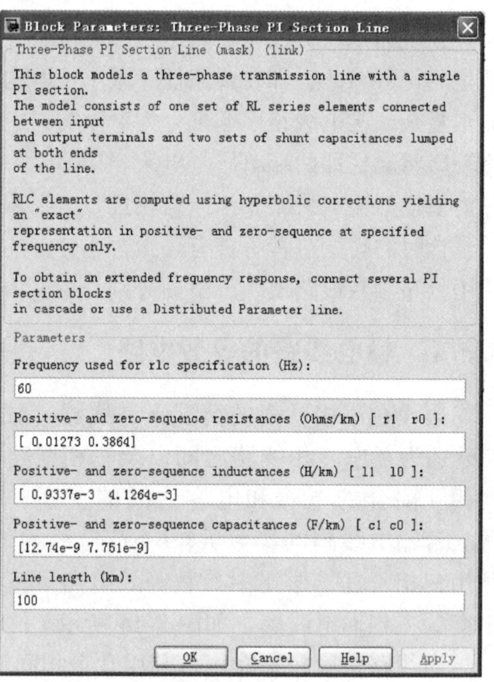

a)　　　b)

图 3-17　输电线路“Π”形线路属性参数对话框
a）单相等值电路模块参数对话框　b）三相等值电路模块参数对话框

Frequency used for rlc specification（计算线路参数的频率）：计算线路参数的频率，单位为 Hz。

Resistance per unit length（输电线路单位长度的电阻）：线路单位长度的正序和零序电阻，单位为 Ω/km。

Inductance per unit length（输电线路单位长度的电感）：线路单位长度的正序和零序电感，单位为 H/km。

Capacitance per unit length（输电线路单位长度的电容）：线路单位长度的正序和零序电容，单位为 F/km。

Line length（输电线路的长度）：输电线路长度，单位为 km。

Number of pi sections（集中“Π”形等值电路的个数）：集中“Π”形等值电路的个数，最小值为 1。

Measurements（测量）：对线路送端和受端的电压、电流进行测量。选中的测量变量需要通过万用表模块进行观察。

2. 分布参数等值电路

三相分布参数线路模块图标如图 3-18 所示，该模块的参数对话框如图 3-19 所示。该对话框有如下参数。

Number of phases（相数）：改变分布参数的相数，可以动态地改变该模块的图标。图 3-20 所示为单相和多相分布参数线路模块图标。

Frequency used for rlc specification（基频）：用于计算 RLC 参数的基本频率。

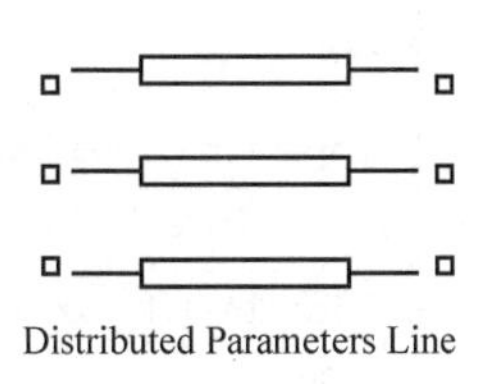

图 3-18　三相分布参数线路模块图标

Resistance per unit length（单位长度电阻）：用矩阵表示的单位长度电阻。对于两相或三相连续换位线路，可以输入正序和零序电阻 [R_1 R_0]；对于对称的六相线路，可以输入正序、零序和耦合电阻 [R_1 R_0 R_{0m}]；对于 N 相非对称线路，必须输入表示各线路和线路间相互关系的 $N \times N$ 阶电阻矩阵。

Inductance per unit length（单位长度电感）：用矩阵表示的单位长度电感。对于两相或三相连续换位线路，可以输入正序和零序电感 [L_1 L_0]；对于对称的六相线路，可以输入正序、零序和互感 [L_1 L_0 L_{0m}]；对于 N 相非对称线路，必须输入表示各线路和线路间相互关系的 $N \times N$ 阶电感矩阵。

Capacitance per unit length（单位长度电容）：用矩阵表示的单位长度电容。对于两相或三相连续换位线路，可以输入正序和零序电容 [C_1 C_0]；对于对称的六相线路，可以输入正序、零序和耦合电容 [C_1 C_0 C_{0m}]；对于 N 相非对称线路，必须输入表示各线路和线路间相互关系的 $N \times N$ 阶电容矩阵。

Line length（线路长度）：线路长度。

Measurements（测量参数）：对线路送端和受端的线电压进行测量。选中的测量变量需要通过万用表模块进行观察。

实际上，由于导线和大地之间的趋肤效应，R 和 L 有极强的依频特性，分布参数线路模块也不能准确地描述线路 RLC 参数的依频特性，但是和“Π”形等值电路模块相比，分布参数线路可以较好地描述波的传输过程。

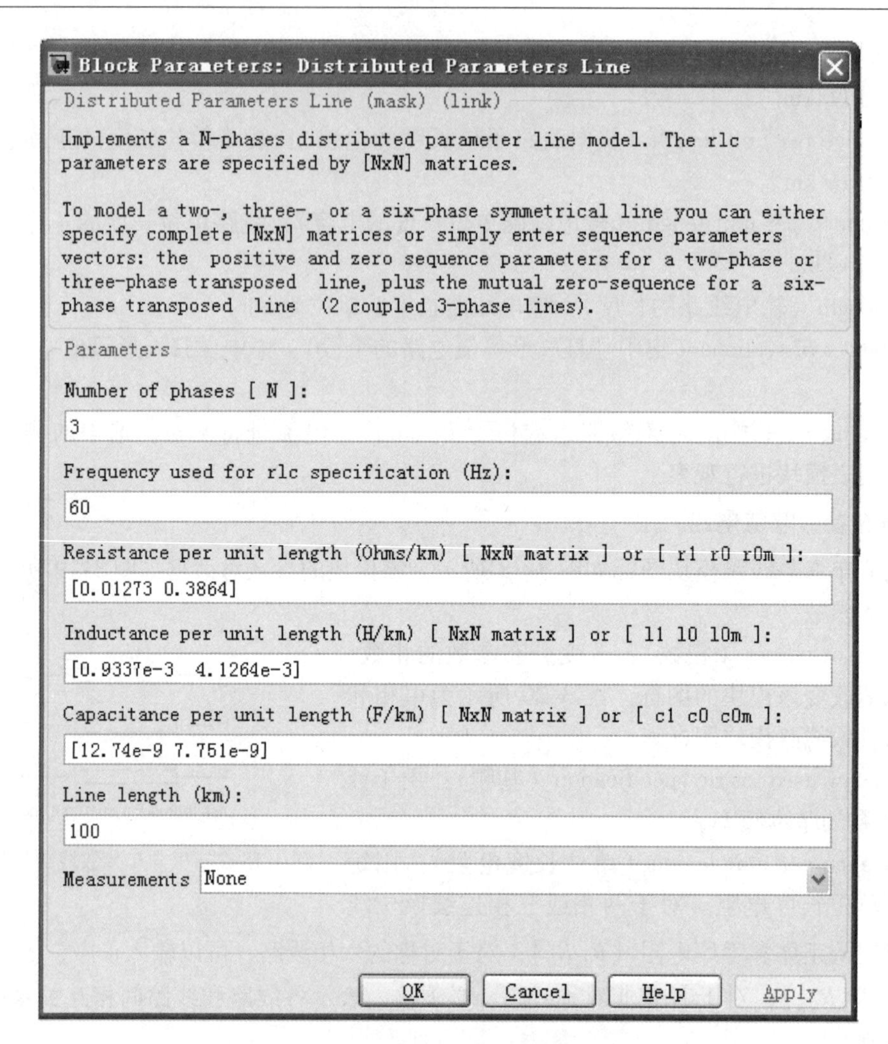

图 3-19　分布参数线路模块参数对话框

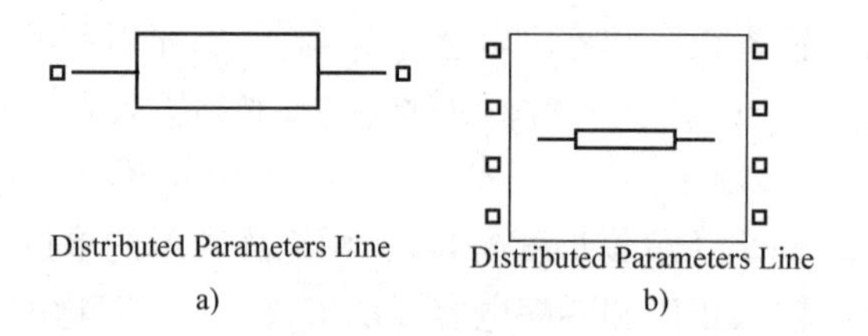

图 3-20　单相和多相分布参数线路模块图标

a）单相分布参数线路模块图标　b）多相分布参数线路模块图标

3.4　负荷模型

电力系统的用电设备数量很大，分布很广，种类繁多，其工作状态又带有随机性和时变性，连接各类用电设备的配电网的结构也可能发生变化。因此，怎样才能建立一个既准确又实用的负荷模型，至今仍是一个尚未解决的问题。

在电力系统分析计算中，常将电力网覆盖的广大地区内的电力用户合并为数量不多的负荷，分接在不同地区、不同电压等级的母线上。每一个负荷都代表一定数量的各类用电设备及相关的变配电设备的组合，这样的组合也称为综合负荷。电力系统中的负荷模型通常分为静态模型和动态模型，其中，静态模型表示电力系统稳态下负荷功率与电压和频率的关系，动态模型表示电压和频率急剧变化时负荷功率随时间的变化关系。最常用的综合负荷等值电路包括含源等值阻抗（导纳）支路、恒定阻抗（导纳）支路、异步电动机等值电路以及这些电路的不同组合。

3.4.1　负荷的数学模型

1. 负荷的静态模型

在电力系统分析中，在给定频率时负荷阻抗为常数，负荷吸收的有功功率和无功功率与负荷的电压二次方成正比，因此可用恒阻抗支路模拟负荷。

2. 负荷的动态模型

三相动态负荷模块是对三相动态负荷的建模，其中，有功功率和无功功率可以表示为正序电压的函数或者直接受外部信号的控制。由于没有考虑负序和零序电流，因此即使在不平衡负载电压的情况下，其三相负荷电流也是平衡的。

如果负荷的终端电压低于设定的最小电压，则负荷阻抗保持常数；当负荷的终端电压高于设定的最小电压时，负荷的有功功率和无功功率的变化如下：

$$P(s)=P_0\left(\frac{U}{U_0}\right)^{n_p}\frac{(1+T_{p1}s)}{(1+T_{p2}s)}$$

$$Q(s)=Q_0\left(\frac{U}{U_0}\right)^{n_q}\frac{(1+T_{q1}s)}{(1+T_{q2}s)}$$

式中，U_0 为正序电压的初始值；P_0、Q_0 为初始电压的有功功率和无功功率的初始值；U 为正序电压；n_p、n_q 为控制负荷性质的指数（通常取值在 1 ~ 3 之间）；T_{p1}、T_{p2} 为控制有功功率动态特性的时间常数；T_{q1}、T_{q2} 为控制无功功率动态特性的时间常数。对于恒电流负荷，$n_p=1$、$n_q=1$；对于恒阻抗负荷，$n_p=2$、$n_q=2$。

3. 异步电动机模型

异步电动机电气部分采用四阶的状态方程描述，状态方程如下：

$$\begin{cases}u_{qs}=R_s i_{qs}+\frac{\mathrm{d}}{\mathrm{d}t}\psi_{qs}+\omega\psi_{ds}\\u_{ds}=R_s i_{ds}+\frac{\mathrm{d}}{\mathrm{d}t}\psi_{ds}-\omega\psi_{qs}\\u'_{qr}=R'_r i'_{qr}+\frac{\mathrm{d}}{\mathrm{d}t}\psi'_{qr}+(\omega-\omega_r)\psi'_{dr}\\u'_{dr}=R'_r i'_{dr}+\frac{\mathrm{d}}{\mathrm{d}t}\psi'_{dr}-(\omega-\omega_r)\psi'_{qr}\end{cases}$$

其等效电路如图 3-21 所示。该电路中，所有参数都归算到定子侧，其中 R_s、L_{1s} 为定子绕组的电阻和漏抗；R'_r、L'_{1r} 为转子绕组的电阻和漏抗；L_m 为励磁电感；ψ_{ds}、ψ_{qs} 为定子 d 轴和 q 轴磁通分量；ψ'_{dr}、ψ'_{qr} 为转子 d 轴和 q 轴磁通分量。

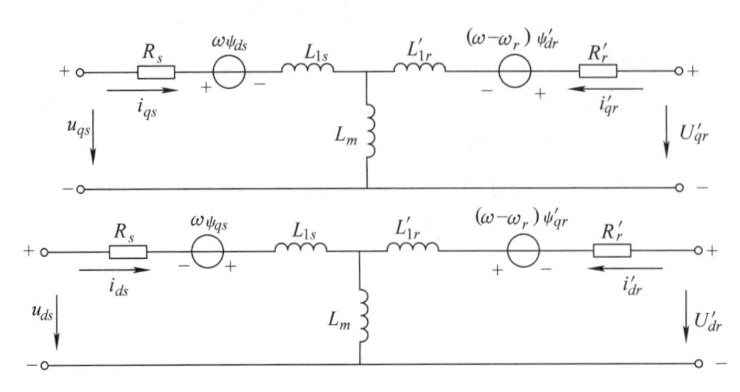

图 3-21 异步电动机等效电路

转子运动方程如下：

$$\begin{cases}\dfrac{\mathrm{d}\omega_m}{\mathrm{d}t}=\dfrac{1}{2H}(T_e-F\omega_m-T_m)\\ \dfrac{\mathrm{d}\theta_m}{\mathrm{d}t}=\omega_m\end{cases}$$

式中，T_m 为加在电动机轴上的机械转矩；T_e 为电磁转矩；θ_m 为转子机械角位移；ω_m 为转子机械角速度；H 为电动机惯性常数；F 为考虑 d、q 轴在动态过程中的阻尼作用以及转子运动中的机械阻尼作用的定常阻尼系数。

在电力系统分析中，需要根据研究问题的不同合理地选择负荷模型。在潮流计算时，常用恒功率表示负荷，必要时也可采用线性化的静态特性。在短路计算时，负荷可表示为含源等值阻抗支路或恒定阻抗支路；在稳定性计算中，综合负荷可表示为恒定阻抗，或按不同比例的恒定阻抗和异步电动机的组合。

3.4.2 基于电气原理图的负荷模型

1. 静态负荷模型模块

在 SimPowerSystems 库中，利用 R、L、C 的串联或并联组合，提供了四个静态负荷模型模块：单相 *RLC* 并联负荷（Parallel RLC Load）模块、单相 *RLC* 串联负荷（Series RLC Load）模块、三相 *RLC* 并联负荷（Three-Phase Parallel RLC Load）模块、三相 *RLC* 串联负荷（Three-Phase Series RLC Load）模块，其图标如图 3-22 所示。

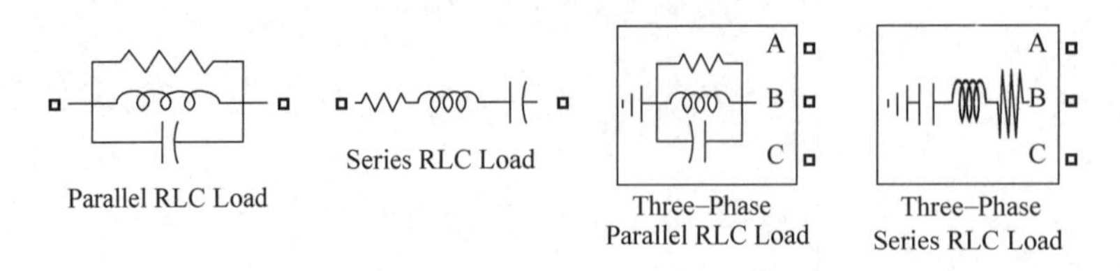

图 3-22 静态负荷模型模块图标

三相 *RLC* 串联负荷模块的参数对话框如图 3-23 所示，该对话框有如下参数。

Configuration（三相负荷的连接方式）：三相负荷的连接方式有：中性点接地的 Y 形联结、中性点不接地的 Y 形联结、中性点通过其他设备的联结和三角形联结。

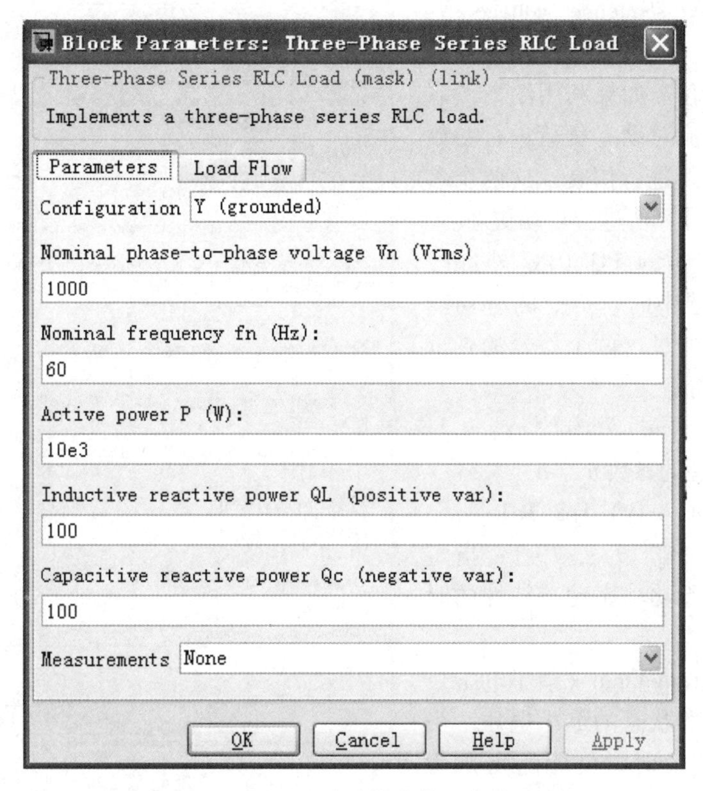

图 3-23　三相 *RLC* 串联负荷模块参数对话框

Nominal phase-to-phase voltage Vn（额定线电压）：负荷的额定线电压。

Nominal frequency fn（额定频率）：负荷的额定频率。

Active power P（有功功率）：负荷的有功功率。

Inductive reactive power QL（感性无功功率）：三相负荷的感性无功功率。

Capacitive reactive power Qc（容性无功功率）：三相负荷的容性无功功率。

Measurements（测量）：选择被测量后，利用万用表就可以测出负荷两端的电压和通过负荷的电流。

2. 动态负荷模型模块

在 SimPowerSystems 库中，提供了三相动态负荷模型模块，其图标如图 3-24 所示。

三相动态负荷模型模块的参数对话框如图 3-25 所示，该对话框有如下参数。

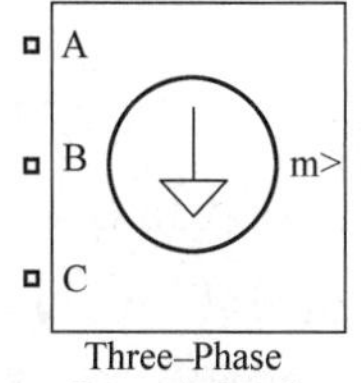

图 3-24　三相动态负荷模块示意图

Nominal L-L voltage and frequency（额定电压和频率）：指定负荷的额定电压有效值和额定频率。

Active-reactive power at initial voltage（初始电压下的有功和无功功率）：指定初始电压为 U_0 时的有功功率 P_0（W）和无功功率 Q_0（var）。如果利用图形读者界面中的负荷潮流对动态负荷进行初始化并在稳态情况下进行仿真，这些参数将根据负荷的有功和无功功率的设定值进行自动更新。

Initial positive-sequence voltage Vo（正序电压初始化）：指定负荷初始正序电压的幅值和相角。如果利用图形读者界面中的负荷潮流对动态负荷进行初始化并在稳态情况下进行仿真，这两个参数将根据潮流的计算值进行自动更新。

External control of PQ（PQ 外部控制）：当这项被选中时，负荷的有功功率和无功功率可通过这两个信号的外部 Simulink 矢量进行定义。

Parameters [np nq]（参数 n_p、n_q）：指定定义负荷特性的参数 n_p、n_q。

Time constants [Tp1 Tp2 Tq1 Tq2]（时间常数 T_{p1}、T_{p2}、T_{q1}、T_{q2}）：指定控制负荷有功和无功功率动态特性的时间常数。

Minimum voltage Vmin（最小电压）：指定动态负荷初始状态的最小电压。当负荷电压低于此值时，负荷的阻抗为常数。

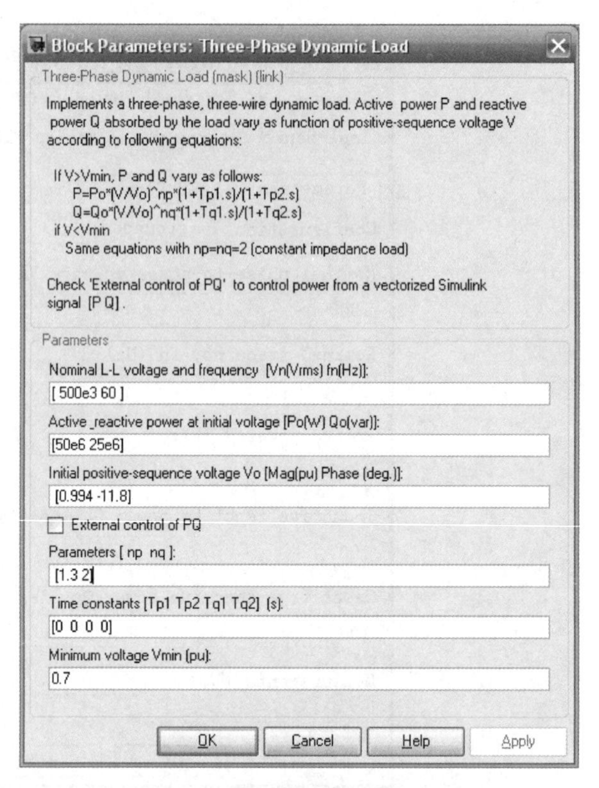

图 3-25　三相动态负荷模型参数对话框

3. 异步电动机模型模块

在 SimPowerSystems 库中，提供了分别利用有名值和标幺值计算的异步电动机模型模块，其模块示意图如图 3-26 所示。

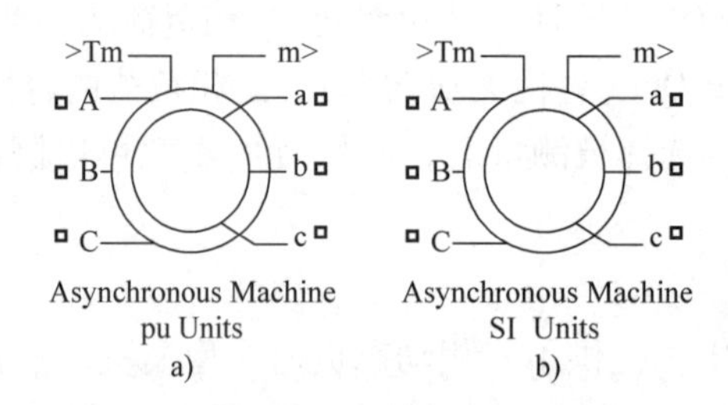

图 3-26　异步电动机模型模块

a）标幺制下的异步电动机模型模块　b）有名制下的异步电动机模型模块

异步电动机模块有 1 个输入端子、6 个电气连接端子和 1 个输出端子。输入端子 T_m 为转子轴上的机械转矩，可直接连接 Simulink 信号。机械转矩为正时，表示异步电机运行在电动机状态；机械转矩为负时，表示异步电机运行在发电机状态。电气连接端子 A、B、C 为电机的定子电压输入，可直接连接三相电压；电气连接端子 a、b、c 为转子电压输出，一般短接在一起或者连接到其他附加电路中。输出端子 m 输出一系列电机内部信号，由 21 路信号组成，见表 3-3。

表 3-3　异步电动机输出信号

输　出	符　号	端　口	定　义	单　位
1～3	i_{ra}，i_{rb}，i_{rc}	ir_ abc	转子三相电流	A 或者　p. u.
4～5	i_d，i_q	ir_ qd	q 轴和 d 轴转子电流	A 或者　p. u.
6～7	φ_{rq}，φ_{rd}	phir_ qd	q 轴和 d 轴转子磁通量	V · s 或者　p. u.
8～9	V_{rd}，V_{rq}	vr_ qd	q 轴和 d 轴转子电压	V 或者　p. u.
10～12	i_{sa}，i_{sb}，i_{sc}	is_ abc	定子三相电流	A 或者　p. u.
13～14	i_{sq}，i_{sd}	is_ qd	q 轴和 d 轴定子电流	A 或者　p. u.
15～16	φ_{sq}，φ_{sd}	phis_ qd	q 轴和 d 轴定子磁通	V · s 或者　p. u.
17～18	V_d，V_q	vs_ qd	定子 q 轴和 d 轴电压	V 或者　p. u.
19	ω_m	wm	转子角速度	rad/s
20	T_e	Te	电磁转矩	N · m 或者　p. u.
21	θ_m	Thetam	转子角位移	rad

异步电动机模型模块的参数对话框如图 3-27 所示，该对话框有如下参数。

Preset model（模型设置）：选择系统设置的内部模型时异步电动机将自动获取各项参数，如果不想使用系统内部设置模型，则选择“No”。

Mechanical input（机械输入）：可选择施加于电动机轴上的转矩，也可以选择电动机转子转速作为 Simulink 仿真的输入。

Rotor type（转子类型）：定义转子结构，分为绕线式和笼式两种。由于笼型异步电动机的输出端直接在模块内短接，因此图标上不可见。

Reference frame（参考轴）：定义电动机模块的参考轴，决定将输入电压从 *abc* 系统变换到指定参考轴下，将输出电流从指定参考轴下变换到 *abc* 系统。

进行变换时可选择以下三种方式：

Park 变换（Rotor（Park transformation））：把电动机参考轴变换到以旋转的转子为参考轴。

固定参考轴（Stationary）：通过 Clarke 或 $\alpha\beta$ 变换把电动机参考轴变换到固定的静止的坐标轴。

同步旋转坐标轴（Synchronous）：把电动机参考轴变换到以同步转速旋转的参考轴。

Nominal power，voltage（line-line），and frequency（额定参数）：给定电动机的额定视在功率、线电压有效值、额定频率。

Stator resistance and inductance（定子参数）：给出电动机定子电阻和漏抗。

Rotor resistance and inductance（转子参数）：给出转子电阻和漏抗。

Mutual inductance Lm（互感）：给出电动机互感。

Inertia constant，friction factor，pole pairs（电动机机械参数）：给出电动机的转动惯量、阻尼系数和极对数。

Initial conditions（初始条件）：给定电动机的初始转差率、转子初始角、定子电流幅值和相角。

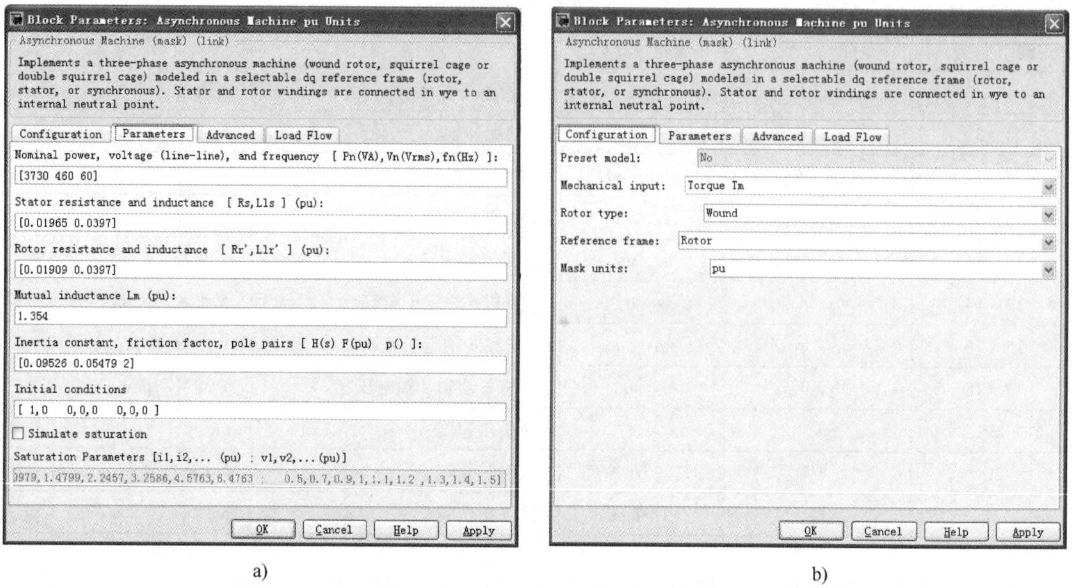

a)

b)

图 3-27　标幺值情况下异步电动机模型参数对话框
a）Parameters 选项　b）Configuration 选项

3.5　电力图形用户分析界面（Powergui）模块

Powergui 模块（Power Graphical User Interface）是 Simulink 为电力系统仿真提供的图形用户分析界面。Powergui 利用 Simulink 功能连接不同的电气元器件，是分析电力系统模型有效的图形化用户接口工具。

1）Powergui 模块可以显示系统稳定状态的电流和电压及电路（电感电流和电容电压）所有状态的变量值。

2）为了执行仿真，Powergui 模块允许修改初始状态。

3）Powergui 可以执行负载潮流的计算，并且为了从稳态时开始仿真，允许初始化包括三相电机在内的三相网络，三相电机的类型为简化同步电机、同步电机或异步电机模块。

4）当电路中出现阻抗测量模块时，Powergui 也可以显示阻抗随频率变化的波形。

5）如果用户拥有控制工具箱，Powergui 模块可以产生用户自己的系统空间模块，自动打开 LTI 相对于时域和频域的观测器接口。

6）Powergui 可以产生扩展名为 . rep 的结果报告文件，这个文件包含测量模块、电源、非线性模块等系统的稳定状态值。

3.5.1　Powergui 模块主窗口介绍

在 SimPowerSystems 库中，Powergui 模块的图标如图 3-28a 所示。双击 Powergui 模块图标将弹出该模块的主窗口，如图 3-28b 所示。该主窗口包括仿真类型（Simulation type）和分析工具（Analysis tools）两部分，分别介绍如下。

Continuous

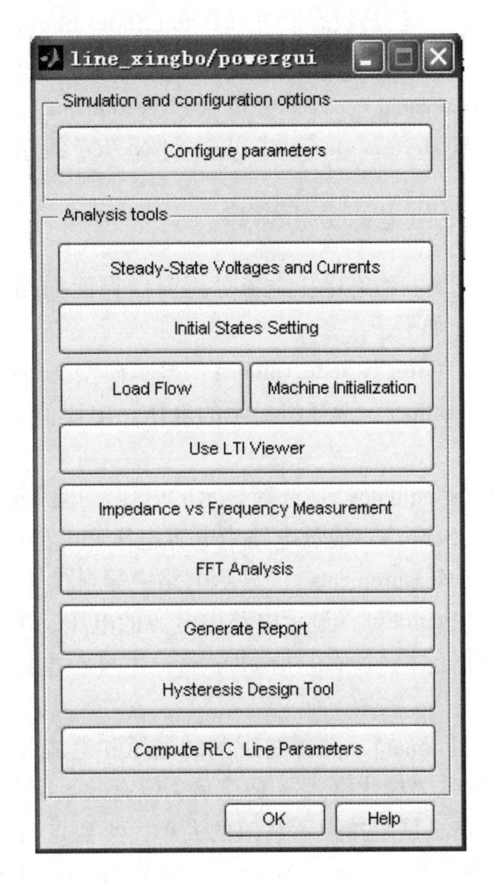

a)　　　　b)

图3-28　Powergui 模块图标和主窗口
a）模块图标　b）主窗口

1. 仿真类型

（1）相量法仿真（Phasor Simulation）

单击该单选框，则模型中的电力系统模块将在频率（Frequency）框中输入的指定频率下执行相量仿真。若未选中该单选框，则频率（Frequency）框显示为灰色。

（2）离散化电气模型（Discretize electrical model）

单击该单选框，模型中的电力系统模块将在离散化的模型下进行仿真分析和计算，其采样时间（$T_s>0$）在“采样时间（Sample time）”框中输入指定，同时 Powergui 模块的图标中就会显示该数值。若采样时间等于0，则表示不对数据进行离散化处理，采用连续算法进行系统分析。若未选中该单选框，则“采样时间（Sample time）”框显示为灰色。

（3）连续系统仿真（Continuous）

单击该单选框，则选择连续算法进行仿真计算。

（4）显示分析信息（Show messages during simulation）

选中该复选框后，命令窗口中将显示系统仿真过程中的相关信息。

2. 分析工具

在 Powergui 模块的主窗口中包括以下分析工具：稳态电压电流分析（Steady-State Voltages and Currents)、初始状态设置（Initial States Setting）、潮流计算和电机初始化（Load Flow and Machine Initialization）、LTI 视窗（Use LTI Viewer）、阻抗依频特性测量（Impedance vs Frequency Measurement）、FFT 分析（FFT Analysis）、报表生成（Generate Report）、磁滞特性设计工具（Hysteresis Design Tool）、计算 *RLC* 线路参数（Compute RLC Line Parameters）。

3.5.2 稳态电压电流分析窗口

Powergui 模块的稳态电压电流分析窗口界面如图 3-29 所示，该窗口中的一些关键属性参数的含义简介如下。

1）稳态值（Steady state values）：显示模型文件中指定的电压、电流稳态值。

2）单位（Units）：选择将显示的电压、电流值是“峰值（Peak values）”还是“有效值（RMS）”。

3）频率（Frequency）：选择显示的电压、电流相量的频率。

4）状态（States）：显示电路中电容电压和电感电流相量的稳态值。

5）测量（Measurements）：显示电路中测量模块测量到的电压、电流相量的稳态值。

6）电源（Sources）：显示电路中电源的电压、电流相量的稳态值。

7）非线性元件（Nonlinear elements）：显示电路中非线性元件的电压、电流相量的稳态值。

8）格式（Format）：选择要观测的电压和电流的格式；“浮点格式”是以科学计数法显示 5 位有效数字；“最优格式”是显示 4 位有效数字并且在数值大于 9999 时以科学计数法表示；最后一个格式是直接显示数值的大小，小数点后保留 2 位有效数字。

9）更新稳态值（Update Steady State Values）：重新计算并显示稳态电压、电流值。

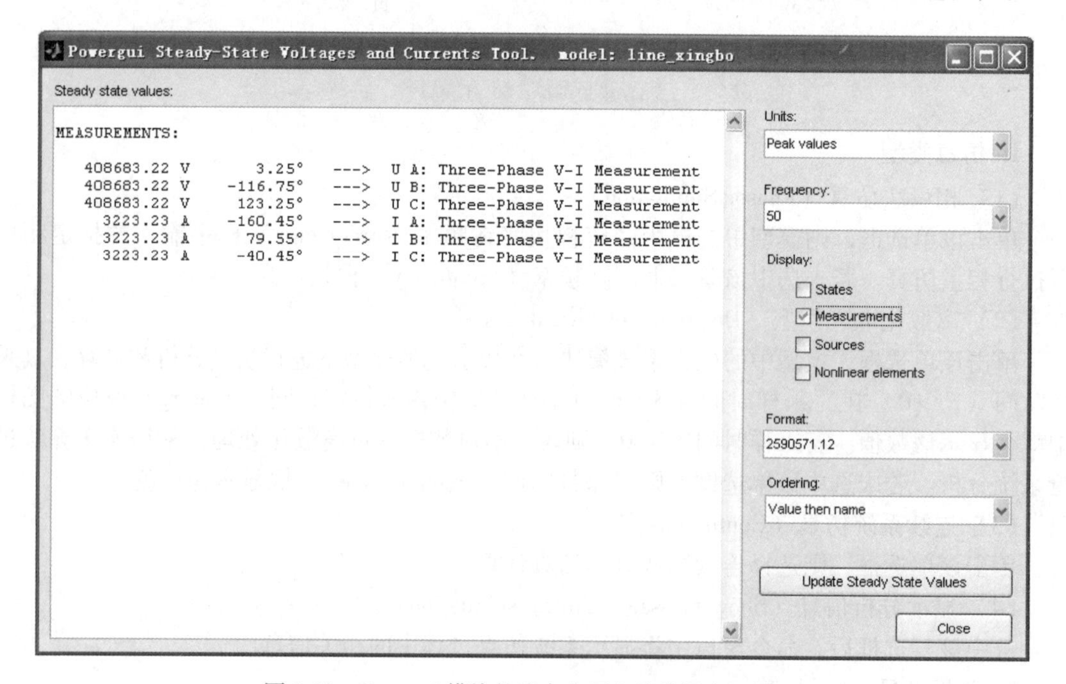

图 3-29 Powergui 模块的稳态电压电流分析窗口界面

3.5.3　初始状态设置窗口

仿真时，常常希望仿真开始时系统处于稳态，或者仿真开始时系统处于某种状态，这时，就可以使用“初始状态设置”。打开初始状态设置窗口，如图3-30 所示。该窗口中的一些关键属性参数的含义简介如下。

1）初始电气状态值（Initial electrical state values for simulation）：显示模型文件中状态变量的名称和初始值。

2）设置到指定状态（Set selected electrical state）：对初始状态列表中选中的状态变量进行初始值设置。

3）设置初始状态（Force initial electrical states）：选择从“稳态”“零初始状态”或“模块的设置”开始仿真。

4）加载状态（Reload states）：选择从“指定文件”中加在初始状态或者以“当前值”作为初始状态开始仿真。

5）格式（Format）：选择要观测的电压和电流的格式。

6）分类（Sort values by）：选择初始状态的显示顺序。“默认顺序”是按照模块在电路中的顺序显示初始值；“状态序号”是按照状态空间模型中状态变量的序号来显示初始值；“类型”是按照电容和电感来分类显示初始值。

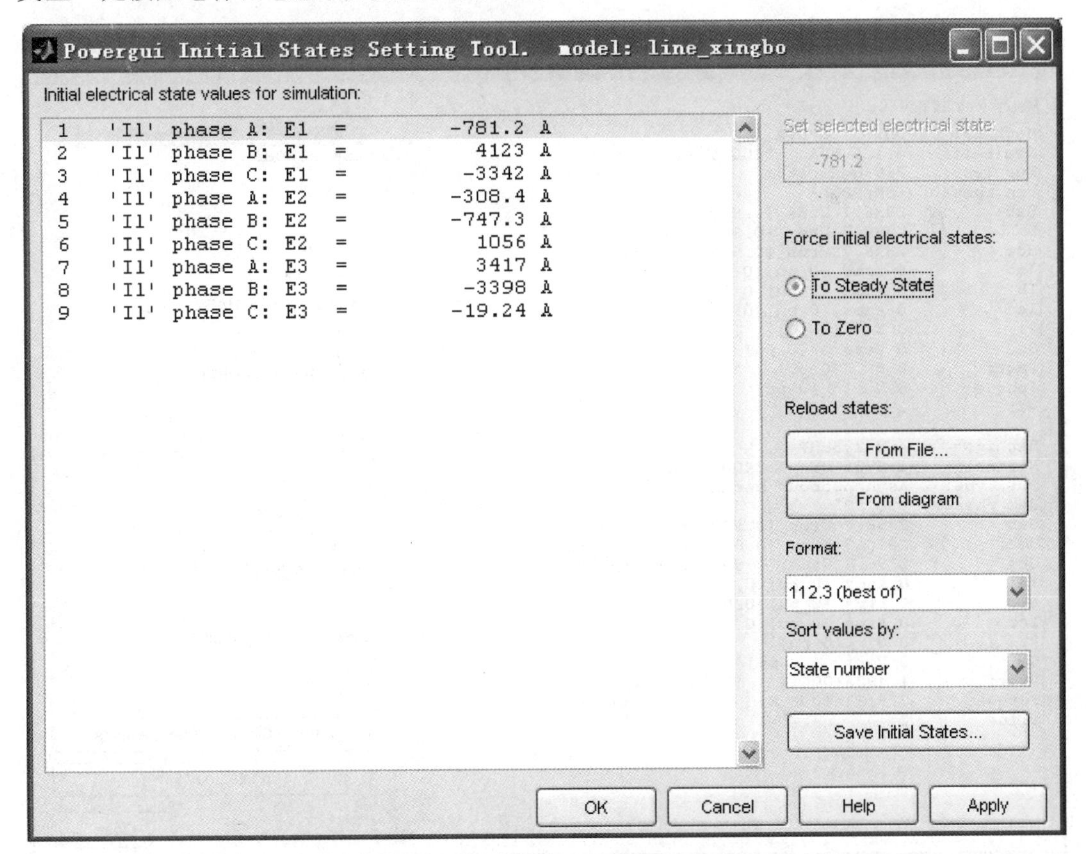

图 3-30　Powergui 模块的初始状态设置窗口界面

3.5.4 潮流计算和电机初始化窗口

打开“潮流计算和电机初始化”窗口，如图3-31所示。该窗口中的一些关键属性参数的含义简介如下。

1）电机潮流分布（Machines load flow）：显示“电机”列表中选中电机的潮流分布。

2）电机（Machines）：显示简化同步电机、同步电机、非同步电机和三相动态负荷模块的名称。选中该列表中的电机或负荷后，才能进行参数设置。

3）节点类型（Bus type）：选择节点类型。对于“PV 节点”可以设置电机的端口电压和有功功率；对于“PQ 节点”可以设置节点的有功功率和无功功率；对于“平衡节点”可以设置端电压的有效值和相角，同时需要估计有功功率值。如果选择了非同步电机模块，则仅需要输入电机的机械功率；如果选择了三相动态负荷模块，则需要设置该负荷的有功功率和无功功率。

4）终端电压 U_{AB}（Terminal voltage UAB）：对选中电机的输出线电压进行设置。

5）有功功率（Active power）：设置选中电机或负荷的有功功率。

6）预估有功功率（Active power guess）：如果电机的节点类型为平衡节点，设置迭代开始时电机的有功功率。

7）无功功率（Reactive power）：设置选中电机或负荷的无功功率。

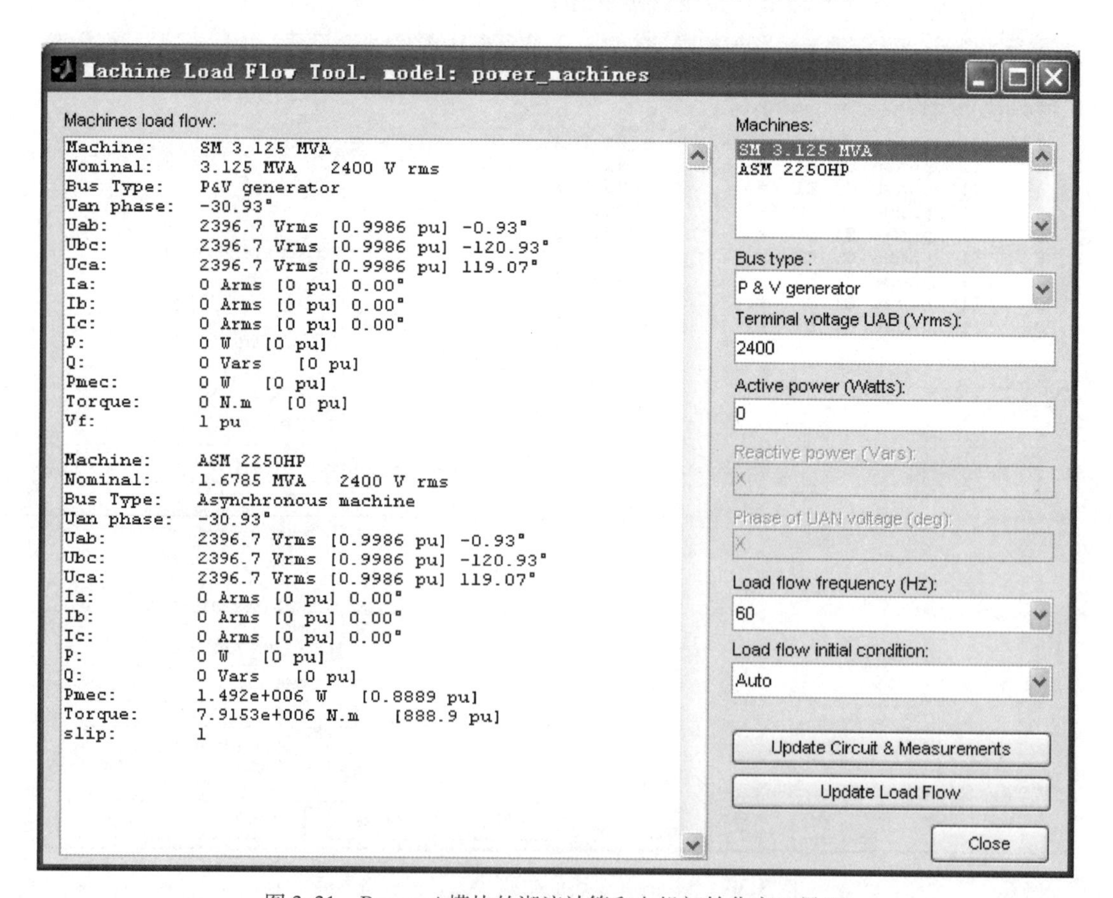

图3-31 Powergui 模块的潮流计算和电机初始化窗口界面

8）电压 U_{AN}的相角（Phase of UAN voltage）：当电机的节点类型设置成平衡节点时，该文本框被激活。指定选中电机 a 相相电压的相角。

9）负荷潮流初始状态（Load flow initial condition）：常常选择默认设置“自动”，使得迭代前系统自动调节负荷潮流初始状态。如果选择“从前一结果开始”，则负荷潮流的初始值为上次仿真结果。如果改变电路参数、电机的功率分布和电压后负荷潮流不收敛，就可以选择这个选项。

3.5.5　LTI 视窗

打开“LTI 视窗”，如图 3-32 所示。该窗口中的一些关键属性参数的含义简介如下。

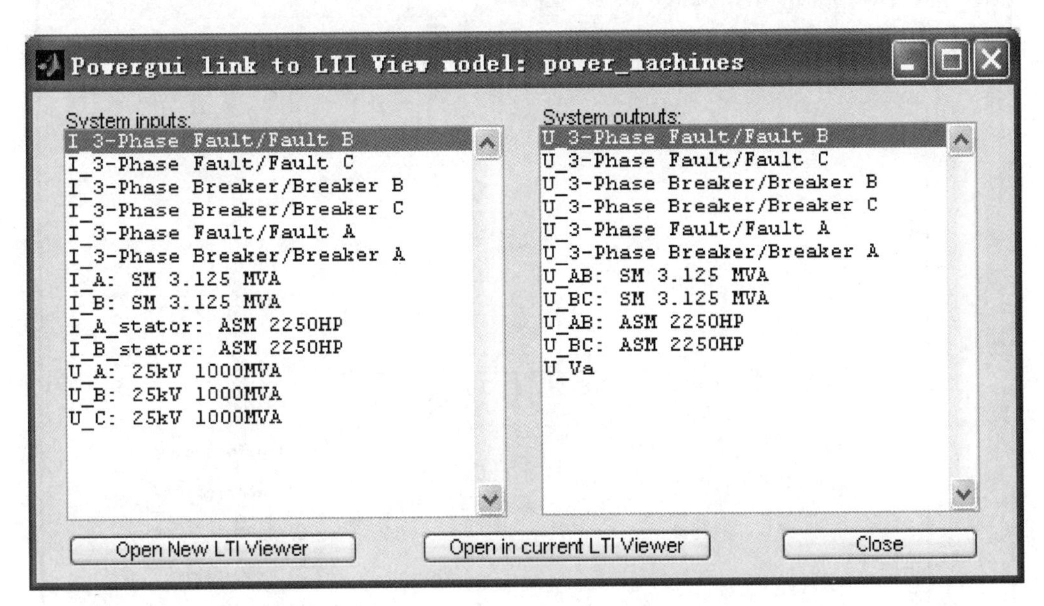

图 3-32　Powergui 模块的 LTI 视窗界面

1）系统输入（System inputs）：列出电路状态空间模型中的输入变量，选择需要用到LTI 视窗的输入变量。

2）系统输出（System outputs）：列出电路状态空间模型中的输出变量，选择需要用到LTI 视窗的输出变量。

3）打开新的 LTI 视窗（Open new LTI Viewer）：产生状态空间模型并打开选中的输入和输出变量的 LTI 视窗。

4）打开当前 LTI 视窗（Open in current LTI Viewer）：产生状态空间模型并打开选中的输入和输出变量叠加到当前 LTI 视窗。

3.5.6　阻抗依频特性测量视窗

打开“阻抗依频特性测量视窗”窗口，如图 3-33 所示。该窗口中的一些关键属性参数的含义简介如下。

1）图表：窗口左上侧的坐标系表示阻抗-频率特性，左下侧的坐标系表示相角-频率特性。

2）阻抗测量（Impedance Measurement）：列出模型文件中的阻抗测量模块，选择需要显示依频特性的阻抗模块。使用 <Ctrl> 键可选择多个阻抗显示在同一坐标中。

3）范围（Range）：指定频率范围。

4）对数阻抗（Logarithmic Impedance）：坐标系纵坐标的阻抗以对数形式表示。

5）线性阻抗（Linear Impedance）：坐标系纵坐标的阻抗以线性形式表示。

6）对数频率（Logarithmic Frequency）：坐标系横坐标的频率以对数值形式表示。

7）线性频率（Linear Frequency）：坐标系横坐标的频率以线性形式表示。

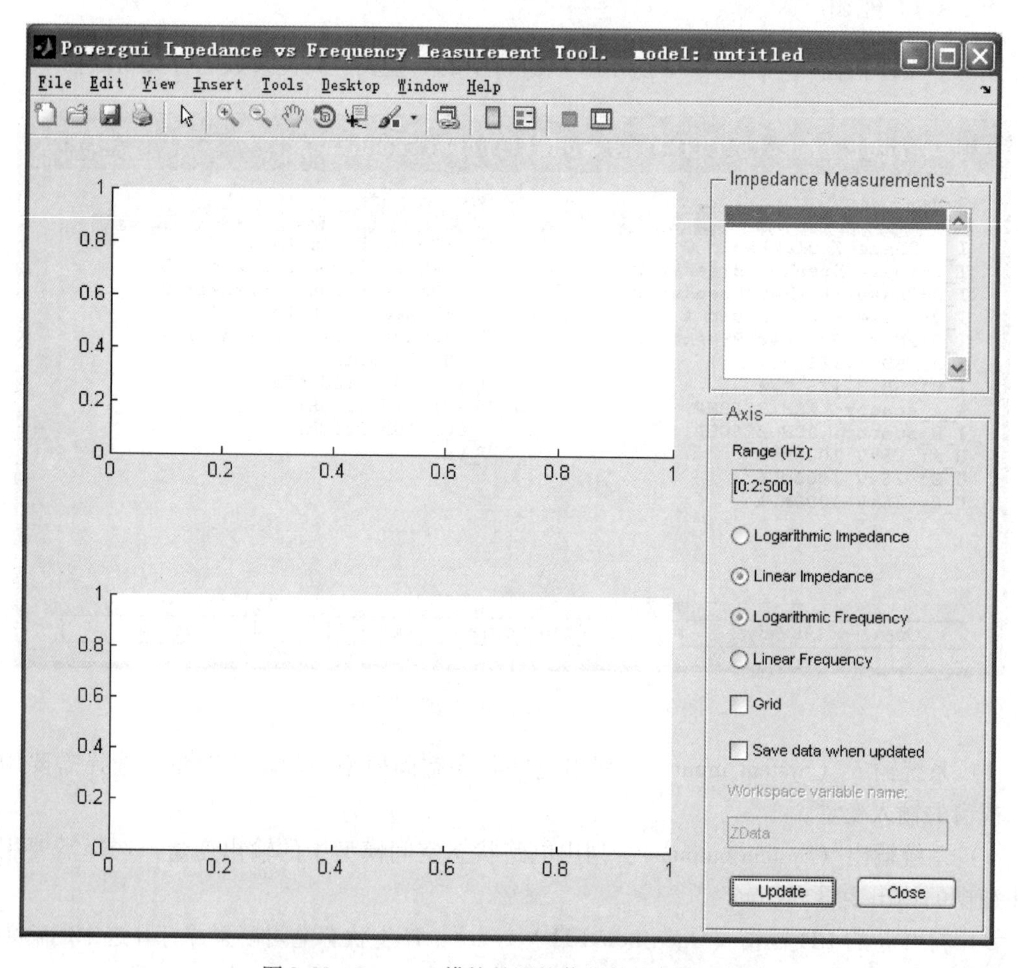

图 3-33 Powergui 模块的阻抗依频特性测量视窗

8）网格（Grid）：选中该复选框，阻抗-频率特性图和相角-频率特性图上将出现网格。

9）更新后保存数据（Save data when updated）：选中该复选框后，该复选框下面的“工作间变量名（Workspace variable name）”文本框被激活，数据以该文本框中显示的变量名被保存在工作间中。复数阻抗和对应的频率保存在一起，其中频率保存在第一列，阻抗保存在第二列。

10）显示/保存（Display/Save）：开始阻抗依频特性测量并显示结果，如果选择了“更新后保存数据”复选框，数据将保存到指定位置。

3.5.7　FFT 分析窗口

打开 FFT 分析窗口，如图 3-34 所示。该窗口中的一些关键属性参数的含义简介如下。

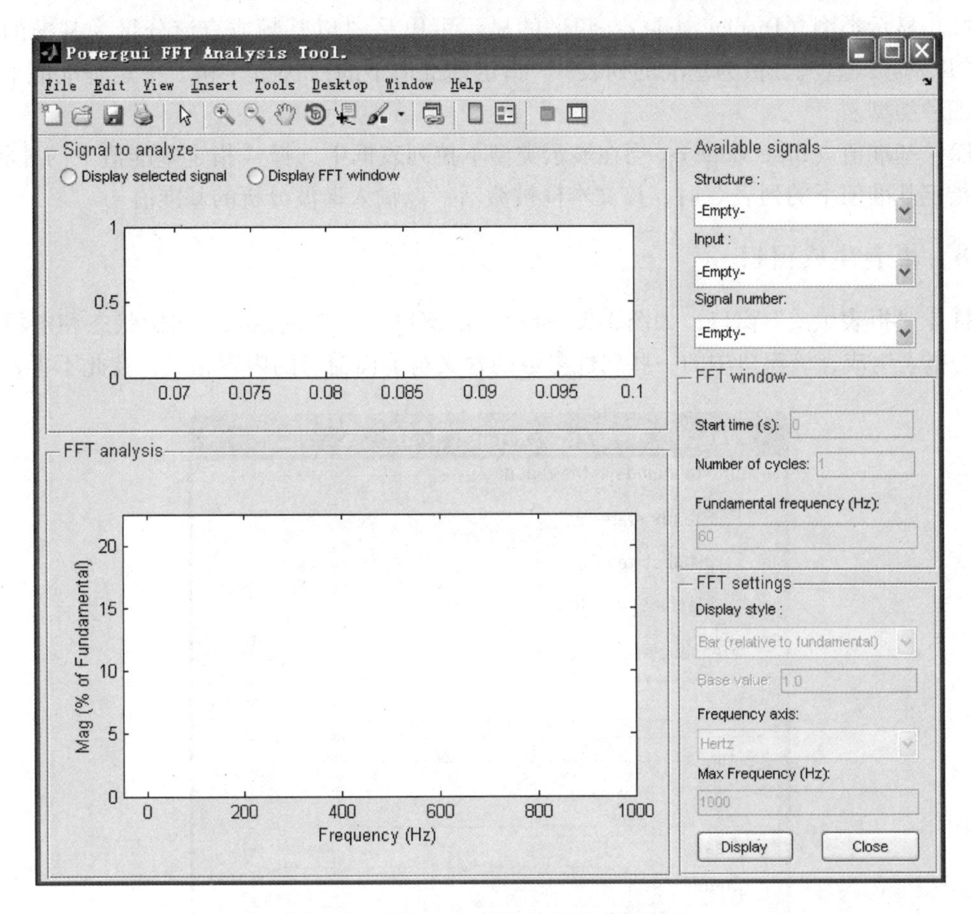

图 3-34　Powergui 模块的 FFT 分析窗口

1）图标：窗口左上侧的图形表示被分析信号的波形，窗口左下侧的图形表示该信号的 FFT 分析结果。

2）结构（Structure）：列出工作间中的时间结构变量的名称。使用下拉菜单选择要分析的结构变量，这些结构变量是在“示波器”模块中设置的。

3）输入变量（Input）：列出被选中的结构变量中包含的输入变量名称，选择需要分析的输入变量。

4）信号路数（Signal number）：列出被选中的输入变量中包含的各路信号的名称。

5）开始时间（Start time）：指定 FFT 分析的起始时间。

6）周期个数（Number of cycles）：指定需要进行 FFT 分析的波形的周期数。

7）显示 FFT 窗/显示完整信号（Display FFT window/Display entire signal）：选择“显示完整信号”，将在左上侧插图中显示完整的波形；选择“显示 FFT 窗”，将在左上侧插图中显示指定时间段内的波形。

8）基频（Fundamental frequency）：指定 FFT 分析的基频。

9）最大频率（Max Frequency）：指定 FFT 分析的最大频率。

10）频率轴（Frequency axis）：在下拉列表框中选择“赫兹”使频谱的频率轴单位为 Hz，选择“谐波次数”使频谱的频率轴单位为基频的整数次倍数。

11）显示类型（Display style）：频谱的显示可以是“以基频或直流分量为基准的柱状图”“以基频或直流分量为基准的列表”“指定基准值下的柱状图”和“指定基准值下的列表”四种类型。

12）基准值（Base value）：当在显示类型下拉列表框中选择“指定基准值下的柱状图”和“指定基准值下的列表”时，该文本框被激活，以输入谐波分析的基准值。

3.5.8 报表生成窗口

打开“报表生成”窗口，如图 3-35 所示。该窗口主要实现稳态、初始状态和电机负荷潮流的报表生成，该窗口中的一些属性参数的含义与前面窗口的内容相似，在此不再赘述。

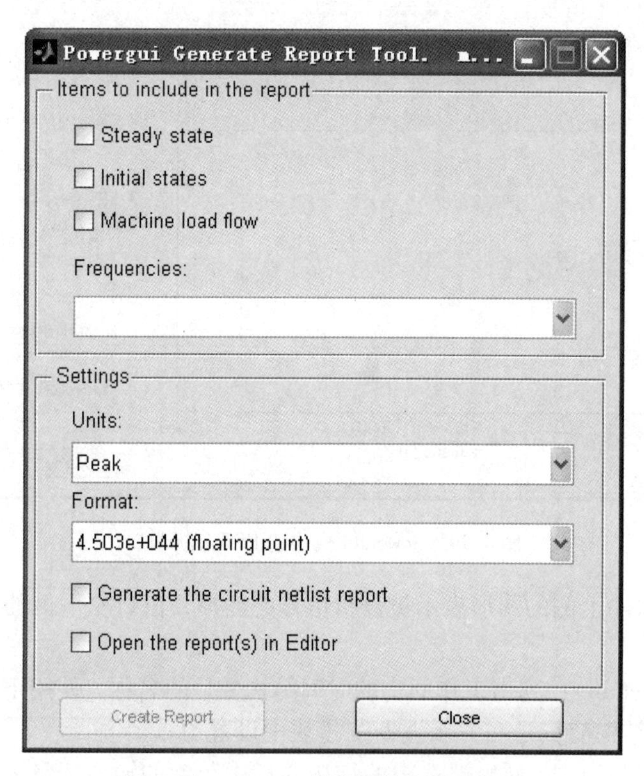

图 3-35 Powergui 模块的报表生成窗口

3.5.9 磁滞特性设计工具窗口

打开“磁滞特性设计工具”窗口，如图 3-36 所示。该窗口中的一些关键属性参数的含义简介如下。

1）“磁滞曲线”（Hysteresis curve for file）图表：显示设计的磁滞曲线。

2）“段数”（Segments）：将磁滞曲线做分段线性化处理，并设置磁滞回路第一象限和第四象限内曲线的分段数目。左侧曲线和右侧曲线关于原点对称。

3）“剩余磁通”（Remnent flux Fr）：设置零电流对应的剩磁。

4）“饱和磁通”（Saturation flux Fs）：设置曲线的饱和磁通点。

5）“饱和电流”（Saturation current Is）：设置进入磁滞曲线饱和区的对应电流点。

6）“矫顽电流”（Coercive current Ic）：设置零磁通对应的电流。

7）“矫顽电流处的斜率”（dF/dI at coercive current）：指矫顽电流点的斜率。

8）“饱和区域电流”（Saturation region currents）：设置饱和后磁化曲线上各点所对应的电流值，仅需设置第一象限值。注意该电流向量的长度必须和“饱和区域磁通”的向量长度相同。

9）“饱和区域磁通”（Saturation region fluxes）：设置磁饱和后磁化曲线上各点所对应的磁通值，仅需设置第一象限值。注意该电流向量的长度必须和“饱和区域电流”的向量长度相同。

10）“额定参数”（Nominal Parameters）：指定额定功率（单位：V · A）、一次绕组的额定电压值（单位：V）和额定频率（单位：Hz）。

11）“参数单位”（Parameter units）：将磁滞特性曲线中电流和磁通的单位由国际单位制（SI）转换到标幺制（p. u. ）或者由标幺制转换到国际单位制。

12）“放大磁滞区域”（Zoom around hysteresis）：选中该复选框，可以对磁滞曲线进行放大显示。默认设置为“可放大显示”。

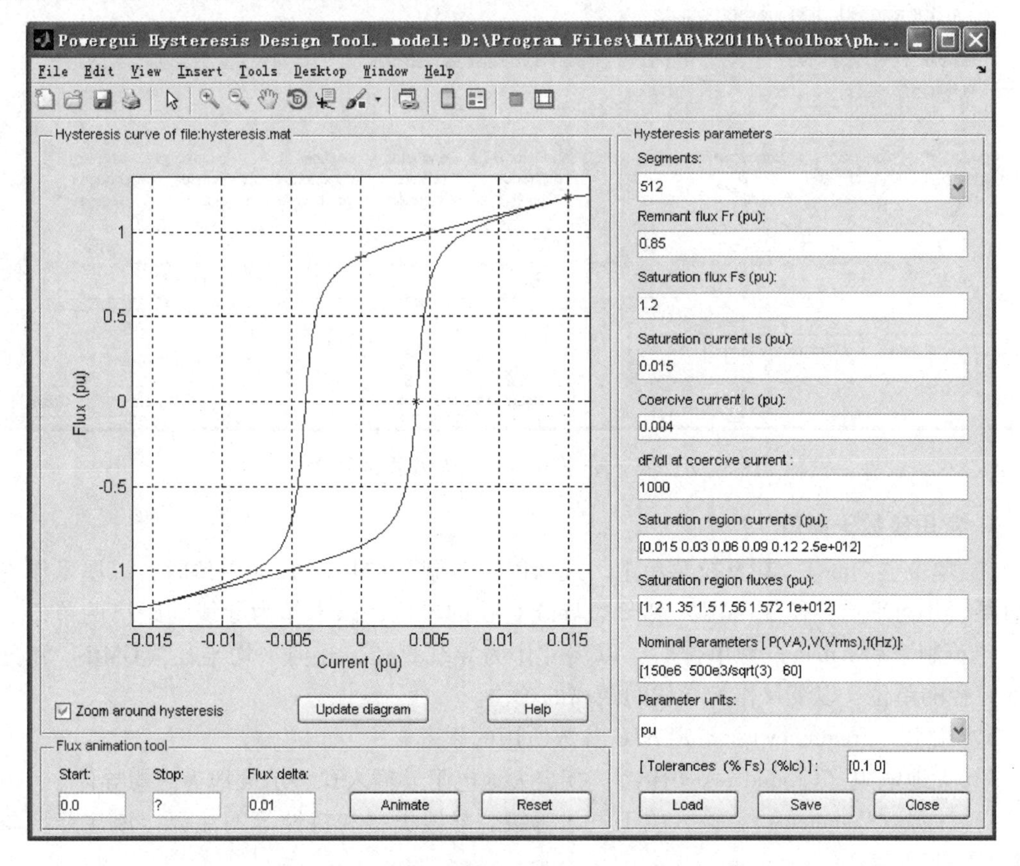

图 3-36　Powergui 模块的磁滞特性设计工具窗口

3.5.10 计算 *RLC* 线路参数窗口

打开“计算 *RLC* 线路参数”窗口，如图3-37所示。该窗口可分为三个子窗口，左上窗口输入常用参数（单位、频率、大地电阻和文件注释），右上窗口输入线路的几何结构，下方窗口输入导线的特性。

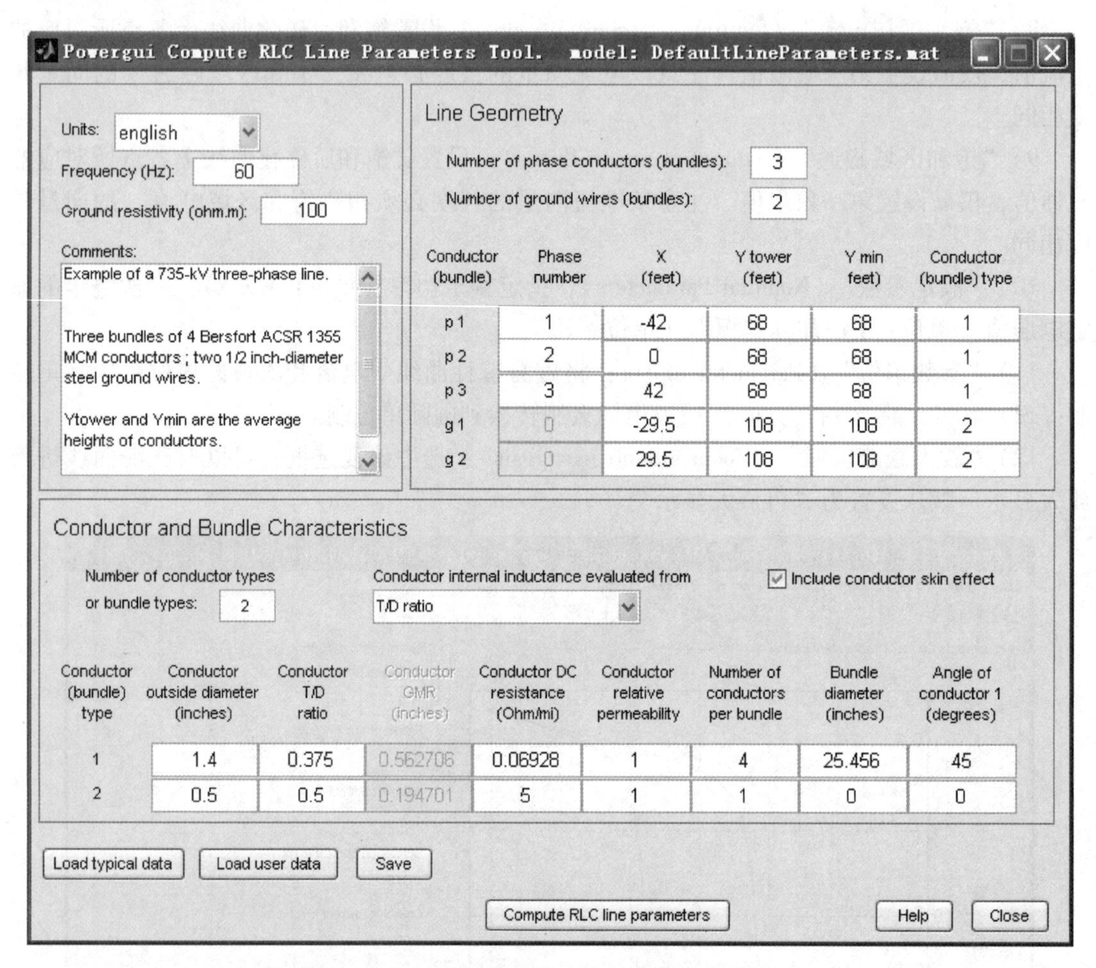

图3-37 Powergui 模块的计算 *RLC* 线路参数窗口

1. 常用参数子窗口

1）单位（Units）：在下拉菜单中，选择以“米制”（Metric）为单位时，以厘米作为导线直径、几何平均半径（GMR）和分裂导线直径的单位，以米作为导线间距离的单位；选择以“英制”（English）为单位时，以英寸作为导线直径、几何平均半径（GMR）和分裂导线直径的单位，以英尺作为导线间距离的单位。

2）频率（Frequency）：指定 *RLC* 参数所用的频率。

3）大地电阻（Ground resistivity）：指定大地电阻。输入0表示大地为理想导体。

4）注释（Comments）：输入关于电压等级、导线类型和特性等的注释，该注释将与线路参数一起保存。

2. 线路几何结构子窗口

1）导线相数（Number of phase conductors（bundles））：设置线路的相数。

2）地线数目（Number of ground wires（bundles））：设置大地导线的数目。

3）导线结构参数表：输入导线的"相序（Phase number）""水平档距（X）""垂直档距（Y tower）""档距中央的高度（Y min）"和"导线的类型（Conductor type）"共五个参数。

3. 导线特性子窗口

1）导线类型的个数（Number of conductor types or bundle types）：设置需要用到导线类型（单导线或分裂导线）的数量。假如需要用到架空导线和接地导线，该文本框中就要填"2"。

2）导线内电感计算方法（Conductor internal inductance evaluated from）：选择用"直径/厚度""几何平均半径"或者"1 英寸间距的电抗"进行内电感计算。

3）考虑导线趋肤效应（Include conductor skin effect）：选中该复选框后，在计算导线交流电阻和电感时将考虑趋肤效应的影响。若未选中，电阻和电感均为常数。

4）导线特性参数表：输入导线"外径（Conductor outside diameter）""T/D""GMR""直流电阻（Conductor DC resistance）""相对磁导率（Conductor relative permeability）""分裂导线中的子导线数目（Number of conductors per bundle）""分裂导线的直径（Bundle diameter）""分裂导线中 1 号子导线与水平面的夹角（Angle of conductor 1）"共八个参数。

5）计算 *RLC* 参数（Compute RLC line parameters）：单击该按钮，将弹出 *RLC* 参数的计算结果窗口。

6）保存（Save）：单击该按钮后，线路参数以及相关的 GUI 信息将以扩展名为 .mat 的文件形式被保存。

7）加载（Load）：单击该按钮后，将弹出窗口，选择"典型线路参数"或"用户定义的线路参数"将线路参数信息加载到当前窗口。

第4章　MATLAB 在电力系统潮流计算中的应用实例

电力系统潮流计算是研究电力系统稳态运行的一项基本运算。它根据给定系统的网络结构及运行条件来确定整个系统的运行状态，主要是各节点电压（幅值和相角）、网络中功率分布及功率损耗等。它既是对电力系统规划设计和运行方式的合理性、可靠性及经济性进行定量分析的依据，又是电力系统静态和暂态稳定计算的基础。

潮流计算经历了一个由手工利用交、直流计算到应用数字电子计算机的发展过程。目前国内常见的潮流仿真计算软件有中国电力科学研究院的 PASAP、美国 Bonneville 电力局的 BPA、美国 PTI 公司的 PSS/E、美国电力科学研究院的 ETMSP 等。这些软件功能强大而且价格不菲，主要应用于电力系统的实际仿真计算和科学研究，但由于其源代码不公开，所以很难应用于电力系统潮流计算的教学过程。因此本章 4.1 节中介绍了基于 MATLAB 语言编写的电力系统潮流和最优潮流计算软件 MATPOWER，其最大的优点是源代码公开并且可免费使用；4.2 节中介绍了如何利用电力图形用户分析界面（Powergui）对简单电网进行潮流分析的实例。

4.1　MATPOWER 软件在电力系统潮流计算中的应用实例

MATPOWER 是一个用 MATLAB 的 M 文件编写，用来解决电力潮流和优化潮流的问题的软件包。它是由美国康奈尔大学电力系统工程研究中心（PSERC of Cornell University）的 RAY D. Zimmerman、Carlos E. Murillo-Sánchez 和甘德强在 Robert J. Thomas 的指导下开发出来的，目前最新版本是 MATPOWER 4.0。

MATPOWER 的特点是简单、易懂而且代码公开，这为电力系统专业学生深入学习和理解掌握潮流计算中的难点（如节点导纳矩阵、算法及迭代过程等）提供了一个开放、便捷的平台。本节将主要介绍其基本的使用方法和求解电网潮流的一个例程。

4.1.1　MATPOWER 的安装

MATPOWER 软件的安装一般有以下三个步骤：

1）到 MATPOWER 主页（http://www.pserc.cornell.edu/mathpower/）上按照下载指导下载相关压缩文件。

2）解压下载的文件。

3）将解压后的文件放到 MATLAB 的搜索路径下。

当完成以上工作后，在 MATLAB 的命令窗口中通过输入 help 加上命令或者 M 文件的名称就可以获得 MATPOWER 详细的函数说明。MATPOWER 的使用手册在 MATPOWER/docs/子目录中。

4.1.2　MATPOWER 的主要技术规则

1. 数据文件格式

在进行潮流计算之前，首先要将电网的各种参数（如基准容量、母线、线路、发电机等）写成 MATPOWER 所用的数据文件格式。所有数据文件均为 MATLAB 的 M 文件或者 MAT 文件，MATPOWER 4.0 采用的数据文件格式有以下两种：

1）version 1 格式。数据文件中的各种电网参数采用 baseMVA、bus、branch、gen 等变量来定义和返回。这是 MATPOWER 3.0 及以前版本采用的数据文件格式，当在 MATPOWER 4.0 下调用此类文件格式时，系统可将其自动转换为“version 2”格式。

2）version 2 格式。每一个电网用变量名为“mpc”的结构体（Structures）来定义，结构体 mpc 的不同字段用 baseMVA、bus、branch、gen 等来定义和返回电网的具体参数。在这些字段中，除 baseMVA 是标量外，其他的都是矩阵。矩阵的每一行都对应于一个单一的母线、线路或者发电机组。列的数据类似于标准的 IEEE 和 PTI 列的数据格式。格式文件的规范细节可以在 caseformat. m 中看到。

对图 4-1 所示的 2 机 5 节点系统（见参考文献 [5]），按“version 2”格式编写成的数据文件 case5_ 01. m 的清单如下：

```
function mpc = case5_01
% MATPOWER Case Format : Version 2
mpc.version = '2';
%% -----  Power Flow Data  -----%%
%% system MVA base
mpc.baseMVA = 100;

%% bus data
% bus_i type Pd Qd Gs Bs area Vm Va baseKV zone Vmax Vmin
mpc.bus = [
   1  1  160  80  0  0  1  1    0  100  1  1.1  0.94;
   2  1  200  100 0  0  1  1    0  100  1  1.1  0.94;
```

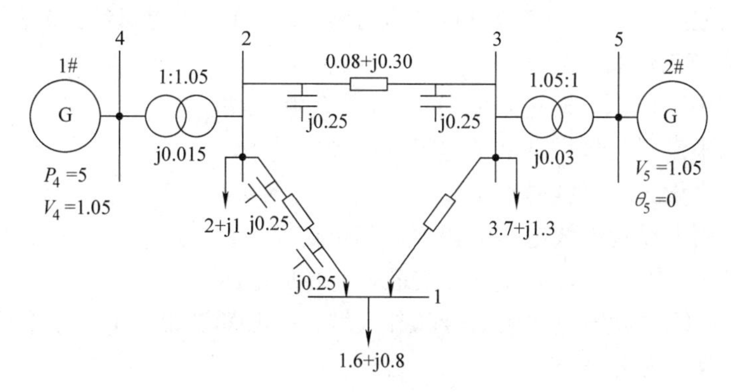

图 4-1　2 机 5 节点系统

```
    3  1  370   130  0   0   1   1       0   100  1   1.1   0.94;
    4  2  0     0    0   0   1   1.050   0   100  1   1.1   0.94;
    5  3  0     0    0   0   1   1.050   0   100  1   1.1   0.94;
];

%% generator data
% bus Pg Qg Qmax Qmin Vg mBase status Pmax Pmin
mpc.gen = [
    4   500   0   99990   -9999   1.050   100   1   600   0;
    5   0     0   99990   -9999   1.050   100   1   600   0;
];

%% branch data
% fbus tbus r x b rateA rateB rateC ratio angle status angmin angmax
mpc.branch = [
    2   1   0.04   0.25   0.5   0   0   0   0      0   1   -360   360;
    3   1   0.1    0.35   0     0   0   0   0      0   1   -360   360;
    3   2   0.08   0.3    0.5   0   0   0   0      0   1   -360   360;
    3   5   0      0.03   0     0   0   0   1.05   0   1   -360   360;
    2   4   0      0.015  0     0   0   0   1.05   0   1   -360   360;
];
return;
```

结构体 mpc 的不同字段的简要说明如下：

1）字段 baseMVA 是一个标量，用来设置基准容量，如 100MV·A。

2）字段 bus 是一个矩阵，用来设置电网中各母线参数。

矩阵的每一行都对应于一个单一的母线，列的数据格式为：bus_i、type、Pd、Qd、Gs、Bs、area、Vm、Va、baseKV、zone、Vmax、Vmin。

对上述主要参数的数据格式说明如下：

① bus_i 用来设置母线编号（正整数）。

② type 用来设置母线类型，1 为 PQ 节点母线，2 为 PV 节点母线，3 为平衡（参考）节点母线，4 为孤立节点母线。

③ Pd 和 Qd 用来设置母线注入负荷的有功功率和无功功率。

④ Gs、Bs 用来设置与母线并联的电导和电纳。

⑤ baseKV 用来设置该母线基准电压。

⑥ Vm 和 Va 用来设置母线电压的幅值、相位初值。

⑦ Vmax 和 Vmin 用来设置工作时母线最高、最低电压幅值。

⑧ area 和 zone 用来设置电网断面号和分区号，一般都设置为 1，前者可设置范围为 1 ~ 100，后者可设置范围为 1 ~ 999。

3）字段 gen 为一个矩阵，用来设置接入电网中的发电机（电源）参数。

矩阵的每一行都对应于一个单一的发电机（电源），列的数据格式为：bus、Pg、Qg、Qmax、Qmin、Vg、mBase、status、Pmax、Pmin。

对上述主要参数的数据格式说明如下：

① bus 用来设置接入发电机（电源）的母线编号。

② Pg 和 Qg 用来设置接入发电机（电源）的有功功率和无功功率。

③ Pmax 和 Pmin 用来设置接入发电机（电源）的有功功率最大、最小允许值。

④ Qmax 和 Qmin 用来设置接入发电机（电源）的无功功率最大、最小允许值。

⑤ Vg 用来设置接入发电机（电源）的工作电压。

⑥ mBase 用来设置接入发电机（电源）的功率基准，如果为默认值，就是 baseMVA 变量的值。

⑦ status 用来设置发电机（电源）工作状态，1 表示投入运行，0 表示退出运行。

4）字段 branch 也是一个矩阵，用来设置电网中各支路参数。

矩阵的每一行都对应于一个单一的支路，列的数据格式为：fbus、tbus、r、x、b、rateA、rateB、rateC、ratio、angle、status、angmin、angmax。

对上述主要参数的数据格式说明如下：

① fbus 和 tbus 用来设置该支路由起始节点（母线）编号和终止节点（母线）编号。

② r、x 和 b 用来设置该支路的电阻、电抗和充电电纳。

③ rateA、rateB 和 rateC 分别用来设置该支路长期、短期和紧急允许功率。

④ ratio 用来设置该支路的变比，如果支路元件是导线，那么 ratio 为 0；如果支路元件为变压器，则该变比为 fbus 侧母线的基准电压与 tbus 侧母线的基准电压之比。

⑤ angle 用来设置支路的相位角度，如果支路元件为变压器（或移相器），就是变压器（或移相器）的转角；如果支路元件是导线，相位角度则为 0 度。

⑥ status 用来设置支路工作状态，1 表示投入运行，0 表示退出运行。

⑦ angmin、angmax 用来设置支路相位角度的最小和最大差值。

2. 控制选项

MATPOWER 软件不但能够进行交流潮流计算，还能够进行直流潮流、最优潮流等计算。在进行计算时还可以选择不同的算法及结果输出格式。为了实现以上不同的功能，MATPOWER 采用一个选项向量“mpoption”来达到对选项的控制。在 MATLAB 的命令窗口中通过输入 mpoption 就可以显示出 MATPOWER 的默认选项内容。

MATPOWER 选项向量可实现下列控制：

- 潮流算法。
- 潮流计算的中止标准。
- 最优潮流（OPF）算法。
- 对不同成本模型的默认 OPF 算法。
- OPF 的成本转换参数。
- OPF 的中止标准。
- 冗余水平。
- 结果输出方式。

MATPOWER 选项向量中有关潮流计算的选项功能描述见表 4-1。

表 4-1 MATPOWER 选项向量中有关潮流计算的选项功能描述

序号	变量名	默认值	功能描述
1	PF_ ALG	1	潮流算法 1—牛顿法 2—快速解耦算法（XB） 3—快速解耦算法（BX） 4—高斯-赛德尔法
2	PF_ TOL	le-8	每一个单元（节点）的有功和无功的最大允许偏差
3	PF_ MAX_ IT	10	牛顿法的最大迭代次数
4	PF_ MAX_ IT_ FD	30	快速解耦算法的最大迭代次数
5	PF_ MAX_ IT_ GS	1000	高斯-赛德尔法的最大迭代次数
6	ENFORCE_ Q_ LIMS	0	机组电压无功控制限制［0 或者 1］
7	PF_ DC	0	采用直流潮流模型 0—使用交流模型，采用交流算法选项 1—使用直流模型，忽略交流算法选项

MATPOWER 选项向量中有关潮流计算输出结果的选项功能描述见表 4-2。

表 4-2 MATPOWER 选项向量中有关潮流计算输出结果的选项功能描述

序号	变量名	默认值	功能描述
31	VERBOSE	1	打印进程信息的数量 0—不打印进程信息 1—打印少量进程信息 2—打印大量进程信息 3—打印所有进程信息
32	OUT_ ALL	-1	结果的打印控制 -1—用分散的标志来控制哪些需要输出 0—不打印任何内容 1—打印所有内容
33	OUT_ SYS_ SUM	1	打印系统概要信息［0 或者 1］
34	OUT_ AREA_ SUM	0	打印区域概要信息［0 或者 1］
35	OUT_ BUS	1	打印母线细节信息［0 或者 1］
36	OUT_ BRANCH	1	打印支路细节信息［0 或者 1］
37	OUT_ GEN	0	打印机组细节信息［0 或者 1］

典型的选项向量的使用方式如下所示：

首先取得默认的选项向量，即

```
>> mpopt = mpoption;
```

如果要使用快速解耦算法来对数据文件“case57”进行潮流计算，则在 MATLAB 的命令窗口中通过输入以下两行命令即可：

```
>> mpopt = mpoption(mpopt,'PF_ALG',2);
>> runpf('case57',mpopt)
```

如果只输出系统概要信息和机组信息，则可进行如下设置：

```
>> mpopt = mpoption(mpopt,'OUT_BUS',0,'OUT_BRANCH',0,'OUT_GEN',1);
```

有关 mpoption 向量更详细的设置说明，请参考 MATPOWER 使用手册。

4.1.3　MATPOWER 应用举例

为了方便用户，MATPOWER 4.0 提供了十多个电网的数据文件，包括在电力系统仿真中常用的 IEEE30、IEEE118、IEEE300 等电网的数据文件。下面以图 4-1 所示的 2 机 5 节点电网数据文件 case5_ 01. m 为例说明计算潮流的方法。

当采用牛顿法计算 case5_ 01. m 的交流潮流（mpoption 为默认的选项向量）时，在 MATLAB 的命令窗口中输入以下命令即可：

```
>> runpf('case5_01')
```

计算机输出的结果如下：

```
MATPOWER Version 4.1,14-Dec-2011 -- AC Power Flow (Newton)

Newton's method power flow converged in 5 iterations.

Converged in 0.03 seconds
================================================================
|     System Summary                                            |
================================================================

How many?             How much?            P(MW)          Q (MVAr)
-----------     ---------------    -------------------    ----------
Buses              5  Total Gen Capacity    1200.0     -19998.0 to 199980.0
Generators         2  On-line Capacity      1200.0     -19998.0 to 199980.0
Committed Gens     2  Generation(actual)    757.9          411.2
Loads              3  Load                  730.0          310.0
   Fixed           3  Fixed                 730.0          310.0
   Dispatchable    0  Dispatchable         -0.0 of -0.0    -0.0
Shunts             0  Shunt (inj)          -0.0            0.0
Branches           5  Losses (I^2 * Z)      27.94          204.78
Transformers       2  Branch Charging(inj)  -              103.5
Inter-ties         0  Total Inter-tie Flow  0.0            0.0
Areas              1
                          Minimum                      Maximum
               ---------------------------    -----------------------
Voltage Magnitude     0.862p.u. @ bus 1     1.078p.u.   @ bus 2
Voltage Angle        -4.78 deg @ bus 1     21.84 deg   @ bus 4
```

```
P Losses (I^2 * R)              -          13.81 MW     @ line 3-2
Q Losses (I^2 * X)              -          73.98 MVAr   @ line 2-1

================================================================================
|     Bus Data                                                                 |
================================================================================
 Bus      Voltage          Generation             Load
  #   Mag(pu) Ang(deg)   P (MW)   Q (MVAr)   P (MW)   Q (MVAr)
----- ------- --------  --------  --------  --------  --------
  1   0.862   -4.779       -         -       160.00     80.00
  2   1.078   17.854       -         -       200.00    100.00
  3   1.036   -4.282       -         -       370.00    130.00
  4   1.050   21.843    500.00    181.31       -          -
  5   1.050    0.000*   257.94    229.94       -          -
                        --------  --------  --------  --------
               Total:   757.94    411.25    730.00    310.00

================================================================================
|     Branch Data                                                              |
================================================================================
Brnch From   To    From Bus Injection   To Bus Injection    Loss (I^2 * Z)
  #    Bus   Bus    P(MW)    Q(MVAr)    P(MW)    Q(MVAr)    P(MW)    Q(MVAr)
----- ----- -----  --------  --------  --------  --------  --------  --------
  1     2     1     158.45     67.26  -146.62    -40.91    11.837     26.35
  2     3     1      15.68     47.13   -13.38    -39.09     2.297      8.04
  3     3     2    -127.74     20.32   141.55    -24.43    13.809     51.78
  4     3     5    -257.94   -197.45   257.94    229.94     0.000     32.49
  5     2     4    -500.00   -142.82   500.00    181.31     0.000     38.49
                                                           --------  --------
                                                  Total:   27.943    204.78
```

潮流计算结果表明该潮流采用的是牛顿法，进行了5次迭代，用时0.05s。其各节点的电压、相位角度和功率分布和损耗与参考书的值一致。

为了深入学习潮流计算的过程，可以用调试的方法对MATPOWER程序进行分析。例如，在MATLAB的M文件编辑/调试器（Editor/Debugger）中打开文件runpf.m，并在下列程序行（程序中的第215行）处设置断点：

```
Sbus = makeSbus(baseMVA,bus,gen);
```

然后在MATLAB的命令窗口中输入以下命令：

```
>> runpf('case5_01')
```

当程序运行到断点后自动暂停，此时可在MATLAB的命令窗口中输入“Ybus”，即可以显示出系统的导纳矩阵（注意：输出为稀疏矩阵）。该导纳矩阵如下：

```
Ybus =

   (1,1)       1.3787 - 6.2917i
   (2,1)      -0.6240 + 3.9002i
   (3,1)      -0.7547 + 2.6415i
   (1,2)      -0.6240 + 3.9002i
   (2,2)       1.4539 -66.9808i
   (3,2)      -0.8299 + 3.1120i
   (4,2)            0 +63.4921i
   (1,3)      -0.7547 + 2.6415i
   (2,3)      -0.8299 + 3.1120i
   (3,3)       1.5846 -35.7379i
   (5,3)            0 +31.7460i
   (2,4)            0 +63.4921i
   (4,4)            0 -66.6667i
   (3,5)            0 +31.7460i
   (5,5)            0 -33.3333i
```

若要了解在采用牛顿法计算潮流中的迭代过程，可在 MATLAB 的 M 文件编辑/调试器（Editor/Debugger）中打开文件 newtonpf. m，并在下列程序行（程序中的第 130 行）处设置断点：

```
normF = norm(F,inf);
```

当程序运行到断点后，自动暂停，此时可在 MATLAB 的命令窗口中分别输入 “Vm” “Va” “F”，就可以得到迭代过程中的各节点电压及功率误差。

当收敛条件取为默认值（le-8）时，需要进行 5 次迭代。迭代过程中的各节点电压及功率误差情况见表 4-3、表 4-4。

表 4-3　迭代过程中的各节点电压变化情况

迭代次数	e_1	f_1	e_2	f_2	e_3	f_3	e_4	f_4
1	0. 966430	-0. 033482	1. 105382	0. 360705	1. 058813	-0. 069000	1. 05000	0. 435705
2	0. 875130	-0. 076620	1. 079353	0. 314148	1. 037935	-0. 074063	1. 05000	0. 383817
3	0. 862445	-0. 083229	1. 077937	0. 311612	1. 036438	-0. 074720	1. 05000	0. 381245
4	0. 862150	-0. 083400	1. 077916	0. 311602	1. 036410	-0. 074733	1. 05000	0. 381237
5	0. 862151	-0. 083401	1. 077916	0. 311603	1. 036411	-0. 074734	1. 05000	0. 381238

表 4-4　迭代过程中的各节点功率误差变化情况

迭代次数	ΔP_1	ΔQ_1	ΔP_2	ΔQ_2	ΔP_3	ΔQ_3	ΔP_4
1	-0. 003737	0. 356759	-0. 126197	1. 538093	-0. 225022	0. 575012	0. 521730
2	0. 016022	0. 039130	0. 002059	0. 040847	-0. 012610	0. 021571	0. 009149
3	6. 301e-4	7. 786e-4	-2. 061e-4	4. 184e-5	-2. 082e-4	1. 520e-4	3. 38e-6
4	4. 556e-7	4. 210e-7	-2. 139e-7	8. 418e-10	-1. 220e-7	7. 276e-8	-1. 85e-9
5	1. 832e-13	1. 484e-13	-8. 304e-14	1. 377e-14	-4. 707e-14	3. 442e-14	7. 994e-15

从以上的介绍可见，MATPOWER 操作简单、功能强大、仿真计算精度较好并且是免费软件，非常适合在电力系统分析的教学过程中使用。

4.2 Powergui 在简单电力系统潮流计算中的应用实例

在第3章中介绍了 Simulink 为电力系统仿真提供的图形用户分析界面 Powergui 模块的主要功能，本节将以图 4-1 所示的 2 机 5 节点电力系统为例，介绍利用 Powergui 计算简单电力系统潮流的方法。

4.2.1 电力系统元件的模型选择

Simulink 的 SimPowerSystems 为用户提供了相当丰富的电力系统元器件模型，如发电机有简单的同步发电机、标准同步发电机等，变压器、线路、母线、负载也有不同的模块。在进行潮流计算时，首先要根据原始数据和节点的类型（PQ 节点、PV 节点及平衡节点（Vθ））对模块进行选择，这一步是十分重要的，不同的模块可能导致运算结果出现差异，严重时会使仿真系统无法正常运行。针对图 4-1 所示的 2 机 5 节点电力系统，模型选择如下：

1. 发电机模型

在该系统中的两台发电机均选用 p. u. 标准同步电机模块“Synchronous Machine pu Standard”，该模块使用标幺值参数，以转子 *dq* 轴建立的坐标系为参考，定子绕组为星形联结。

2. 变压器模型

系统中的两台变压器均选用三相两绕组变压器模块“Three-phase Transformer（Two Windings)”，采用 Y－Y 联结方式。

3. 线路模型

系统中带有对地导纳的线路选用三相“Π”形等值模块“Three Phase PI Section Line”，没有对地导纳的线路选用三相串联 *RLC* 支路模块“Three Phase Series RLC Branch”。

4. 负荷模型

在 SimPowerSystems 库中，利用 *R*、*L*、*C* 的串联或并联组合，提供了两个静态三相负荷模块，即三相 *RLC* 并联负荷（Three-phase Parallel RLC Load）、三相 *RLC* 串联负荷（Three-phase Series RLC Load）。这两种模型是用恒阻抗支路模拟负荷，在仿真时，在给定的频率下负荷阻抗为常数，负荷吸收的有功功率和无功功率与负荷的电压二次方成正比。然而在潮流计算中，当母线为 PQ 节点类型时，要求负载有恒定功率的输出（输入），显然，这两种模型是不能用于仿真 PQ 节点的。

通过比较，最终选择动态负荷模型“Three-Phase Dynamic Load”来仿真 PQ 节点上的负荷。

5. 母线模型

选择带有测量元件的母线模型，即三相电压电流测量元件“Three-Phase V-I Measurement”来模拟系统中的母线。同时，为了方便测量流过线路的潮流，在线路元件的两端也设置了该元件。

系统中各个元器件模块选定后，就可以在 Simulink 环境下根据图 4-1 所示的电力系统搭建其仿真模型，如图 4-2 所示。

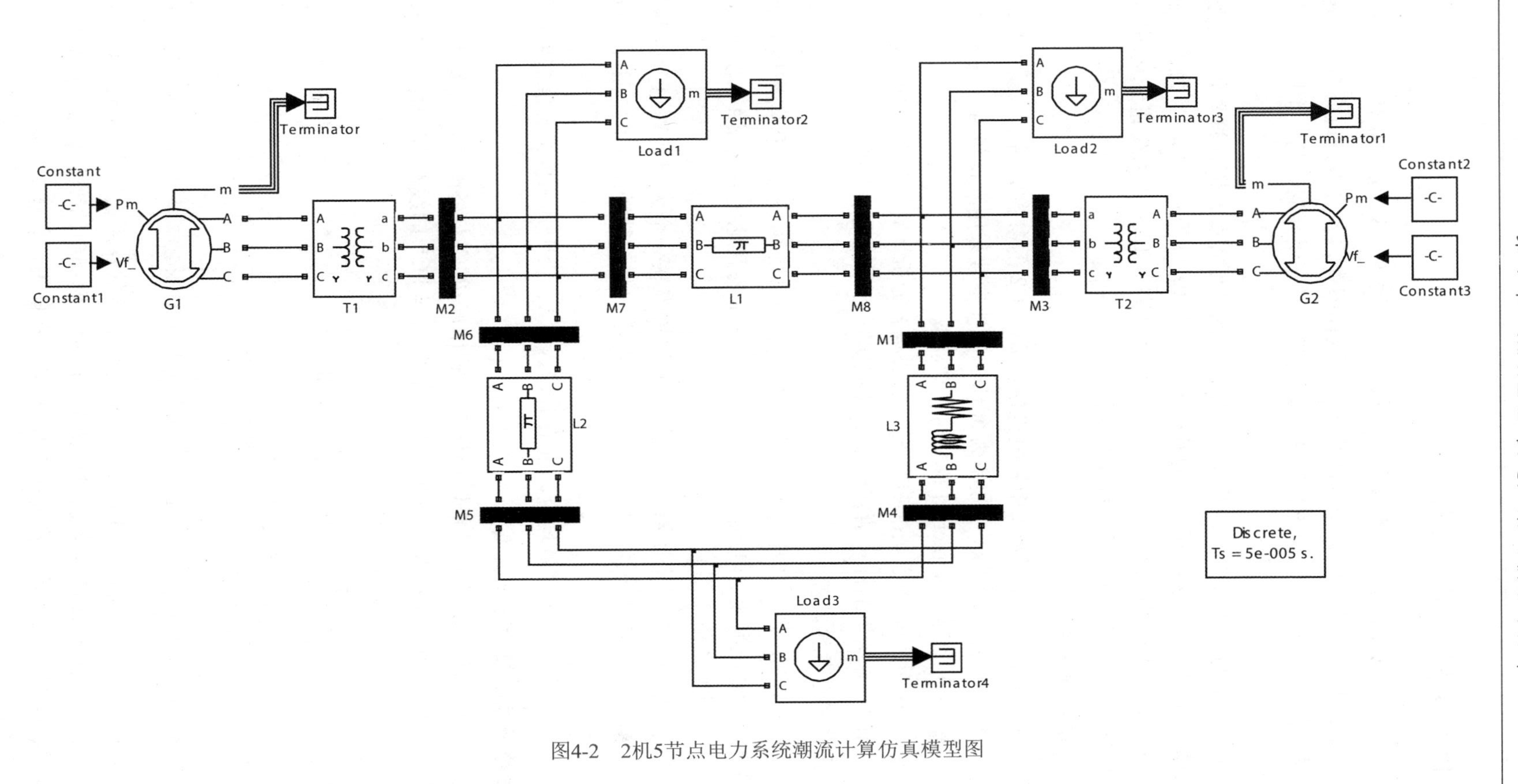

图4-2　2机5节点电力系统潮流计算仿真模型图

4.2.2 模型参数的计算及设置

在电力系统潮流计算中，基准功率一般取 $S_B=100\text{MV}\cdot\text{A}$，基准电压等于各级平均额定电压。而在 Simulink 的发电机、变压器等标幺参数模型中，各参数是以其自身额定功率和额定电压为基准的标幺值，这是在进行模块参数设置时首先要弄清楚的一个问题，否则很容易出错。

在图 4-1 所示的电力系统中，并没有给出实际的电压等级，因此这里设两台发电机侧为 10kV，线路侧为 110kV，这样其对应的基准电压则为 10.5kV 和 115kV。为了叙述和分析的方便，将两台发电机分别设为 G1、G2；变压器设为 T1、T2；三条线路分别用 L1、L2、L3 表示；负载分别用 Load1、Load2、Load3 表示。

1. 发电机模型参数设置

在 Simulink 环境下打开图 4-2 中发电机模块 G1、G2 的参数对话框，设置其额定功率为 100MV · A、额定电压为 10.5kV、频率为 50Hz，其他参数采用默认设置。其中的 Initial conditions（初始条件）在运行 Powergui 模块时自动获取。

取发电机的额定功率等于基准功率 S_B，主要是为分析计算结果时方便，若取其他数值，Powergui 给出的计算结果的标幺值就会改变（但实际有名值是不变的）。

2. 变压器模型参数设置

在图 4-1 中的变压器电压比为 1∶1.05，因此在图 4-2 中设置变压器模块的低压侧额定电压为 10.5kV，高压侧额定电压为 121kV。变压器 T1 的其他参数如图 4-3 所示（T2 的参数与 T1 相同，只是漏抗值不同）。

在通常的潮流计算中，变压器一般是用它的漏抗串联一个无损耗理想变压器来模拟的，为了仿真出这个效果，应将其漏电阻设置得尽可能小一些，其励磁铁心电阻、电抗设置得要大一些。

变压器 T1、T2 的额定容量均应设置成 100MV · A，否则其漏抗标幺值需要重新计算。

3. 线路模型参数计算及设置

无论是三相“Π”形等值线路模块还是三相串联 *RLC* 支路模块，其参数均为有名值。以支路阻抗为 $R_*+\text{j}X_*=0.08+\text{j}0.30$，对地导纳 $Y_*=\text{j}0.5$ 的线路 L1 为例，其有名值参数的计算如下。

电阻有名值：$R=R_*\dfrac{V_B^2}{S_B}=0.08\times\dfrac{115^2}{100}\Omega=10.58\Omega$

电感有名值：$L=\dfrac{X_*}{\omega}\dfrac{V_B^2}{S_B}=\dfrac{0.3}{314}\times\dfrac{115^2}{100}\text{H}=0.1263\text{H}$

电容有名值：$C=1/\left(\dfrac{\omega}{Y_*}\dfrac{V_B^2}{S_B}\right)=1/\left(\dfrac{314}{0.5}\times\dfrac{115^2}{100}\right)\text{F}=12\times10^{-5}\text{F}$

为了方便，在“Π”形等值线路模块设置时将线路的长度设置为 1km，这样直接输入以上计算结果即可。线路 L1 的参数设置如图 4-4 所示，模型中的零序参数采用默认值。

线路 L2、L3 的参数计算设置过程与 L1 相同，在此不再赘述。

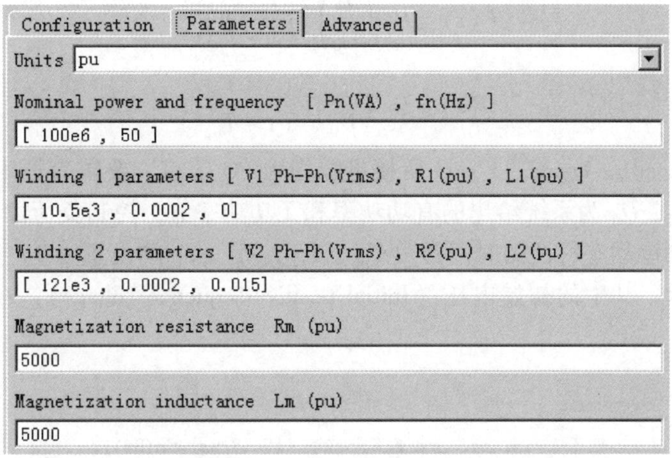

Configuration　Parameters　Advanced
Units　pu
Nominal power and frequency　[Pn(VA) , fn(Hz)]
[100e6 , 50]
Winding 1 parameters [V1 Ph-Ph(Vrms) , R1(pu) , L1(pu)]
[10.5e3 , 0.0002 , 0]
Winding 2 parameters [V2 Ph-Ph(Vrms) , R2(pu) , L2(pu)]
[121e3 , 0.0002 , 0.015]
Magnetization resistance　Rm (pu)
5000
Magnetization inductance　Lm (pu)
5000

a)

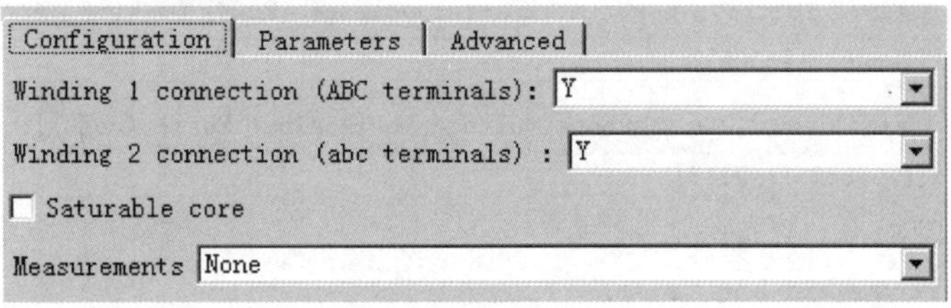

Configuration　Parameters　Advanced
Winding 1 connection (ABC terminals): Y
Winding 2 connection (abc terminals) : Y
Saturable core
Measurements　None

b)

图 4-3　变压器 T1 的参数设置

a）Parameters 选项　b）Configuration 选项

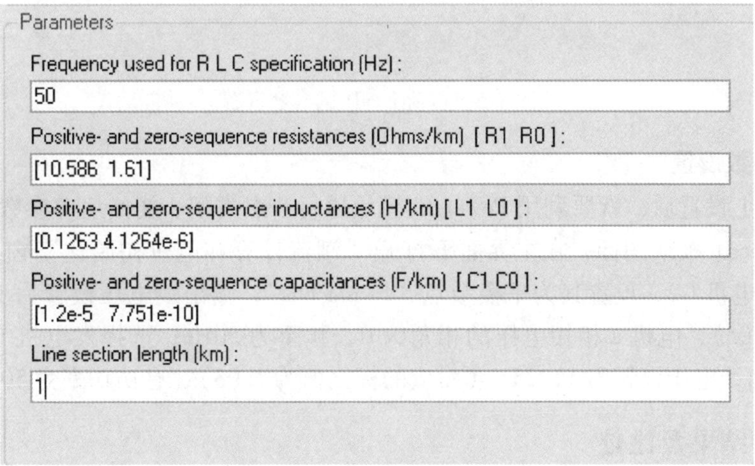

Parameters
Frequency used for R L C specification (Hz):
50
Positive- and zero-sequence resistances (Ohms/km) [R1 R0]:
[10.586 1.61]
Positive- and zero-sequence inductances (H/km) [L1 L0]:
[0.1263 4.1264e-6]
Positive- and zero-sequence capacitances (F/km) [C1 C0]:
[1.2e-5 7.751e-10]
Line section length (km):
1

图 4-4　线路 L1 的参数设置

4. 负荷模型参数设置

由 3.4 节可知，当动态负荷的终端电压高于设定的最小电压时，负荷的有功功率和无功功率按下式变化：

$$P(s)=P_0\left(\frac{U}{U_0}\right)^{n_p}\frac{(1+T_{p1}s)}{(1+T_{p2}s)}$$

$$Q(s)=Q_0\left(\frac{U}{U_0}\right)^{n_q}\frac{(1+T_{q1}s)}{(1+T_{q2}s)}$$

系统中负荷 Load1、Load2、Load3 所接母线均为 PQ 节点，要求有恒定功率的输出（输入），因此设置 P_0、Q_0 为系统给出的有功功率和无功功率值，控制负荷性质的指数 n_p、n_q，有功功率、无功功率动态特性的时间常数 T_{p1}、T_{p2}、T_{q1}、T_{q2} 均设置为 0。负荷 Load1 的参数设置如图 4-5 所示。其中的初始电压（Initial positive-sequence voltage），在运行 Powergui 模块时自动获取。

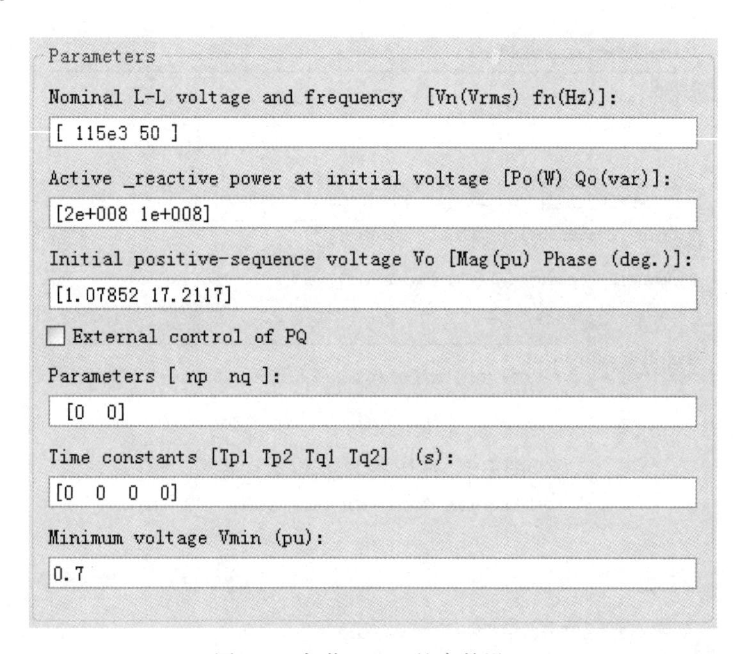

图 4-5 负荷 Load1 的参数设置

5. 综合参数设置

在完成以上设置后，就要利用 Powergui 模块进行节点类型、初始值等参数的综合设置。

双击 Powergui 模块图标，在主界面下打开“潮流计算和电机初始化”窗口。在电机显示栏中选择发电机 G2，设置其为平衡节点“Swing bus”，输出线电压设置为 11025V（对应的标幺值为 1.05），电机 a 相相电压的相角为 0，频率为 50Hz；选择发电机 G1，设置其为 PV 节点，输出线电压设置为 11025V（对应的标幺值为 1.05），有功功率为 500MW。

4.2.3 计算结果及比较

在完成所有的设置工作后，在“潮流计算和电机初始化”窗口中单击“更新潮流（Update Load Flow）”，就能得到潮流计算的结果，如图 4-6 所示。

将利用 Powergui 得到的各节点电压向量与 4.1 节中利用 MATPOWER 程序得到的节点电压向量进行比较，结果见表 4-5。若以 MATPOWER 程序计算结果为基准，由 Powergui 得到的电压幅值的最大差值仅为 1.067%，角度的最大差值为 -3.607%，可见仿真结果是正确的。

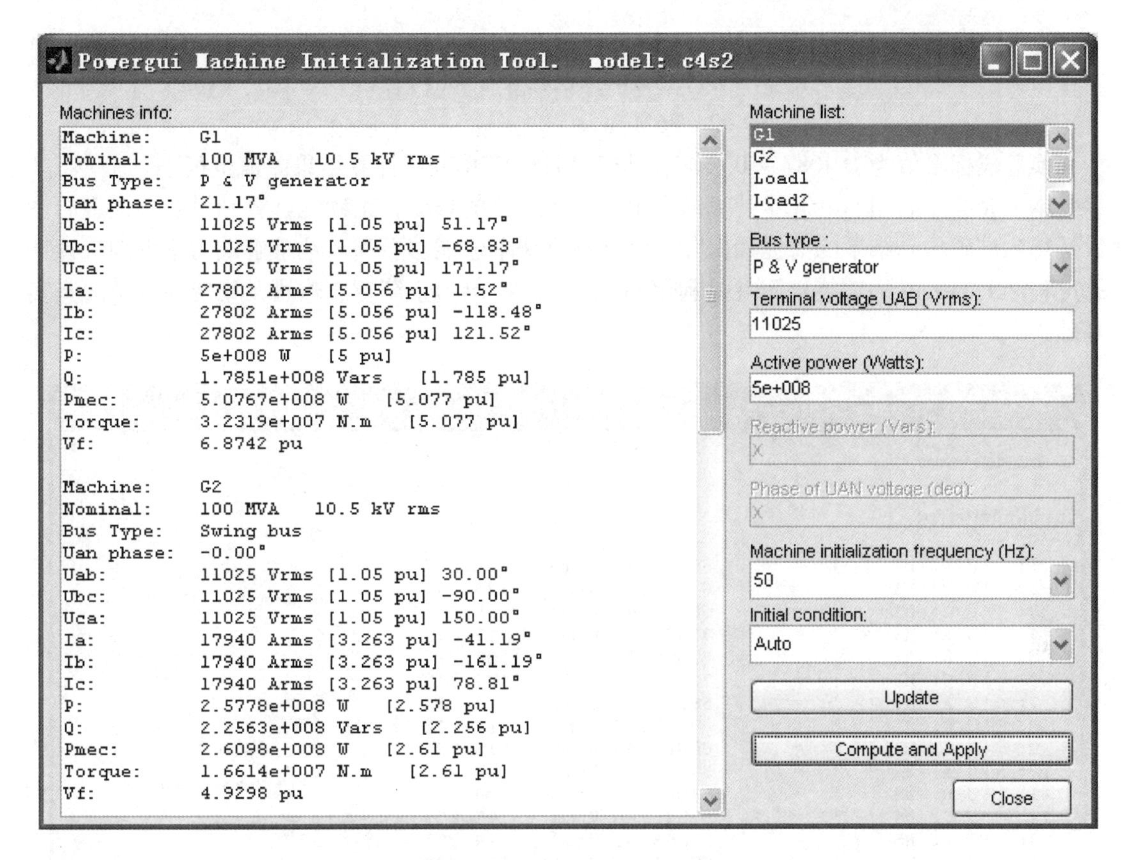

图 4-6 潮流计算的结果

表 4-5 潮流计算结果比较表

节 点 号	电压幅值（p. u.）			电压角度（°）		
	Powergui	MATPOWER	差值（%）	Powergui	MATPOWER	差值（%）
1	0. 8712	0. 862	1. 067	-4. 73	-4. 779	-1. 025
2	1. 079	1. 078	0. 093	17. 21	17. 854	-3. 607
3	1. 039	1. 036	0. 289	-4. 23	-4. 282	-1. 214
4	1. 05	1. 05	0	21. 17	21. 843	-3. 081
5	1. 05	1. 05	0	0	0	0

从图 4-6 得到发电机 G1 的输出功率的标幺值为 5. 077 + j1. 785；G2 的输出功率的标幺值为 2. 578 + j2. 256。

在 Powergui 模块主界面下打开“稳态电压电流分析（Powergui Steady-State Voltages and Currents）”窗口，如图 4-7 所示，将会看到各个三相母线上的电压降落及电流分布，从而就可以计算出流过各线路、变压器的潮流。以线路 L1 为例，三相母线 M7 上的 A 相电压为 $V_a = 71609.49\angle 17.21°\text{V}$，A 相电流为 $I_a = 665.89\angle 27.22°\text{A}$，则流入线路 L1 的潮流为

$$\begin{aligned} P &= 3V_a I_a \cos\varphi \\ &= 3 \times 71609.49 \times 665.89 \times \cos(17.21° - 27.22°)\,\text{W} \\ &= 140.87\text{MW} \end{aligned}$$

$$
\begin{aligned}
Q &= 3V_aI_a\sin\varphi \\
&= 3\times 71609.49\times 665.89\times\sin(17.21^\circ-27.22^\circ)\,\text{var} \\
&= -24.86\text{Mvar}
\end{aligned}
$$

换算成标幺值为 1.4087 - j0.2487，与 MATPOWER 程序计算结果差值也很小。

本节介绍了利用 Powergui 计算简单电力系统潮流的方法，正确地计算和设置各模型的参数是得到准确仿真结果的前提和保障。掌握该方法不但能够更深入地理解电力系统潮流计算的过程和 Powergui 的功能，而且是利用 Simulink 进行电力系统暂态过程及稳定性分析的坚实基础。

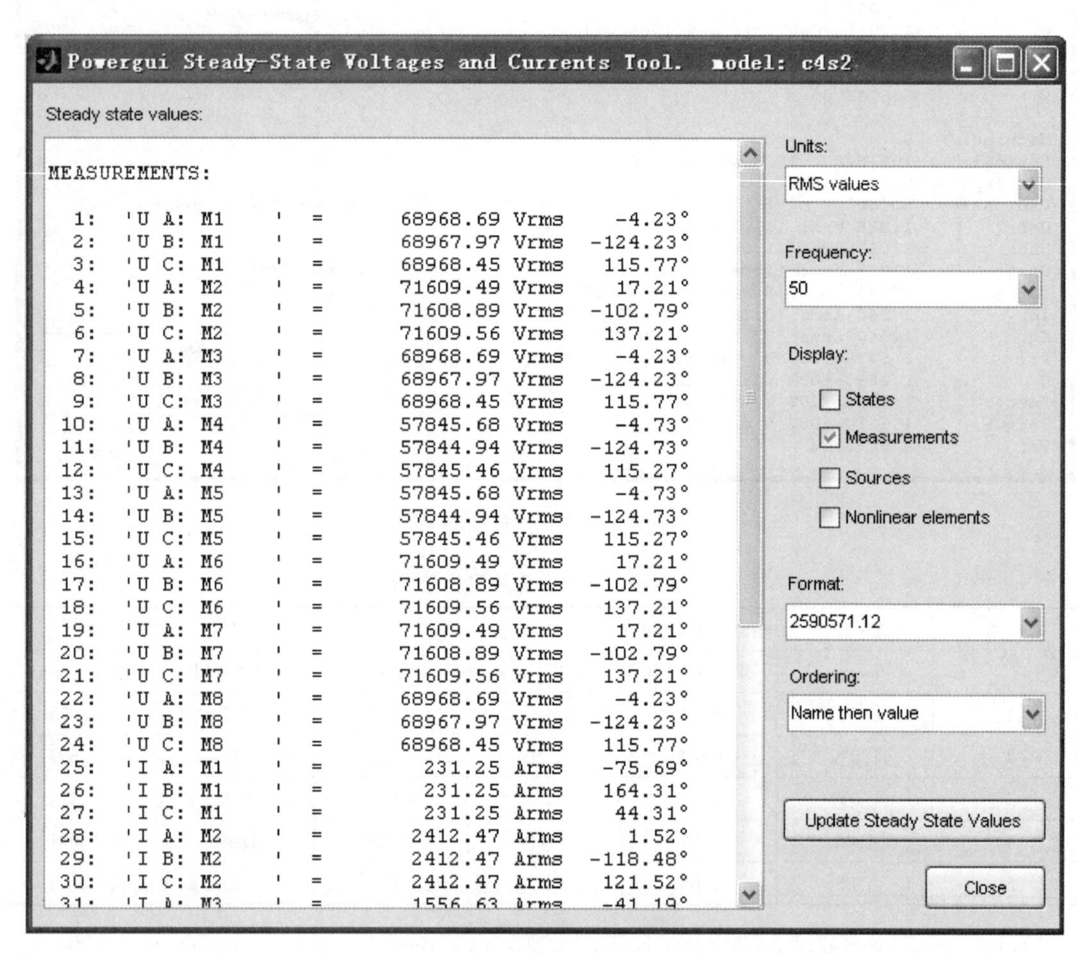

图 4-7 稳态电压电流计算结果

第 5 章　MATLAB 在电力系统故障分析中的仿真实例

电力系统故障分析主要是研究电力系统中由于故障所引起的电磁暂态过程，搞清楚暂态发生的原因、发展过程及后果，从而为防止电力系统故障、减小故障损失提供必要的理论知识。

电力系统可能发生的故障类别比较多，一般可分为简单故障和复合故障。简单故障指的是电力系统正常运行时某一处发生短路或断相故障的情况，而复合故障则是指两个或两个以上简单故障的组合。考虑到三相短路故障是电力系统中危害最严重的故障，所以本章 5.1 节中介绍了无穷大功率电源供电系统三相短路的仿真实例；5.2 节中介绍了同步发电机机端突然发生三相短路的仿真实例；在电力系统中单相接地约占全部故障的 70% ~90%，而且其他故障也往往是由单相接地发展来的，因此本章 5.3 节介绍了小电流接地系统单相故障的仿真实例。

5.1　无穷大功率电源供电系统三相短路仿真

短路问题是电力技术方面的基本问题之一。在发电厂、变电站以及整个电力系统的设计和运行工作中，都必须事先进行短路计算和仿真，以此作为合理选择电气接线、选用有足够热稳定度和动稳定度的电气设备及载流导体、确定限制短路电流的措施、在电力系统中合理地配置各种继电保护并整定其参数等的重要依据。为此，掌握短路发生以后的物理过程以及对短路过程的仿真计算方法是非常必要的。

本节首先简单介绍如图 5-1 所示的简单电路中发生三相短路的暂态过程，然后介绍利用 Simulink 进行仿真的方法。此电路中假设电源电压幅值和频度均为恒定值，这种电源称为无穷大功率电源，这个名称从概念上是不难理解的。实际上，真正的无穷大功率电源是不存在的，因而只能是一个相对的概念，往往是以供电电源的内阻抗与短路回路总阻抗的相对大小来判断能否作为无穷大功率电源。若供电电源的内阻抗小于短路回路总阻抗的 10% 时，则可以认为供电电源为无穷大功率电源。在这种情况下，外电路发生短路对电源影响很小，可近似地认为电源电压幅值和频率保持恒定。

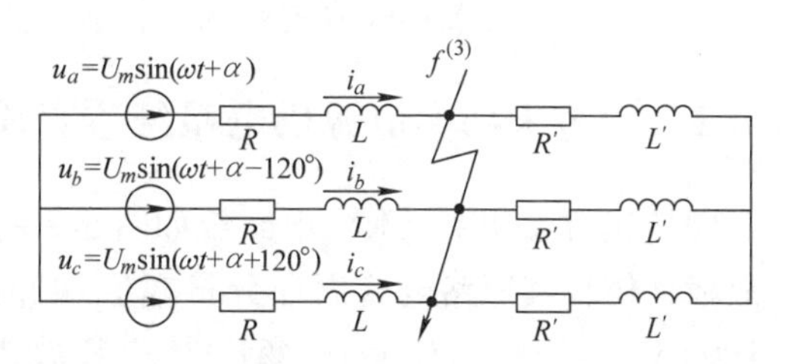

图 5-1　无穷大功率电源供电的三相电路突然短路

5.1.1　无穷大功率电源供电系统三相短路的暂态过程

如图 5-1 所示为一无穷大功率电源供电的三相对称系统，短路发生前系统处于稳定运行状态。假设 a 相电流为（用下标|0|表示短路前（$t=0^-$）的量）：

$$i_a = I_{m|0|}\sin(\omega t + \alpha - \varphi_{|0|}) \tag{5-1}$$

式中，$I_{m|0|} = \dfrac{U_m}{\sqrt{(R+R')^2 + \omega^2\ (L+L')^2}}$，$\varphi_{|0|} = \arctan\dfrac{\omega\ (L+L')}{(R+R')}$。

假设 $t=0$s 时刻，f 点发生三相短路故障。此时电路被分成两个独立回路。由无限大电源供电的三相电路，其阻抗由原来的$(R+R')+\mathrm{j}\omega(L+L')$ 突然减小为 $R+\mathrm{j}\omega L$。由于短路后的电路仍然是三相对称的，依据对称关系可以得到 a、b、c 相短路全电流的表达式：

$$\begin{cases} i_a = I_m\sin(\omega t+\alpha-\varphi) + [I_{m|0|}\sin(\alpha-\varphi_{|0|}) - I_m\sin(\alpha-\varphi)]\mathrm{e}^{-t/T_a} \\ i_b = I_m\sin(\omega t+\alpha-120^\circ-\varphi) + [I_{m|0|}\sin(\alpha-120^\circ-\varphi_{|0|}) - I_m\sin(\alpha-120^\circ-\varphi)]\mathrm{e}^{-t/T_a} \\ i_c = I_m\sin(\omega t+\alpha+120^\circ-\varphi) + [I_{m|0|}\sin(\alpha+120^\circ-\varphi_{|0|}) - I_m\sin(\alpha+120^\circ-\varphi)]\mathrm{e}^{-t/T_a} \end{cases} \tag{5-2}$$

式中，$I_m = \dfrac{U_m}{\sqrt{R^2+(\omega L)^2}}$为短路电流的稳态分量的幅值。

短路电流最大可能的瞬时值称为短路电流冲击值，以 i_{im} 表示。冲击电流主要用于检验电气设备和载流导体在短路电流下的受力是否超过容许值，即所谓的动稳定度。由此可得冲击电流的计算式为

$$i_{im} \approx I_m + I_m\mathrm{e}^{-0.01/T_a} = (1+\mathrm{e}^{-0.01/T_a})I_m = k_{im}I_m \tag{5-3}$$

式中，k_{im}称为冲击系数，即冲击电流值对于短路电流周期性分量幅值的倍数；T_a 为时间常数。

短路电流的最大有效值 I_{im}是以最大瞬时值发生的时刻（即发生短路经历约半个周期）为中心的短路电流有效值。在发生最大冲击电流的情况下，有

$$I_{im} = \sqrt{(I_m/\sqrt{2})^2 + I_m^2\ (k_{im}-1)^2} = \frac{I_m}{\sqrt{2}}\sqrt{1+2\ (k_{im}-1)^2} \tag{5-4}$$

短路电流的最大有效值主要用于检验开关电器等设备切断短路电流的能力。

5.1.2 无穷大功率电源供电系统仿真模型构建

假设无穷大功率电源供电系统如图 5-2 所示，在 0.02s 时刻变压器低压母线发生三相短路故障，仿真其短路电流周期分量幅值和冲击电流的大小。线路参数为：$L=50$km，$x_1=0.4\Omega$/km，$r_1=0.17\Omega$/km；变压器的参数为：额定容量 $S_N=20$MV · A，短路电压 $U_s\%=10.5$，短路损耗 $\Delta P_s=135$kW，空载损耗 $\Delta P_0=22$kW，空载电流 $I_0\%=0.8$，电压比 $k_T=110/11$，高低压绕组均为 Y 形联结；并设供电点电压为 110kV。其对应的 Simulink 仿真模型如图 5-3 所示。

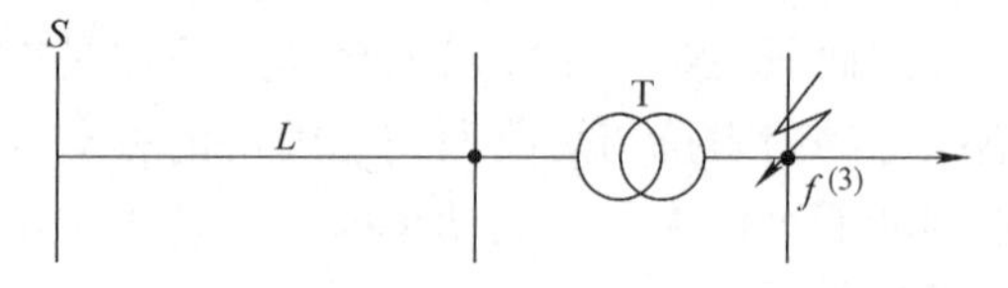

图 5-2 无穷大功率电源供电系统图

在 Simulink 仿真图中，各模块名称及提取路径见表 5-1（为节省篇幅，在以后章节中的仿真模型中，各模块名称及提取路径一般不再单独说明）。

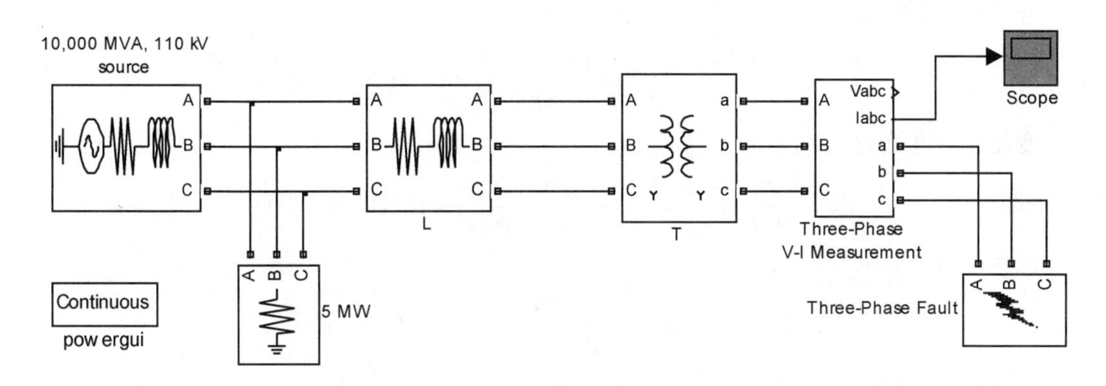

图 5-3　无穷大功率电源供电系统的 Simulink 仿真图

表 5-1　图 5-3 仿真电路中各模块名称及提取路径

模 块 名	提 取 路 径
无穷大功率电源 10000MV · A，110kV Source	SimPowerSystems/Eletrical Sources
三相并联 *RLC* 负荷模块 5MW	SimPowerSystems/Elements
串联 *RLC* 支路 Three-Phase Parallel RLC Branch	SimPowerSystems/Elements
双绕组变压器模块 Three-Phase Transformer (Two Windings)	SimPowerSystems/Elements
三相故障模块 Three-Phase Fault	SimPowerSystems/Elements
三相电压电流测量模块 Three-PhaseV-I Measurement	SimPowerSystems/Measurements
示波器模块 Scope	Simulink/Sinks
电力系统图形用户截面 Powergui	SimPowerSystems

在图 5-3 中，电源采用“Three-phase source”模型，其参数设置如图 5-4 所示。

Parameters
Phase-to-phase rms voltage (V):
110e3
Phase angle of phase A (degrees):
0
Frequency (Hz):
50
Internal connection: Yg
Specify impedance using short-circuit level
Source resistance (Ohms):
0.00529
Source inductance (H):
0.000140

图 5-4　电源模块的参数设置

变压器 T 采用“Three-phase transformer (Two Windings)”模型。根据给定的数据，计算折算到 110kV 侧的参数如下：

变压器的电阻为

$$R_T = \frac{\Delta P_s U_N^2}{S_N^2} \times 10^3 = \frac{135 \times 110^2}{20000^2} \times 10^3 \Omega = 4.08\Omega$$

变压器的电抗为

$$X_T = \frac{U_s\%}{100} \times \frac{U_N^2}{S_N} \times 10^3 = \frac{10.5 \times 110^2}{100 \times 20000} \times 10^3 \Omega = 63.53\Omega$$

则变压器的漏感为

$$L_T = X_T/(2\pi f) = \frac{63.53}{2 \times 3.14 \times 50} \mathrm{H} = 0.202\mathrm{H}$$

变压器的励磁电阻为

$$R_m = \frac{U_N^2}{\Delta P_0} \times 10^3 = \frac{110^2}{22} \times 10^3 \Omega = 550000\Omega$$

变压器的励磁电抗为

$$X_m = \frac{100 U_N^2}{I_0\% S_N} \times 10^3 = \frac{100 \times 110^2}{0.8 \times 20000} \times 10^3 \Omega = 75625\Omega$$

变压器的励磁电感为

$$L_m = X_m/(2\pi f) = \frac{75625}{2 \times 3.14 \times 50} \mathrm{H} = 240.8\mathrm{H}$$

如果变压器模块中的参数采用有名值“SI”，则设置如图 5-5 所示。

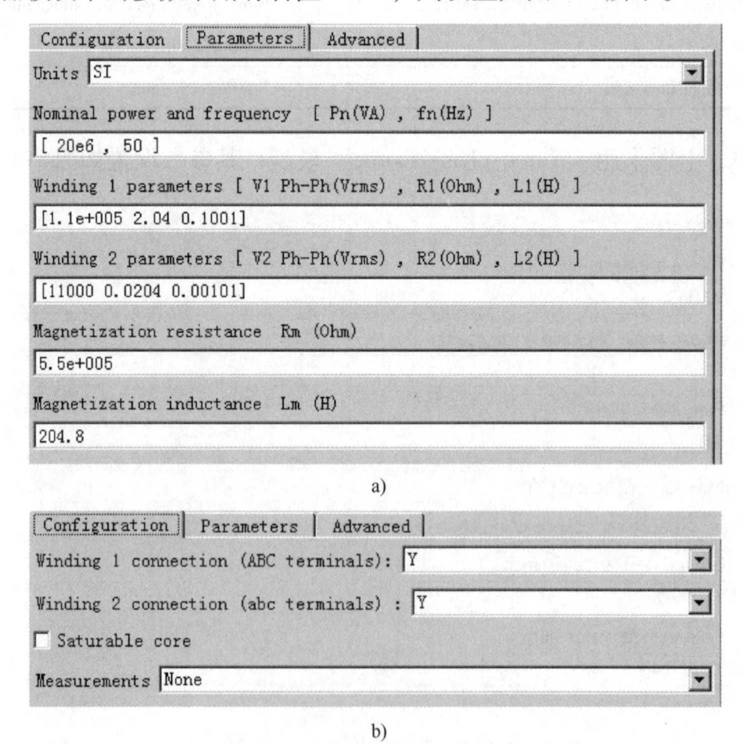

图 5-5 采用有名值时变压器模块的参数设置

a）Parameters 选项 b）Configuration 选项

如果要采用标幺值，在 Simulink 的三相变压器模型中，一次、二次绕组漏感和电阻的标幺值以额定功率和一次、二次侧各自的额定线电压为基准值，励磁电阻和励磁电感以额定功率和一次侧额定线电压为基准值（注意与单相变压器的区别）。则有

一次侧的基准值：

$$R_{1\cdot\text{base}}=\frac{U_{1N}^2}{S_N}=\frac{(110)^2}{20}\Omega=605\Omega$$

$$L_{1\cdot\text{base}}=\frac{U_{1N}^2}{S_N\times2\pi f}=\frac{(110)^2}{20\times2\times3.14\times50}\text{H}=1.927\text{H}$$

二次侧的基准值：

$$R_{2\cdot\text{base}}=\frac{U_{2N}^2}{S_N}=\frac{(11)^2}{20}\Omega=6.05\Omega$$

$$L_{2\cdot\text{base}}=\frac{U_{2N}^2}{S_N\times2\pi f}=\frac{(11)^2}{20\times2\times3.14\times50}\text{H}=0.01927\text{H}$$

因此，一次绕组漏感和电阻的标幺值为

$$R_{1*}=\frac{0.5\times R_T}{R_{1\cdot\text{base}}}=\frac{0.5\times4.08}{605}=0.0033,\quad L_{1*}=\frac{0.5\times L_T}{L_{1\cdot\text{base}}}=\frac{0.5\times0.202}{1.927}=0.052$$

同理：$R_{2*}=0.0033$，$L_{2*}=0.052$，$R_{m*}=909.09$，$L_{m*}=106.3$

则变压器模块的参数设置如图 5-6 所示。

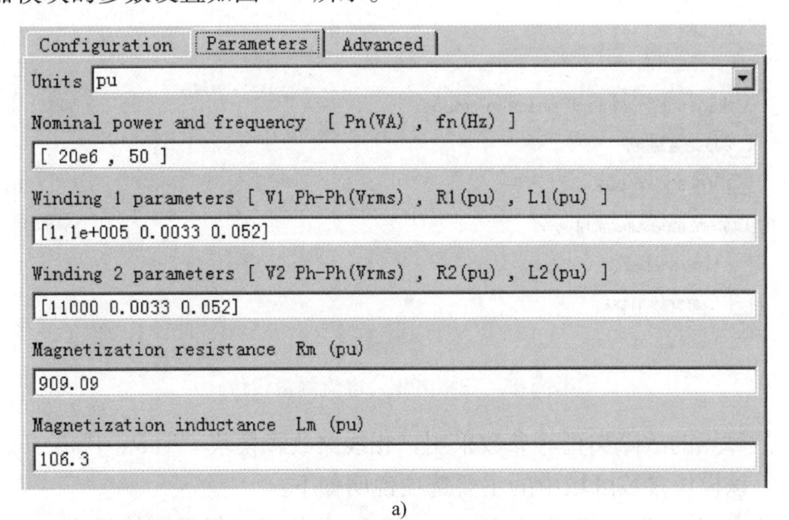

a)

Configuration | Parameters | Advanced

Winding 1 connection (ABC terminals): Y

Winding 2 connection (abc terminals) : Y

Saturable core

Measurements None

b)

图 5-6　采用标幺值时变压器模块的参数设置

a）Parameters 选项　b）Configuration 选项

输电线路 L 采用“Three-Phase Series RLC Branch”模型。根据给定的参数计算可得：

$$R_L = r_1 \times l = 0.17 \times 50\Omega = 8.5\Omega$$

$$X_L = x_1 \times l = 0.4 \times 50\Omega = 20\Omega,\ L_L = X_L/(2\pi f) = \frac{20}{2 \times 3.14 \times 50}\text{H} = 0.064\text{H}$$

输电线路模块的参数设置如图 5-7 所示。

Parameters

Branch type: RL

Resistance R (Ohms): 8.5

Inductance L (H): 0.064

Measurements: None

图 5-7　输电线路模块的参数设置

三相电压电流测量模块“Three-PhaseV-I Measurement”将在变压器低压侧测量到的电压、电流信号转变成 Simulink 信号，相当于电压、电流互感器的作用。其参数设置如图 5-8 所示。

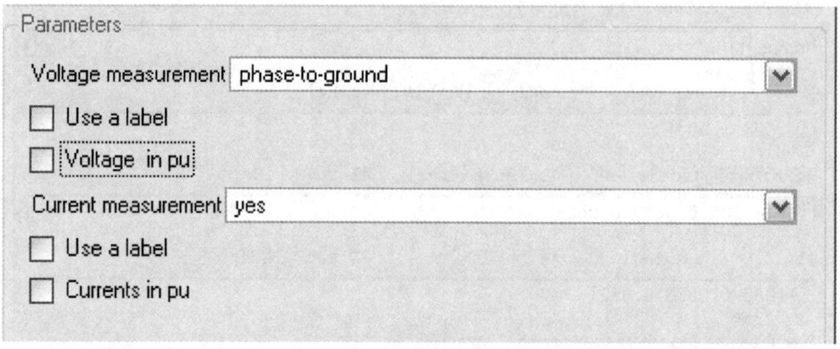

Parameters

Voltage measurement: phase-to-ground

☐ Use a label

☐ Voltage in pu

Current measurement: yes

☐ Use a label

☐ Currents in pu

图 5-8　三相电压、电流测量模块

仿真时，故障点的故障类型等参数采用三相线路故障模块“Three-Phase Fault”来设置，如图 5-9 所示。该模块参数区域中的主要选项说明如下：

1）Phase A Fault、Phase B Fault 和 Phase C Fault 用来选择短路故障相。

2）Fault resistances Ron 用来设置短路点的电阻，此值不能为零。

3）Ground Fault 选项用来选择短路故障是否为短路接地故障。

4）Ground resistances 用来设置接地故障时的大地电阻。

5）External control of fault timing 可以添加控制信号来控制该模块故障的启动和停止。

6）Transition status 和 Transition times 用来设置转换状态和转换时间；其中 Transition status 表示故障开关的状态，通常用“1”表示闭合，“0”表示断开；Transition times 表示故障开关的动作时间；并且每个选项都有两个数值，而且它们是一一对应的。例如：Transition status 的值为［1 0］，Transition times 的值为［0.2 1.0］，就表示时间为 0.2s 时选中的故障开关闭合（也就是线路发生故障），当时间为 1.0s 时，选中的故障开关断开（也就是故障解除）。

7）Snubbers resistance Rp 和 Snubbers Capacitance Cp 用来设置并联缓冲电路中的过渡电阻和过渡电容。

8）Measurements 是用来选择测量量。

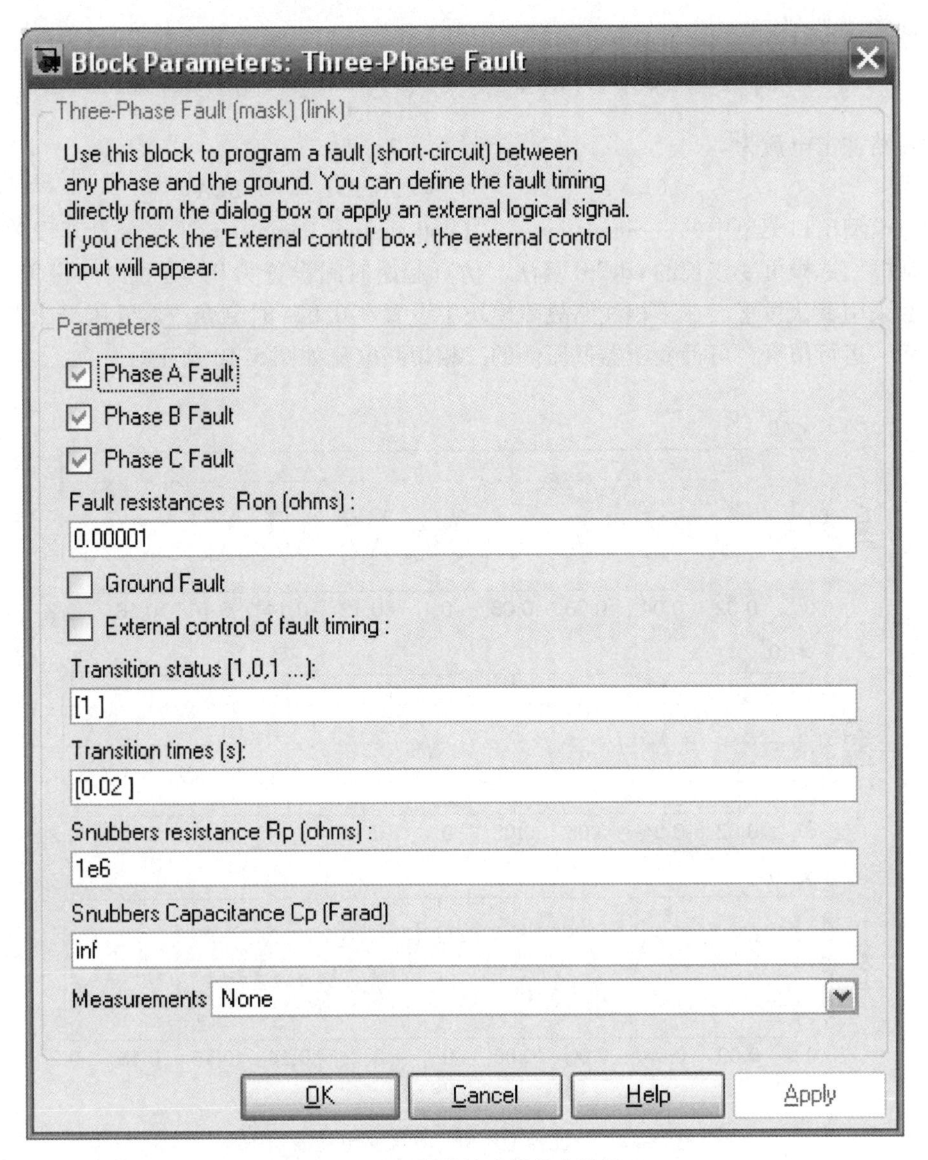

图 5-9　三相线路故障模块参数设置

5.1.3　仿真结果及分析

在得到以上的电力系统参数后，可以首先计算出在变压器低压母线发生三相短路故障时短路电流周期分量幅值和冲击电流的大小。

短路电流周期分量的幅值为

$$\begin{aligned} I_m &= \frac{U_m k_T}{\sqrt{(R_T + R_L)^2 + (X_T + X_L)^2}} \\ &= \frac{\sqrt{2} \times 110/\sqrt{3} \times 10}{\sqrt{(4.08 + 8.5)^2 + (63.5 + 20)^2}} \text{A} \\ &= 10.63\text{kA} \end{aligned}$$

时间常数 T_a 为

$$T_a = (L_T + L_L)/(R_T + R_L) = \frac{0.202 + 0.064}{4.08 + 8.5} = 0.0211\text{s}$$

则短路冲击电流为

$$i_{im} \approx (1 + e^{-0.01/0.0211}) I_m = 1.6225 I_m = 17.3\text{kA}$$

通过模型窗口菜单中的"Simulation"→"Configuration Parameters"命令打开设置仿真参数的对话框，选择可变步长的 ode23t 算法，仿真起始时间设置为 0，终止时间设置为 0.2s，其他参数采用默认设置。在三相线路故障模块中设置在 0.02s 时刻变压器低压母线发生三相短路故障，运行仿真，可得变压器低压侧的三相短路电流如图 5-10 所示。

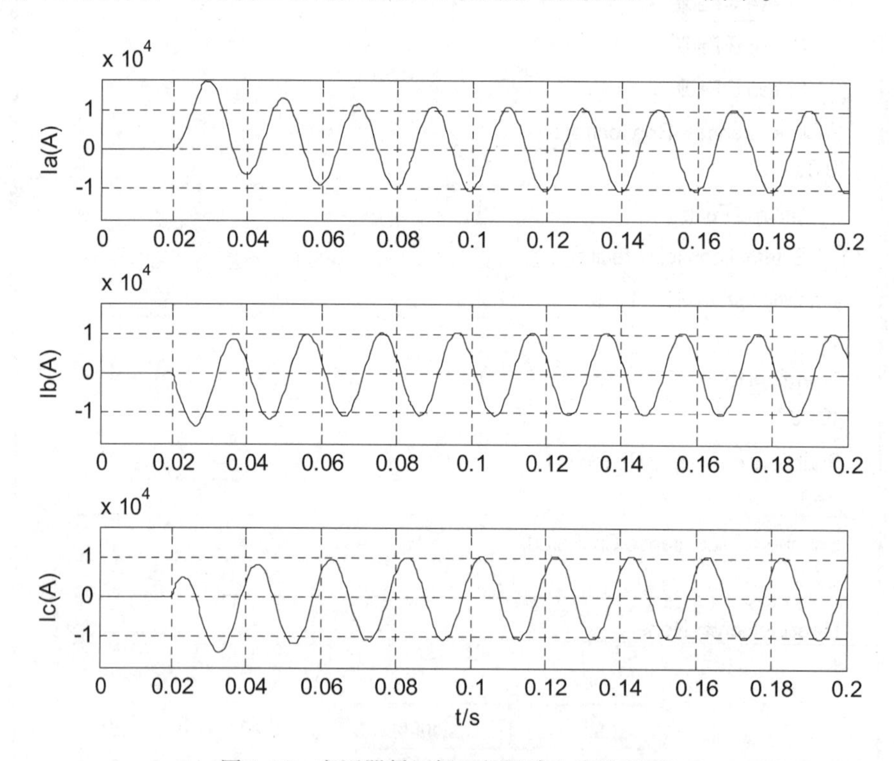

图 5-10 变压器低压侧三相短路电流波形图

为了得到仿真结果图中的准确数值，可将仿真图中示波器模块的"Data history"栏设置为图 5-11 所示。

这样就可以在 MATLAB 的命令窗口中输入以下命令来显示 A 相电流的数据（B、C 相数据与此类似）。

```
>> ScopeData.signals.values(:,1)
```

可见，短路电流周期分量的幅值为 10.64kA，冲击电流为 17.39kA，和理论计算相比稍有差别，这是由于电源模块的内阻设置不同而造成的。读者可以改变这一设置观察仿真结果的变化。

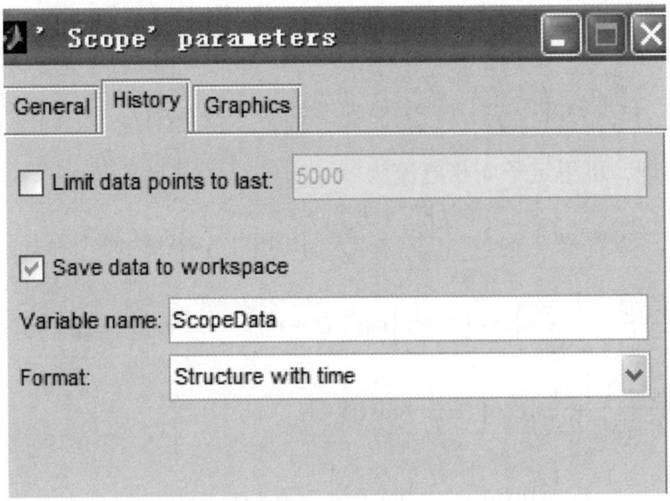

图 5-11 示波器模块的“Data history”栏设置方式

5.2 同步发电机突然短路的暂态过程仿真

同步发电机是电力系统中最重要和最复杂的元件，它由多个有磁耦合关系的绕组构成，定子绕组同转子绕组之间还有相对运动，同步发电机突然短路的暂态过程要比稳态对称运行（包括稳态对称短路）时复杂得多。稳态对称运行时，电枢磁动势的大小不随时间变化，而且在空间以同步速度旋转，它同转子没有相对运动，因此不会在转子绕组中感应电流。突然短路时，定子电流在数值上发生急剧变化，电枢反应磁通也随着变化，并在转子绕组中感应电流，这种电流又反过来影响定子电流的变化。定子和转子绕组电流的互相影响是同步发电机突然短路暂态过程的一个显著特点。

本节将着重介绍利用 Simulink 进行同步发电机机端突然发生三相对称短路的仿真方法，并假设在暂态过程期间同步发电机保持同步转速以及在短路后励磁电压保持不变。

5.2.1 同步发电机突然三相短路暂态过程简介

在分析突然三相短路时，可以利用叠加原理，这样同步发电机机端突然短路相当于在发电机端口处突然加上了与发电机短路前的端电压大小相等但方向相反的三相电压。在定子绕组上突然加以对称的相电压后，为了保持其无源闭合电路的磁链不变，在其定子绕组中将要引起相应的瞬变电流，而且这些瞬变电流还要按照一定的时间常数逐步衰减至其稳态值。

当发电机突然短路时，定子各绕组电流将包含基频分量、倍频分量和直流分量。到达稳态后，定子电流起始值中的直流分量和倍频分量将由其起始值衰减到零，而基频分量则由其起始值衰减为相应的稳态值。同样，在转子绕组中也包含直流分量和同频率的交流分量。

引入衰减因子以后，定子电流的 d 轴和 q 轴分量分别为

$$
\begin{aligned}
i_d &= \frac{E_{q[0]}}{x_d} + \left(\frac{E''_{q0}}{x''_d} - \frac{E'_{q[0]}}{x'_d}\right)\exp\left(-\frac{t}{T''_d}\right) + \left(\frac{E'_{q[0]}}{x'_d} - \frac{E_{q[0]}}{x_d}\right)\exp\left(-\frac{t}{T'_d}\right) \\
&\quad - \frac{V_{[0]}}{x''_q}\exp\left(-\frac{t}{T_a}\right)\cos(\omega t + \delta_0) \\
i_q &= -\frac{E''_{d0}}{x''_q}\exp\left(-\frac{t}{T''_q}\right) + \frac{V_{[0]}}{x''_q}\exp\left(-\frac{t}{T_a}\right)\sin(\omega t + \delta_0)
\end{aligned}
\tag{5-5}
$$

经过变换和整理，可得定子 a 相电流为

$$
\begin{aligned}
i_a = &-\frac{E_{q[0]}}{x_d}\cos(\omega t + \alpha_0) - \left(\frac{E''_{q0}}{x''_d} - \frac{E'_{q[0]}}{x'_d}\right)\exp\left(-\frac{t}{T''_d}\right)\cos(\omega t + \alpha_0) \\
&-\left(\frac{E'_{q[0]}}{x'_d} - \frac{E_{q[0]}}{x_d}\right)\exp\left(-\frac{t}{T'_d}\right)\cos(\omega t + \alpha_0) - \frac{E''_{d0}}{x''_q}\exp\left(-\frac{t}{T''_q}\right)\sin(\omega t + \alpha_0) \\
&+\frac{V_{[0]}}{2}\left(\frac{1}{x''_d} + \frac{1}{x''_q}\right)\exp\left(-\frac{t}{T_a}\right)\cos(\delta - \alpha_0) \\
&+\frac{V_{[0]}}{2}\left(\frac{1}{x''_d} - \frac{1}{x''_q}\right)\exp\left(-\frac{t}{T_a}\right)\cos(2\omega t + \delta + \alpha_0)
\end{aligned}
\tag{5-6}
$$

转子绕组中的电流为

$$
\begin{aligned}
i_f = i_{f[0]} &+ \left[\frac{x_{ad}x_{\sigma D}V_{[0]}\cos\delta_0}{(x_f x_D - x_{ad}^2)x''_d} - \frac{(x_d - x'_d)V_{[0]}\cos\delta_0}{x_{ad}x'_d}\right]\exp\left(-\frac{t}{T''_d}\right) \\
&+ \frac{(x_d - x'_d)V_{[0]}\cos\delta_0}{x_{ad}x'_d}\exp\left(-\frac{t}{T'_d}\right) \\
&- \frac{x_{ad}x_{\sigma D}V_{[0]}}{(x_f x_D - x_{ad}^2)x''_d}\exp\left(-\frac{t}{T_a}\right)\cos(\omega t + \delta_0)
\end{aligned}
\tag{5-7}
$$

在式(5-5) ~ 式(5-7) 中，x_d、x_q 为定子绕组纵轴、横轴的同步电抗；x_f 为纵轴绕组之间的电枢反应电抗；x_{ad}、x_{aq}为发电机转子纵轴、横轴的电抗；x_D、x_Q 表示 D、Q 阻尼绕组的电抗；x'_d、x''_d分别为纵轴暂态电抗、次暂态电抗；x''_q为横轴次暂态电抗；E'_q、E''_q分别为横轴暂态电动势、次暂态电动势；E''_d为纵轴次暂态电动势；$E_{q[0]}$、$V_{[0]}$为短路前瞬间的空载电动势、机端电压。

5.2.2 同步发电机突然三相短路暂态过程的数值计算与仿真方法

1. 同步发电机突然三相短路暂态过程的数值计算

在已知发电机参数的情况下，可以利用 MATLAB 对突然三相短路后的定子电流、转子电流暂态过程表达式(5-6)、式(5-7) 进行数值计算分析，这样将有助于更好地理解短路的物理过程。

假设一台有阻尼绕组同步发电机，其参数为：$P_N = 200\text{MW}$，$U_N = 13.8\text{kV}$，$f_N = 50\text{Hz}$，$x_d = 1.0$，$x_q = 0.6$，$x'_d = 0.30$，$x''_d = 0.21$，$x''_q = 0.31$，$r = 0.005$，$x_{\sigma f} = 0.18$，$x_{aD} = 0.1$，$x_{\sigma Q} = 0.25$，$T'_{d0} = 5\text{s}$，$T_D = 2\text{s}$，$T''_{q0} = 1.4\text{s}$。若发电机空载，端电压为额定电压，端子突然发生三相短路，且 $\alpha_0 = 0$，利用 MATLAB 对突然三相短路后的定子电流进行数值计算的基本步骤如下：

1）首先计算各衰减时间常数。根据参考文献［7，9］可得：

$$T_a=0.16\text{s},\ T_q''=0.72\text{s},\ T_d''=0.34\text{s},\ T_d'=1.64\text{s}$$

由于空载时，$E_{q[0]}=E'_{q[0]}=E''_{q0}=V_{[0]}=1$，$E''_{d0}=0$，$\alpha_0=0$，则利用式(5-6）可得 a 相定子电流表达式为

$$i_a=-\cos(\omega t+a_0)-1.43\mathrm{e}^{-2.97t}\cos(\omega t+a_0)-2.34\mathrm{e}^{-0.608t}\cos(\omega t+a_0)+4\mathrm{e}^{-6.3t}\cos(-a_0)+0.77\mathrm{e}^{-6.3t}\cos(2\omega t+a_0) \tag{5-8}$$

2）利用 MATLAB 对式(5-8）进行数值计算并绘图的 . m 文件程序清单如下：

```
%% ************************************************
N =48;
t1 = (0:0.02/N:1.00);
fai =0 * pi/180;             % α0 值
% 空载短路全电流表达式
Ia = ( - cos(2 * pi * 50 * t1 + fai) -1.43 * exp( -2.97 * t1). * cos(2 * pi *
50 * t1 + fai) - ...
2.34 * exp( -0.608 * t1). * cos(2 * pi * 50 * t1 + fai) + ...
4 * exp( -6.3 * t1). * cos( - fai * pi/180) +0.77 * exp( -6.3 * t1). * cos
(2 * 2 * pi * 50 * t1 + fai));
% 基频分量
Ia1 = - cos(2 * pi * 50 * t1 + fai) -1.43 * exp( -2.97 * t1). * cos(2 * pi *
50 * t1 + fai) - ...
2.34 * exp( -0.608 * t1). * cos(2 * pi * 50 * t1 + fai);
% 倍频分量
Ia2 =0.77 * exp( -6.3 * t1). * cos(2 * 2 * pi * 50 * t1 + fai);
% 非周期分量
Iap =4 * exp( -6.3 * t1). * cos( - fai * pi/180);

subplot(4,1,1);              % 绘制空载短路全电流波形图
plot(t1,Ia);
grid on;
axis([0 1  -10 10]);
ylabel('Ia(p.u.)');
subplot(4,1,2);              % 绘制基频分量波形图
plot(t1,Ia1);
grid on;
axis([0 1  -10 10]);
ylabel('Ia1(p.u.)');
subplot(4,1,3);              % 绘制倍频分量波形图
plot(t1,Ia2);
```

```
grid on;
axis([0 1 -1 1]);
ylabel('Ia2(p.u.)');
subplot(4,1,4);          % 绘制非周期分量波形图
plot(t1,Iap);
grid on;
axis([0 1 -10 10]);
ylabel('Iap(p.u.)');
xlabel('t/s');
```

运行以上程序，得到发电机端突然发生三相短路时的 a 相定子电流，以及基频分量、倍频分量和非周期分量的波形如图 5-12 所示，并有短路后的冲击电流标幺值为 9. 1927。

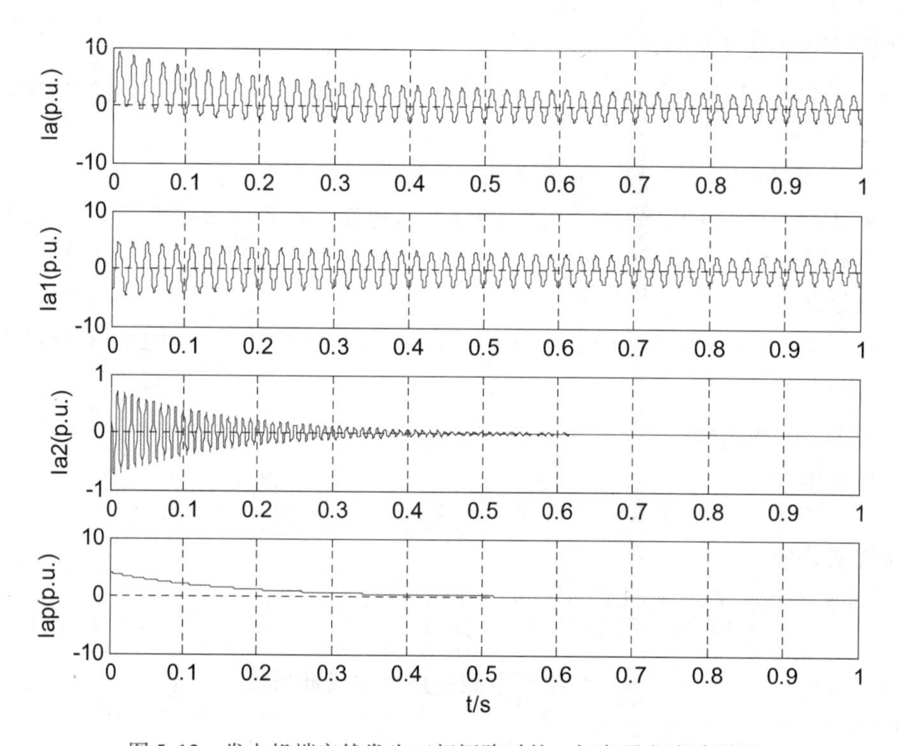

图 5-12 发电机端突然发生三相短路时的 a 相定子电流波形图

当发电机端突然发生三相短路时，定子电流中的倍频分量是很小的（在实用计算中常忽略不计），为了能够在图 5-12 中表示清楚，将其纵坐标的值取为［-1，1］，波形相应地被放大，请读者注意。

2. 同步发电机突然三相短路暂态过程的仿真方法

针对以上的发电机参数，建立其 Simulink 仿真模型如图 5-13 所示。

在图 5-13 中，同步发电机采用 p. u. 标准同步发电机模块，根据前面的计算，其参数设置如图 5-14 所示。

升压变压器 T 采用“Three-phase transformer（Two Windings）”模型，其参数设置如图 5-15 所示。

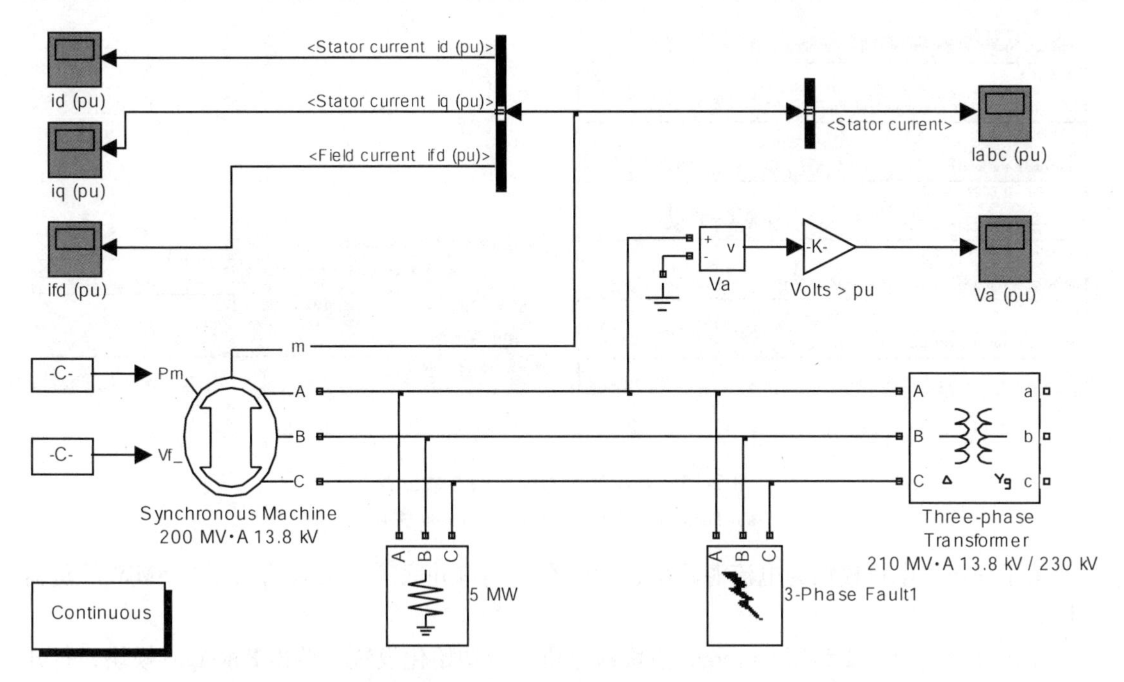

图 5-13　发电机端突然发生三相短路的 Simulink 仿真模型

Configuration | Parameters | Advanced | Load Flow

Nominal power, line-to-line voltage, frequency [Pn(VA) Vn(Vrms) fn(Hz)]:

[200E6 13800   50]

Reactances [Xd Xd' Xd'' Xq Xq'' Xl] (pu):

[1.0, 0.3, 0.21, 0.6, 0.31, 0.15]

d axis time constants: Short-circuit

q axis time constants: Open-circuit

Time constants [Td' Td'' Tqo''] (s):

[1.64, 0.34, 1.4]

Stator resistance Rs (pu):

0.005

Inertia coeficient, friction factor, pole pairs [H(s) F(pu) p()]:

[3.2 0 32]

Initial conditions [dw(%) th(deg) ia,ib,ic(pu) pha,phb,phc(deg) Vf(pu)]:

[0 -89.0704 0.0271806 0.0271806 0.0271806 -4.4311 -124.431 115.569 1.00254]

☐ Simulate saturation

a)

Configuration | Parameters | Advanced | Load Flow

Preset model: No

Mechanical input: Mechanical power Pm

Rotor type: Salient-pole

Mask units: per unit standard parameters

b)

图 5-14　同步发电机模块的参数设置

a）Parameters 选项　b）Configuration 选项

Configuration Parameters Advanced
Units pu
Nominal power and frequency [Pn(VA) , fn(Hz)]
[210e6 50]
Winding 1 parameters [V1 Ph-Ph(Vrms) , R1(pu) , L1(pu)]
[13.8e3 0.0027 0.08]
Winding 2 parameters [V2 Ph-Ph(Vrms) , R2(pu) , L2(pu)]
[230e3 0.0027 0.08]
Magnetization resistance Rm (pu)
500
Magnetization inductance Lm (pu)
500

a)

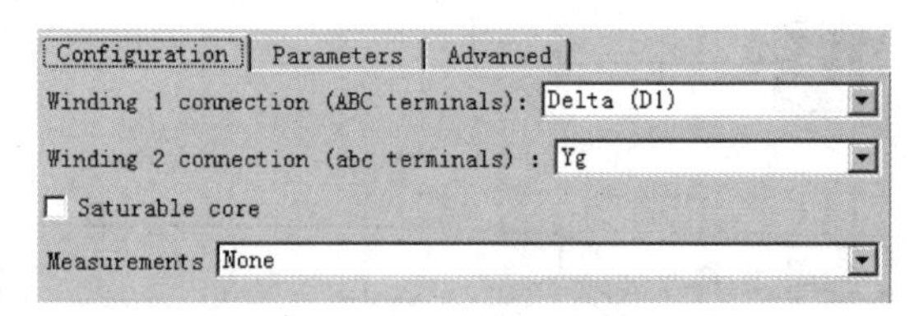

b)

图5-15 升压变压器模块的参数设置

a）Parameters 选项 b）Configuration 选项

由于同步发电机模块为电流源输出，因此在其端口并联了一个有功功率为5MW的负荷模块。

在仿真开始前，要利用Powergui模块对电机进行初始化设置。单击Powergui模块，打开“潮流计算和电机初始化”窗口，设置参数如图5-16所示。图中设定同步发电机为平衡节点“Swing bus”。初始化后，与同步发电机模块输入端口相连的两个常数模块Pm和Vf以及图5-14中的“Initial Conditions”将会自动设置。

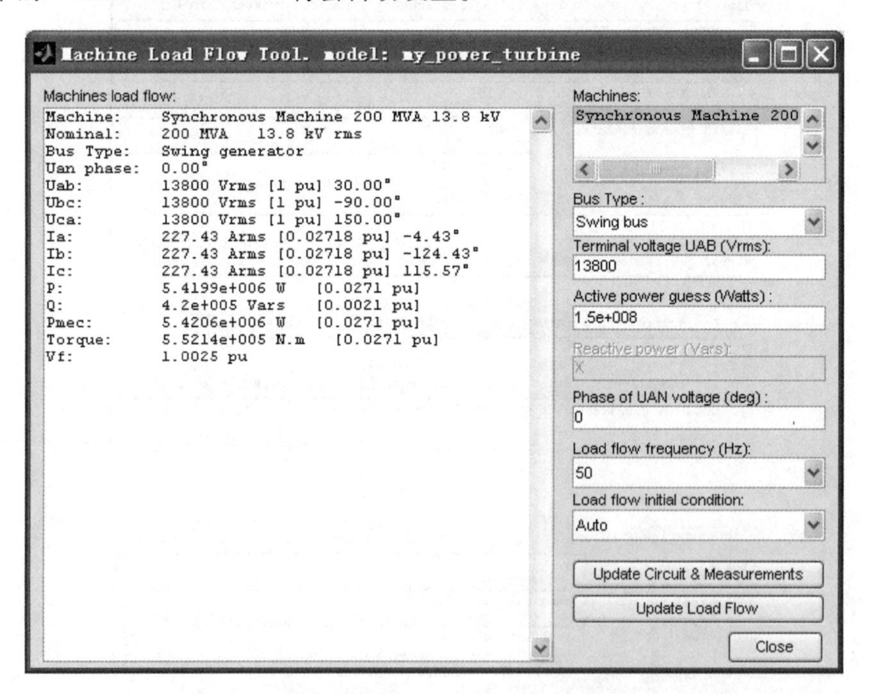

图5-16 利用Powergui模块的“潮流计算和电机初始化”窗口计算初始参数

从图5-16中还可以看出，a相电流滞后a相电压4.43°，即电流与电压波形的过零点相差0.25ms。因此在故障模块中设置0.02025s时发生三相短路故障（对应$\alpha_0=0$），其他参数采用默认设置。

选择 Ode15s 算法，仿真的结束时间取为 1s。开始仿真，得到发电机端突然三相短路后的三相定子电流如图 5-17 所示。其中，a 相定子电流的冲击电流标幺值为 9. 1048，和理论计算值存在 0. 95% 的误差。图 5-18 为短路后定子电流的 d 轴和 q 轴分量 i_d、i_q 以及励磁电流 i_f 的仿真波形图。

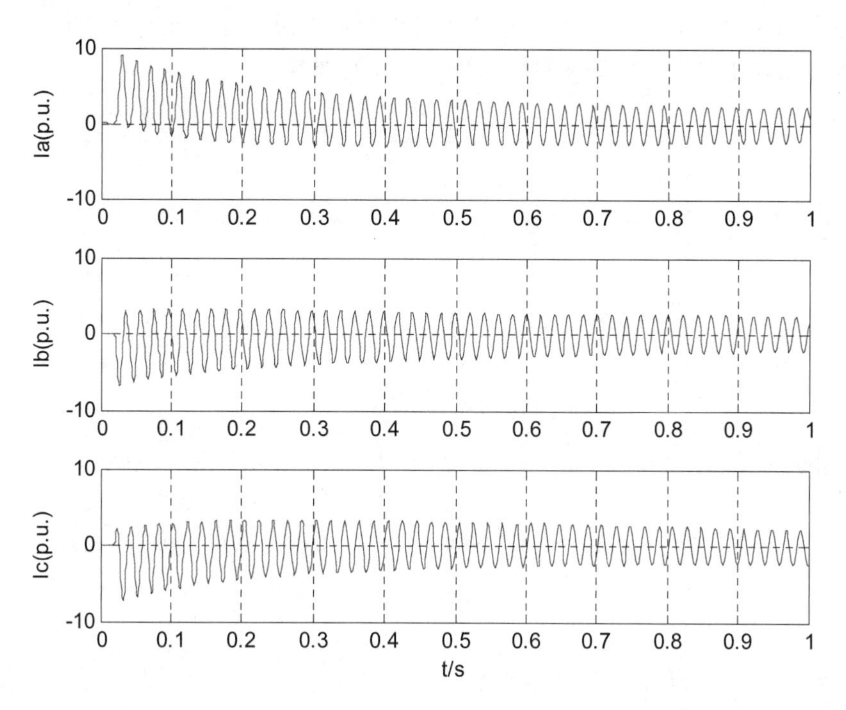

图 5-17　发电机端突然三相短路时的定子电流仿真波形图

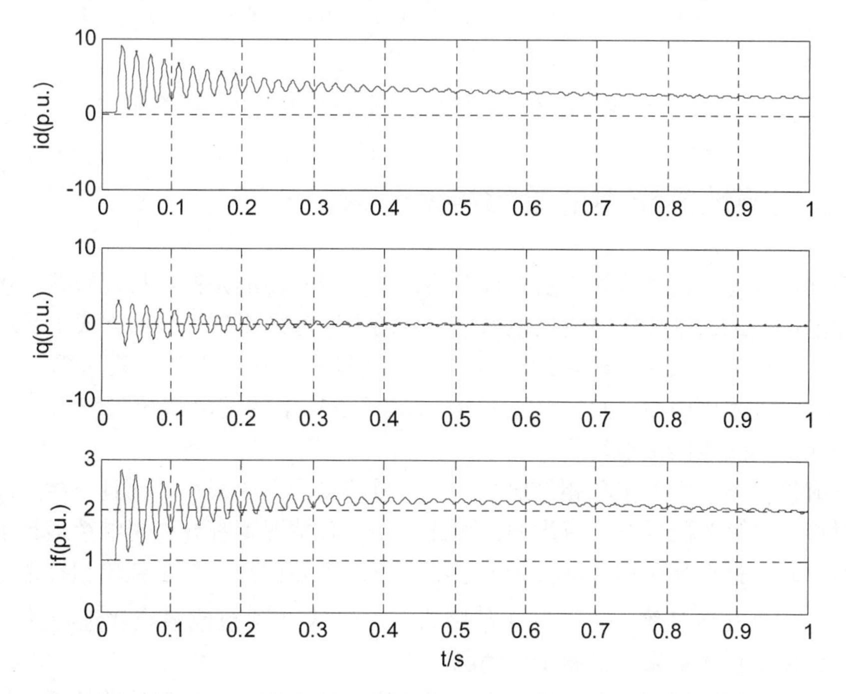

图 5-18　发电机端突然三相短路时的 i_d、i_q、i_f 电流仿真波形图

改变故障模块中的短路类型，就可以仿真同步发电机发生各种不对称短路时的故障情况。例如，设置在0.02025s时发生BC两相短路故障。开始仿真，得到发电机端突然两相短路后的三相定子电流如图5-19所示。

利用SimPowerSystems/Extra Library/Measurements中的“FFT模块”和“三相序分量模块”就可以分析出短路电流中的直流分量和倍频分量以及正序、负序和零序分量。限于篇幅，请读者自己动手分析，以加深对短路暂态过程的理解。

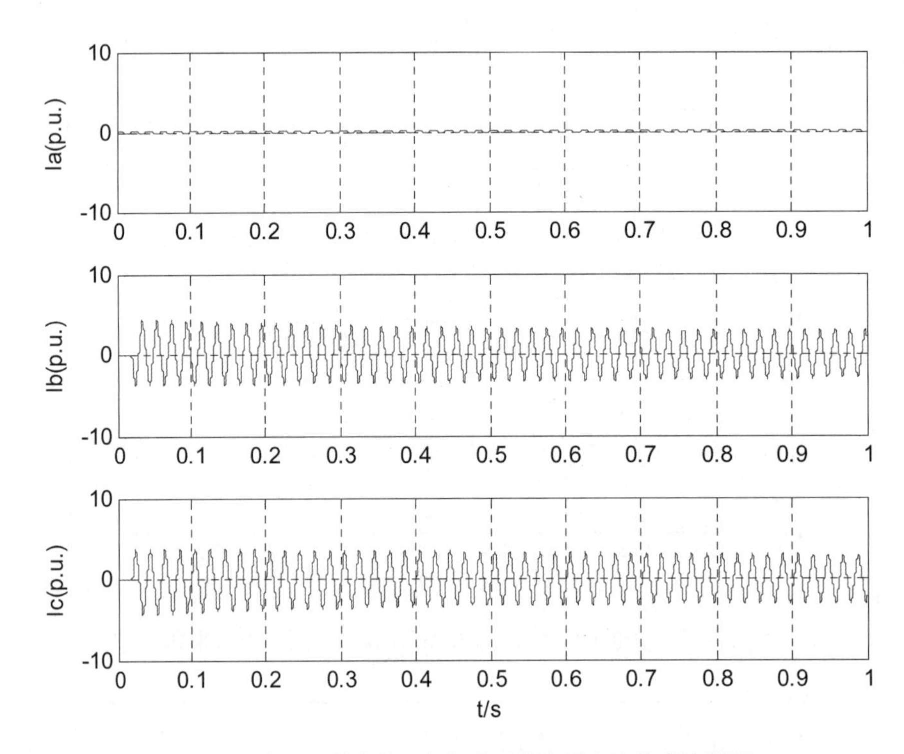

图5-19 发电机端突然两相短路时的定子电流仿真波形图

5.3 小电流接地系统中的单相接地仿真

电网中性点接地方式的分类方法有很多种，其中最常用的是按照接地短路时接地电流的大小分为大电流接地系统和小电流接地系统。电网中性点采用哪种接地方式主要取决于供电可靠性（是否允许带一相接地时继续运行）和限制过电压两个因素。我国规定110kV及以上电压等级的系统采用中性点直接接地方式，35kV及以下的配电系统采用小电流接地（中性点不接地或经消弧线圈接地）。

在小电流接地系统中发生单相接地时，由于故障点的电流很小，而且三相之间的线电压仍然保持对称，对负荷的供电没有影响，因此，在一般情况下都允许再继续运行1~2小时，而不必立即跳闸，这也是采用小电流接地系统运行的主要优点。但是在单相接地以后，其他两相的对地电压要升高$\sqrt{3}$倍。为了防止故障进一步扩大成两点或多点接地短路，就应及时发出信号，以便运行人员采取措施予以消除。

本节将着重介绍利用Simulink进行小电流接地系统中发生单相接地的仿真方法。

5.3.1　小电流接地系统中的单相接地故障特点简介

对于图 5-20 所示的中性点不接地系统，单相接地故障发生后，由于中性点 N 不接地，所以没有形成短路电流通路，故障相和非故障相都将流过正常负荷电流，线电压仍然保持对称，因此可以短时不予切除。这段时间可以用于查明故障原因并排除故障，或者进行倒负荷操作，因此该中性点接地方式对于用户的供电可靠性高，但是接地相对地电压将降低，非接地相对地电压将升高至线电压，对于电气设备绝缘造成威胁，单相接地发生后不能长期运行。

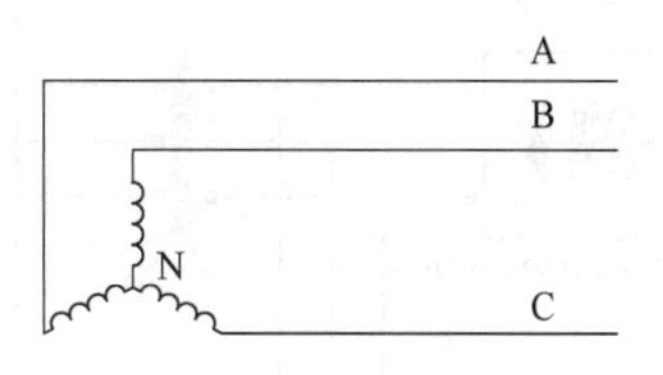

图 5-20　中性点不接地系统

事实上，对于中性点不接地系统，由于线路分布电容（电容数值不大，但容抗很大）的存在，接地故障点和导线对地电容还是能够形成电流通路的，从而有数值不大的电容性电流在导线和大地之间流通。一般情况下，这个容性电流在接地故障点将以电弧形式存在，电弧高温会损毁设备，甚至引起附近建筑物燃烧起火，不稳定的电弧燃烧还会引起弧光过电压，造成非接地相绝缘击穿，进而发展成为相间故障，导致断路器动作跳闸，中断对用户的供电。

中性点不接地系统发生单相接地时的故障特点如下（详细分析可见参考文献［11］）：

1）在发生单相接地时，全系统都将出现零序电压。

2）在非故障的元件上有零序电流，其数值等于本身的对地电容电流，电容性无功功率的实际方向为由母线流向线路。

3）在故障线路上，零序电流为全系统非故障元件对地电容电流的总和，数值一般较大，电容性无功功率的实际方向为由线路流向母线。

对于图 5-21 所示的中性点经消弧线圈接地系统，在正常情况下，接于中性点 N 与大地之间的消弧线圈无电流流过，消弧线圈不起作用；当接地故障发生后，中性点将出现零序电压，在这个电压的作用下，将有感性电流流过消弧线圈并注入发生接地故障的电力系统，从而抵消在接地点流过的电容性接地电流，消除或者减轻接地电弧电流的危害。需要说明的是，经消弧线圈补偿后，接地点将不再有容性电弧电流或者只有很小的电容性电流流过，但是接地确实发生了，接地故障可能依然存在；其结果是接地相对地电压降低而非接地相对地电压依然很高，长期接地运行依然是不允许的。

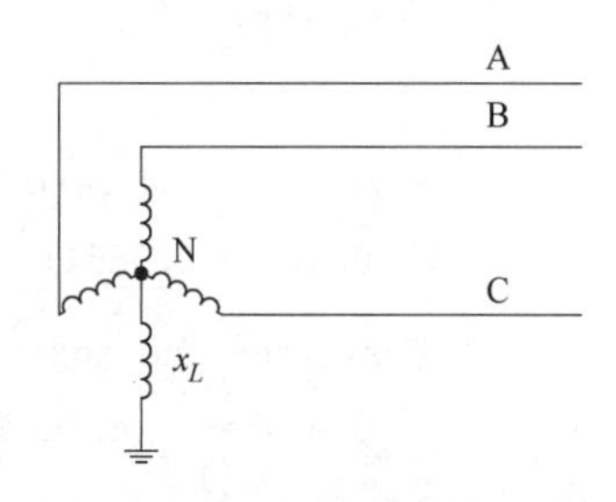

图 5-21　中性点经消弧线圈接地系统

5.3.2　小电流接地系统仿真模型构建

1. 中性点不接地系统的仿真模型及计算

利用 Simulink 建立一个 10kV 中性点不接地系统的仿真模型，如图 5-22 所示。

在仿真模型中，电源采用“Three- phase source”模型，输出电压为

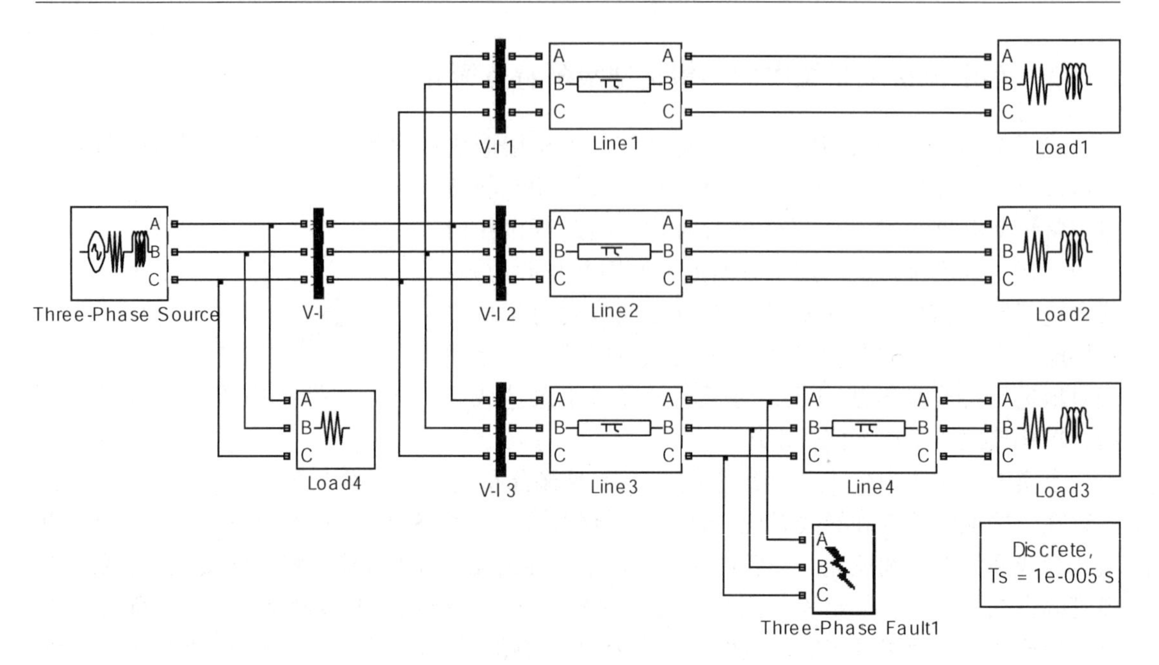

图 5-22　10kV 中性点不接地系统仿真模型图

10.5kV，内部接线方式为 Y 形联结，其他参数设置与图 5-4 设置相同。

模型中共有四条 10kV 输电线路 Line1～Line4，均采用“Three-phase PI Section Line”模型，线路的长度分别为：130km、175km、1km、150km，其他参数相同。Line1 参数设置如图 5-23 所示。

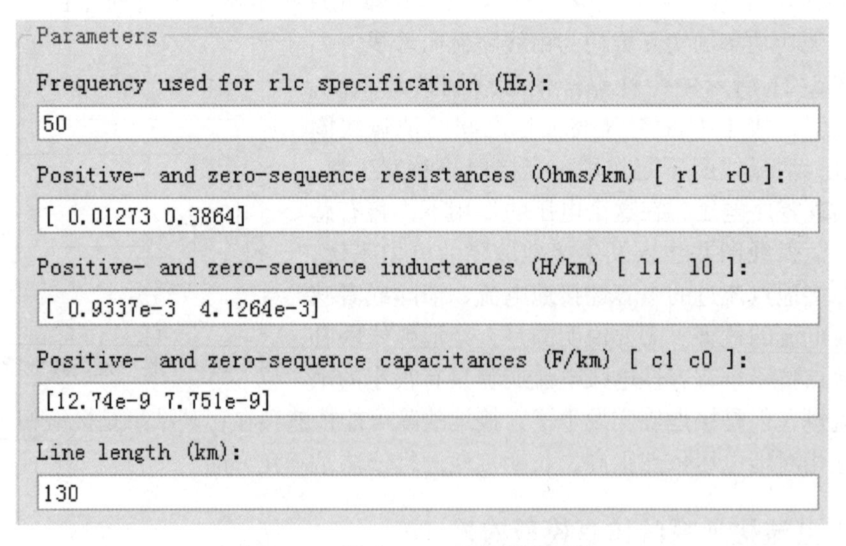

图 5-23　线路 Line1 的参数设置图

需要说明的是，在实际的 10kV 配电系统中，单回架空线路的输送容量一般在 0.2～2MV·A，输送距离的适宜范围为 6～20km。本文的仿真模型将输电线路的长度人为加长，这样可以使仿真时的故障特征更为明显，而且不用很多输电线的出线路数，不影响仿真结果的正确性。

线路负荷 Load1、Load2、Load3 均采用“Three-phase Series RLC Load”模型，其有功负荷分别为 1MW、0.2 MW、2 MW，其他参数相同，Load1 参数设置如图 5-24 所示。

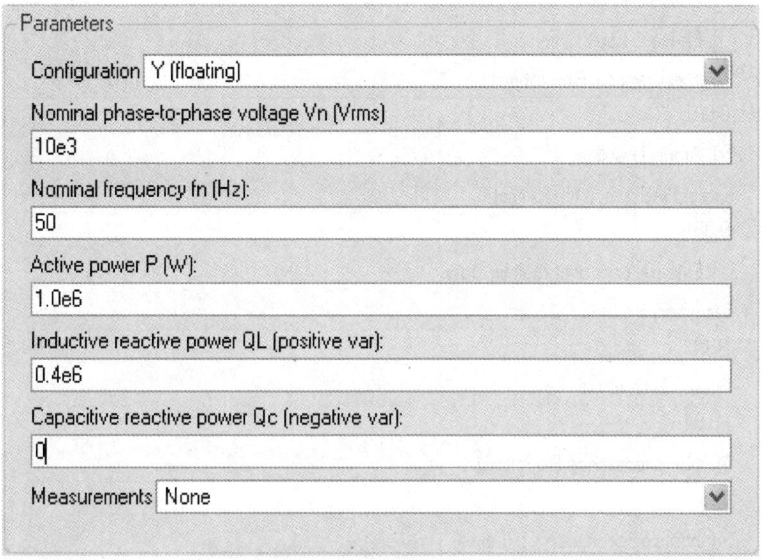

Parameters

Configuration Y (floating)

Nominal phase-to-phase voltage Vn (Vrms)

10e3

Nominal frequency fn (Hz):

50

Active power P (W):

1.0e6

Inductive reactive power QL (positive var):

0.4e6

Capacitive reactive power Qc (negative var):

0

Measurements None

图 5-24 Load1 参数设置图

每一线路的始端都设置三相电压、电流测量模块“Three-phaseV-I Measurement”，将测量到的电压、电流信号转变成 Simulink 信号，相当于电压、电流互感器的作用。其参数设置如图 5-25 所示。

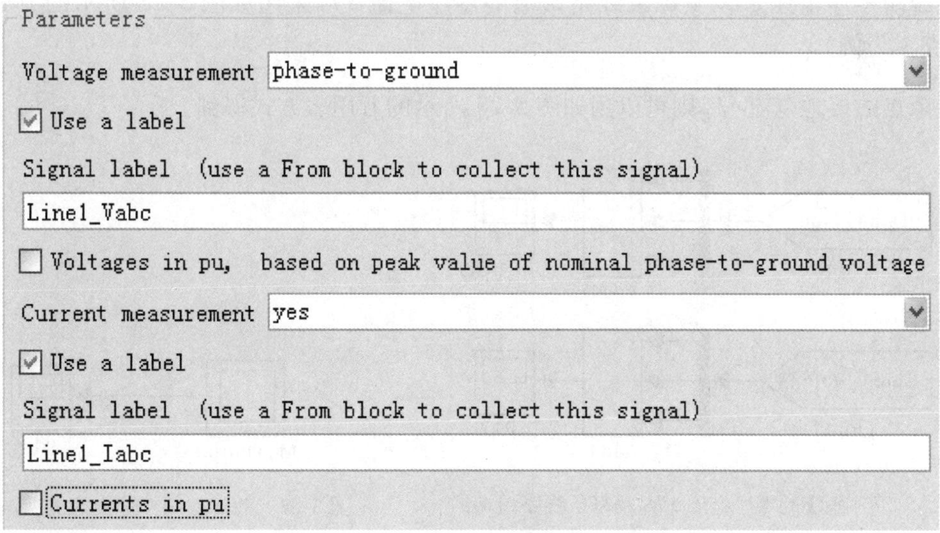

Parameters

Voltage measurement phase-to-ground

☑ Use a label

Signal label (use a From block to collect this signal)

Line1_Vabc

☐ Voltages in pu, based on peak value of nominal phase-to-ground voltage

Current measurement yes

☑ Use a label

Signal label (use a From block to collect this signal)

Line1_Iabc

☐ Currents in pu

图 5-25 三相电压、电流测量模块设置

在仿真模型中，选择在第三条出线的 1km 处（即 Line3 与 Line4 之间）发生 A 相金属性单相接地，故障模块的参数设置如图 5-26 所示。

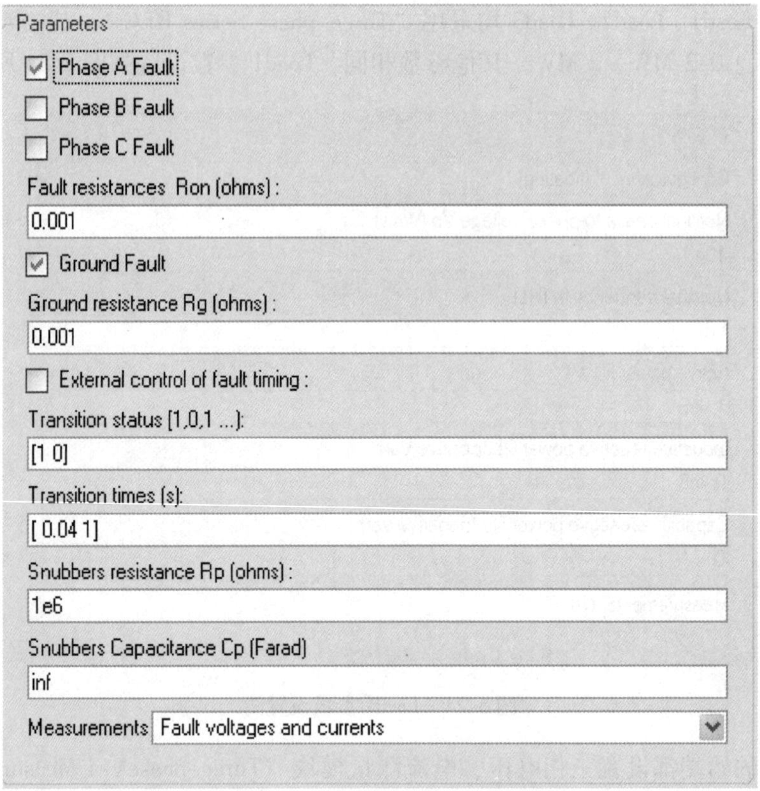

Parameters

☑ Phase A Fault

☐ Phase B Fault

☐ Phase C Fault

Fault resistances Ron (ohms) :

0.001

☑ Ground Fault

Ground resistance Rg (ohms) :

0.001

☐ External control of fault timing :

Transition status [1,0,1 ...]:

[1 0]

Transition times (s):

[0.04 1]

Snubbers resistance Rp (ohms) :

1e6

Snubbers Capacitance Cp (Farad)

inf

Measurements Fault voltages and currents

图 5-26 线路故障模块的参数设置

系统的零序电压 $3\dot{U}_0$ 及每条线路始端的零序电流 $3\dot{I}_0$ 采用如图 5-27 所示的方式得到（以线路 1 为例）。

故障点的接地电流 $\dot{I}_D$ 则可以用如图 5-28 所示的万用表方式得到。

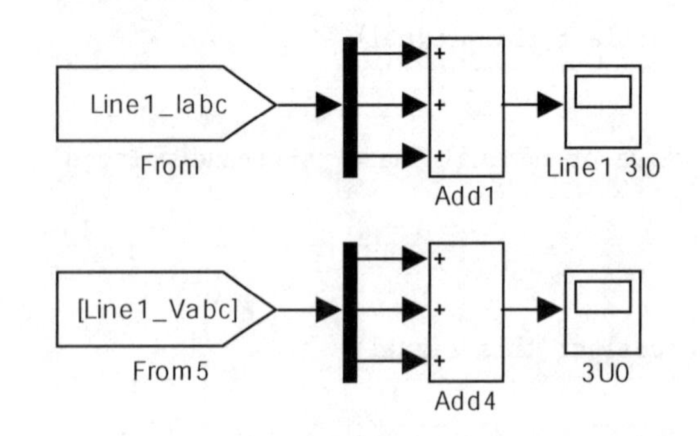

图 5-27 系统的零序电压 $3\dot{U}_0$ 及每条线路始端的零序电流 $3\dot{I}_0$ 的获取方法

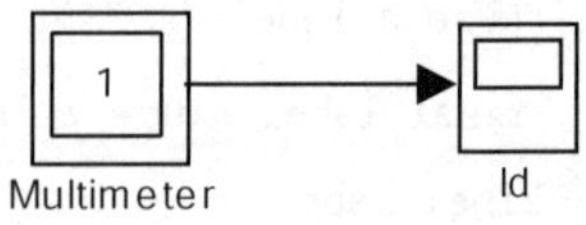

Multimeter

Id

图 5-28 故障点的接地电流的获取方法

根据以上设置的参数，可以通过计算得到系统在第三条出线的 1km 处（即 Line3 与 Line4 之间）发生 A 相金属性单相接地时各线路始端的零序电流有效值为

$$
\begin{aligned}
3I_{0\mathrm{I}} &= 3U_{\varphi}\omega C_{0\mathrm{I}} \\
&= 3\times(10.5/\sqrt{3})\times10^{3}\times314\times7.751\times10^{-9}\times130\mathrm{A} \\
&= 5.75\mathrm{A}
\end{aligned}
$$

同理可得

$$3I_{0\mathrm{II}}=7.75\mathrm{A},\ 3I_{0\mathrm{III}}=3I_{0\mathrm{I}}+3I_{0\mathrm{II}}=13.5\mathrm{A}$$

接地点的电流为

$$I_D=20.18\mathrm{A}$$

2. 中性点经消弧线圈接地系统的仿真模型及计算

在图5-22的基础上，建立中性点经消弧线圈接地系统的仿真模型，如图5-29所示，即在电源的中性点接入一个电感线圈，其他参数不变。这样当发生单相接地时，在接地点就有一个电感分量的电流通过，此电流和原系统中的电容电流相抵消，就可以减小流经故障点的电流，因此称之为消弧线圈。在各级电压网络中，当全系统的电容电流超过一定数值（对3～6kV电网超过30A，10kV电网超过20A，22～66kV电网超过10A）时就应装设消弧线圈。

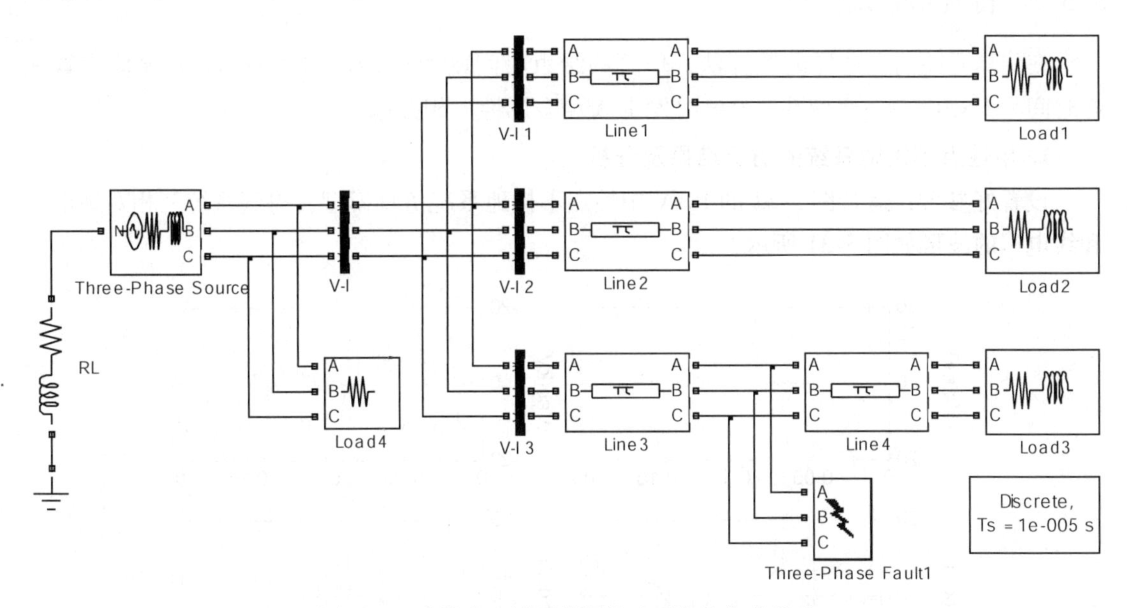

图5-29　中性点经消弧线圈接地系统的仿真模型

如果要使接地点的电流近似为0（即完全补偿），应满足：

$$\omega L=1/(3\omega C_{\Sigma})$$

式中，L为消弧线圈的电感；C_{Σ}为系统三相对地电容。

根据图5-29中的线路参数，可求得

$$C_{\Sigma}=3.534\times10^{-6}\mathrm{F}$$

因此为实现完全补偿应有

$$L=0.9566\mathrm{H}$$

由于完全补偿存在串联谐振过电压问题，因此实际工程常采用过补偿方式，当取过补偿度为10%时，经计算消弧线圈的电感$L=0.8697\mathrm{H}$。

通过以上计算，模型中消弧线圈的参数设置如图 5-30 所示，线圈所串电阻为阻尼电阻。

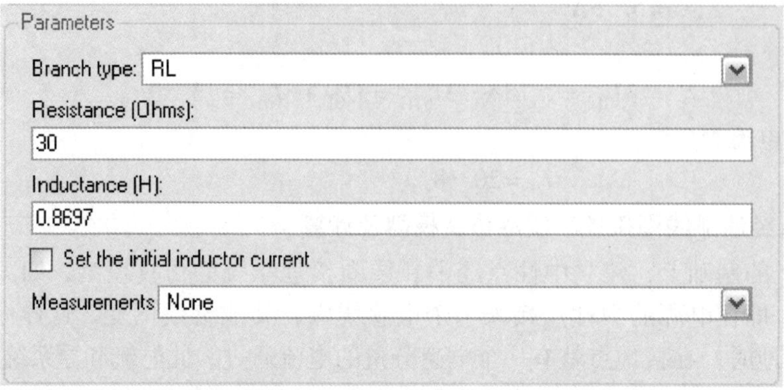

Parameters
Branch type: RL
Resistance (Ohms):
30
Inductance (H):
0.8697
Set the initial inductor current
Measurements None

图 5-30 消弧线圈的参数设置

5.3.3 仿真结果及分析

在仿真开始前，选择离散算法，仿真的结束时间取为 0.2s，利用 Powergui 模块设置采样时间为 1×10^{-5}s，系统在 0.04s 时发生 A 相金属性单相接地。

1. 中性点不接地系统的仿真结果及分析

设置好参数，运行图 5-22 的 10kV 中性点不接地系统仿真模型，得到系统三相对地电压和线电压的波形如图 5-31 所示。

Va(kV)
Vab(kV)
Vb(kV)
Vbc(kV)
Vc(kV)
Vca(kV)
20
0
-20
0
0.05
0.1
0.15
0.2
t/s

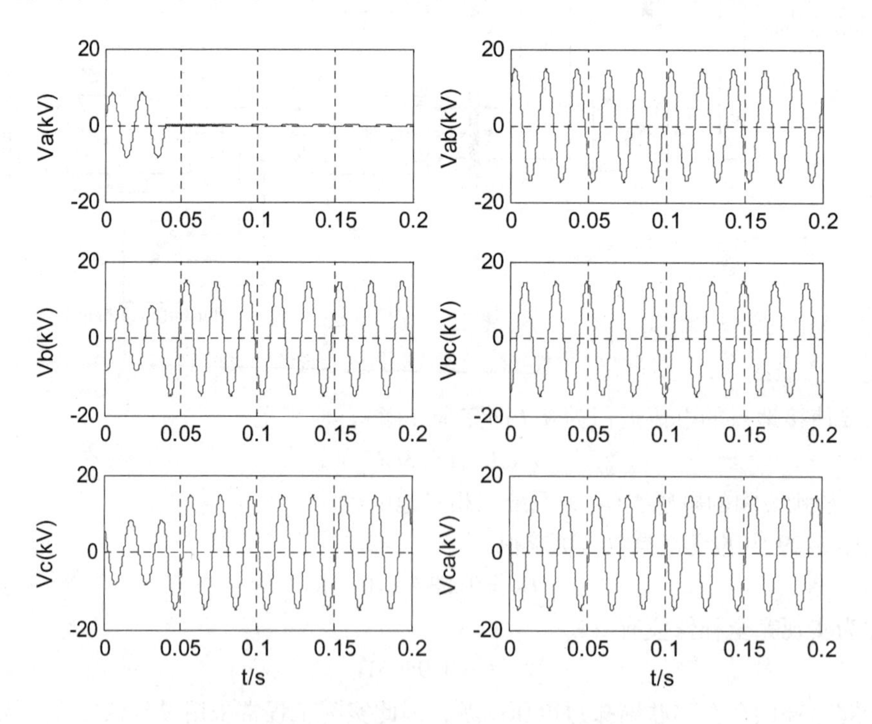

图 5-31 系统三相对地电压和线电压的波形图

从图 5-31 中可见，系统在 0.04s 时发生 A 相金属性单相接地后，A 相对地电压变为零，B、C 相对地电压升高$\sqrt{3}$倍，但线电压仍然保持对称，故对负荷没有影响。

系统的零序电压 3 $\dot{U}_0$及每条线路始端的零序电流 3 $\dot{I}_0$、故障点的接地电流 $\dot{I}_D$波形如图 5-32 所示。

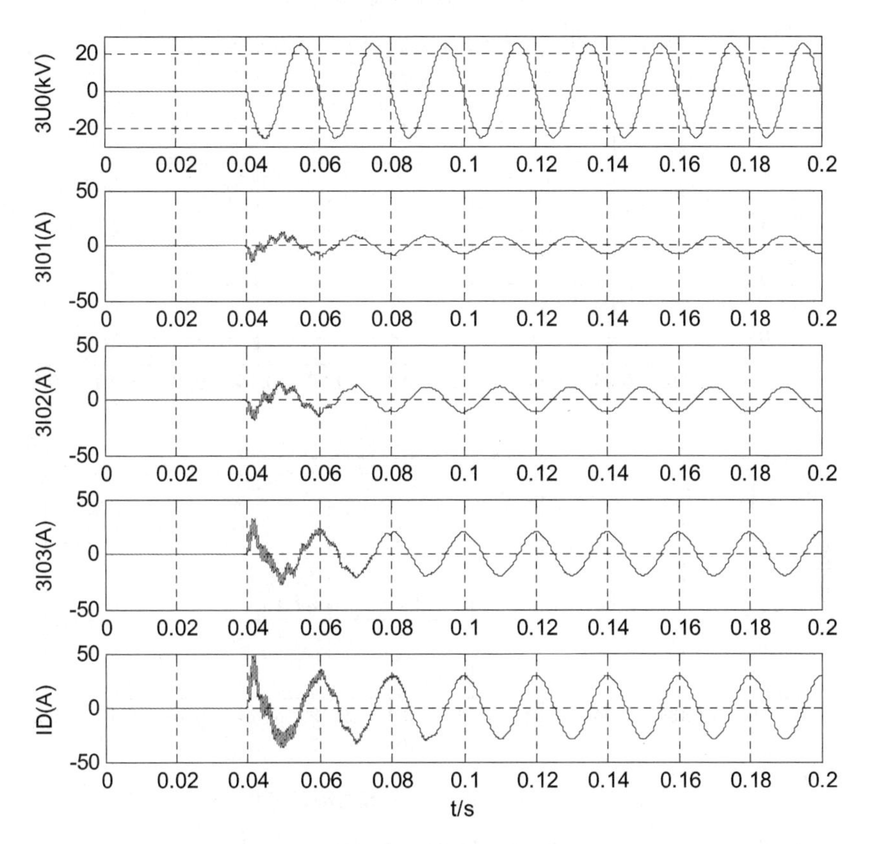

图 5-32　中性点不接地系统零序电压 3 $\dot{U}_0$、零序电流 3 $\dot{I}_0$、故障点的接地电流 $\dot{I}_D$波形图

仿真得到的各线路始端零序电流、接地电流 $\dot{I}_D$的有效值为

$$3I_{0\mathrm{I}}=5.83\mathrm{A},\ 3I_{0\mathrm{II}}=7.99\mathrm{A},\ 3I_{0\mathrm{III}}=13.86\mathrm{A},\ I_D=20.64\mathrm{A}$$

与理论计算值相比，仿真结果略大，但误差不大于 3%。

从图 5-32 中可以看出，在中性点不接地方式下，非故障线路的零序电流超前零序电压 90°（即电容性无功功率的实际方向为由母线流向线路）；故障线路的零序电流为全系统非故障元件对地电容电流的总和，零序电流滞后零序电压 90°（电容性无功功率的实际方向为由线路流向母线）；故障线路的零序电流和非故障线路的零序电流相位相差 180°。

故障后的零序分量还可以采用如图 5-33 所示的“三相序分量模块”方法来得到，图 5-34 为故障线路零序电流的幅值和相位图（注意图中的零序电流为 $\dot{I}_0$而不是 3 $\dot{I}_0$）。

由图 5-34 中可得，故障线路零序电流的幅值为 $I_0=6.52\mathrm{A}$，则 3 $\dot{I}_0$的有效值为

$$3I_0=3\times6.52/\sqrt{2}\,\mathrm{A}=13.83\mathrm{A}$$

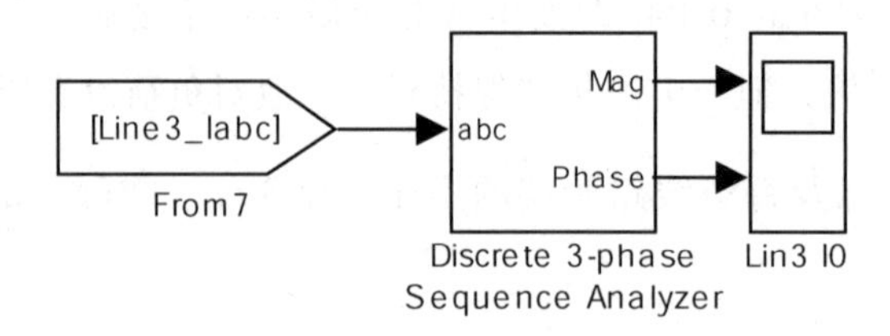

图 5-33　采用“三相序分量模块”获得零序分量

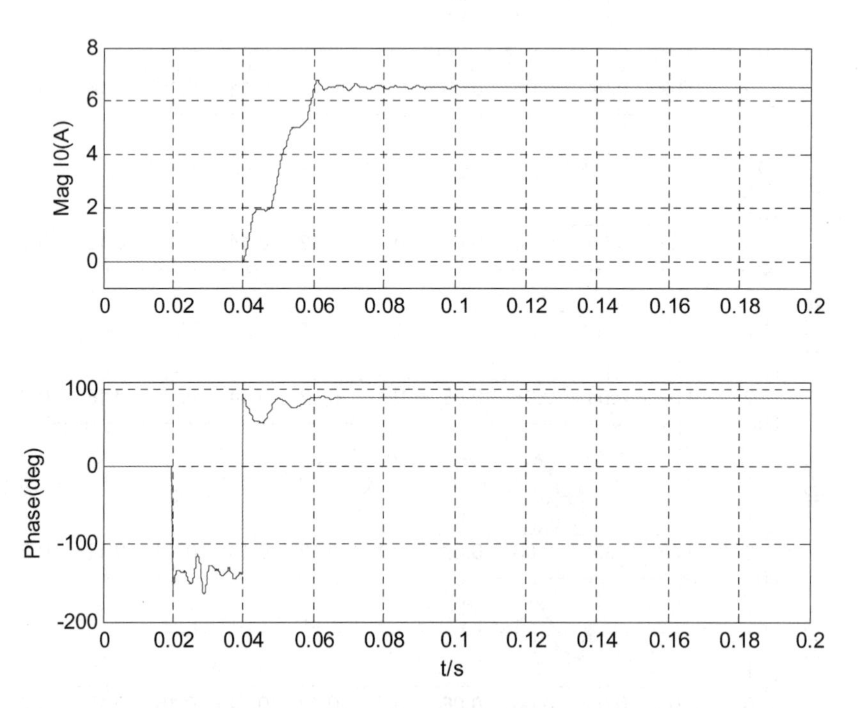

图 5-34　故障线路零序电流的幅值和相位

与从图 5-32 中得到的 $3I_{0III}=13.86\text{A}$ 仅相差 0.2%。

2. 中性点经消弧线圈接地系统的仿真结果及分析

设置好参数，运行图 5-29 所示的 10kV 中性点经消弧线圈接地系统仿真模型，得到系统三相对地电压和线电压的波形仍与图 5-31 相同。

系统的零序电压 $3\dot{U}_0$ 及每条线路始端的零序电流 $3\dot{I}_0$、消弧线圈电流 $\dot{I}_L$、故障点的接地电流 $\dot{I}_D$ 波形如图 5-35 所示。

从图 5-35 中可见，当单相接地故障的暂态过程结束后，故障点的接地电流 $\dot{I}_D$ 的有效值在 2.9A 左右，远小于中性点不接地系统的接地电流，因此补偿的效果十分明显。

对于非故障线路来说，其零序电流仍是本身的电容电流，零序电流超前零序电压 90°，电容性无功功率的实际方向为由母线流向线路，这与中性点不接地系统是相同的。

但是对于故障线路来说，其零序电流将大于本身的电容电流，并且电容性无功功率的实际方向也是由母线流向线路。因此，在这种情况下无法用功率方向的差别来判断故障线路，也很难用零序电流的大小来找出故障线路。

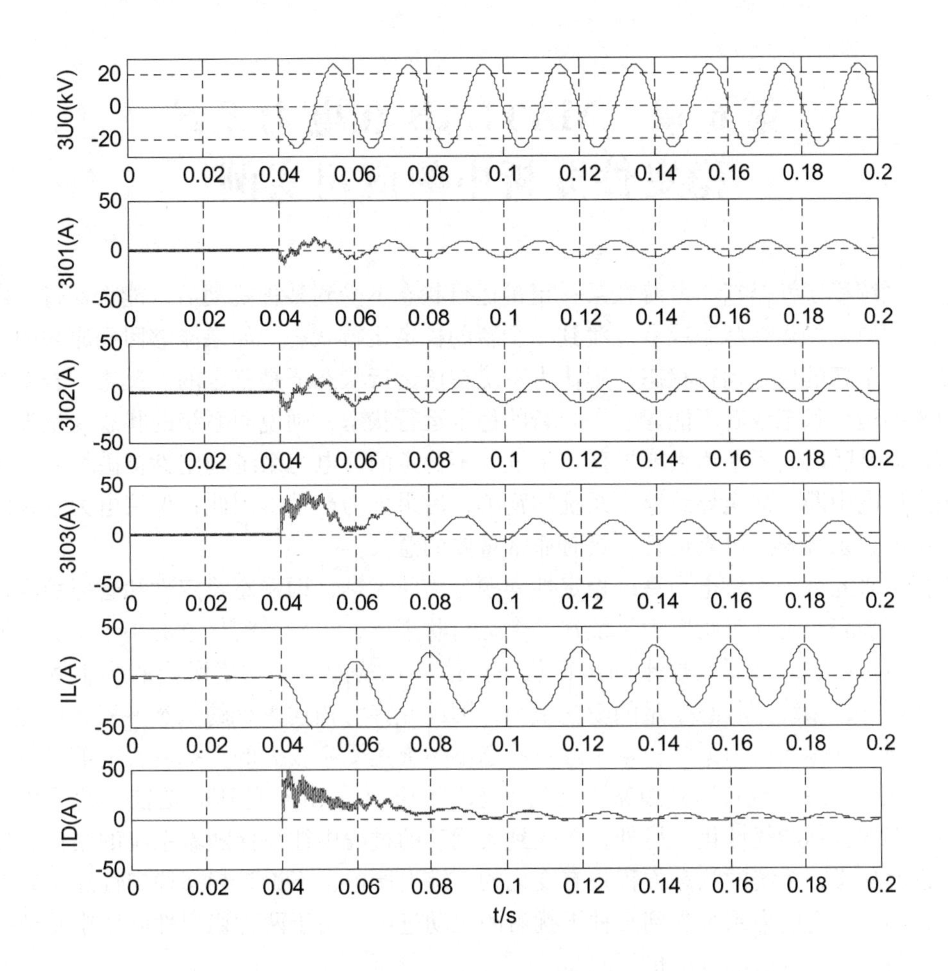

图 5-35　中性点经消弧线圈接地系统的零序电压 $3\dot{U}_0$、零序电流 $3\dot{I}_0$、

消弧线圈电流 $\dot{I}_L$、故障点的接地电流 $\dot{I}_D$波形图

在本节提供的模型的基础上，稍加改进就可以进行同相两点接地故障、间歇性单相接地故障等的仿真，限于篇幅，请读者自己动手分析。

第6章　MATLAB在电力系统稳定性分析中的应用实例

电力系统稳定性是指当系统在某一正常运行状态下受到某种扰动后，能否经过一定的时间后恢复到原来的运行状态或者过渡到一个新的稳定运行状态。如果能够回到原来的运行状态或建立一个新的稳定运行状态，则认为系统在该运行状态下是稳定的。反之，若系统不能回到原来的运行状态或者不能建立一个新的稳定运行状态，则说明系统的状态变量没有一个稳态值，而是随时间不断增大或振荡，系统是不稳定的。电力系统稳定性被破坏后，将造成大量用户供电中断，甚至导致整个系统的瓦解，后果极为严重。因此，保持电力系统的稳定性，对于电力系统安全可靠运行，具有非常重要的意义。

为便于研究，一般将电力系统稳定性问题分为两大类，即静态稳定性和暂态稳定性。所谓电力系统静态稳定性是指电力系统在某个运行状态下，突然受到任意的小干扰后，能恢复到原来的运行状态（或是与原来的运行状态很接近）的能力。这里所指的小干扰，是在这种干扰作用下，系统的状态变量的变化很小，因此允许将描述系统的状态方程线性化。电力系统暂态稳定性是指电力系统在某个运行状态下，突然受到较大的干扰后，能够过渡到一个新的稳定运行状态（或者回到原来的运行状态）的能力。由于受到的是较大的干扰，因此系统的状态方程不能线性化。另外，在受到大扰动的过程中往往伴随着系统的结构和参数的改变，也就是说，系统的状态方程是有变化的。综上所述，不论是静态稳定性还是暂态稳定性问题，都是研究电力系统受到某种干扰后的运动过程。由于两种稳定性问题中受到的干扰的性质不同，因而分析的方法也不同。

本章6.1节中介绍了基于MATLAB/Simulink对简单电力系统的暂态稳定性仿真分析方法；6.2节中介绍了简单电力系统的静态稳定性的仿真分析方法。

6.1　简单电力系统的暂态稳定性仿真分析

电力系统遭受大干扰后，由于发电机转子上机械转矩与电磁转矩不平衡，使同步发电机转子间相对位置发生变化，即发电机电动势间相对角度发生变化，从而引起系统中电流、电压和电磁功率的变化。电力系统暂态稳定就是研究电力系统在某一运行方式，遭受大干扰后，并联运行的同步发电机间是否仍能保持同步运行、负荷是否仍能正常运行的问题。在各种大干扰中以短路故障最为严重，所以通常都以此来检验系统的暂态稳定。本节将以单机无穷大系统为例介绍利用MATLAB仿真分析简单电力系统暂态稳定性的方法。

6.1.1　电力系统暂态稳定性简介

如图6-1a所示为一正常运行时的简单电力系统及其等效电路，发电机经过变压器和双回线路向无限大系统送电。发电机在正常运行、故障以及故障切除后三种状态下的功率特性曲线如图6-2所示。

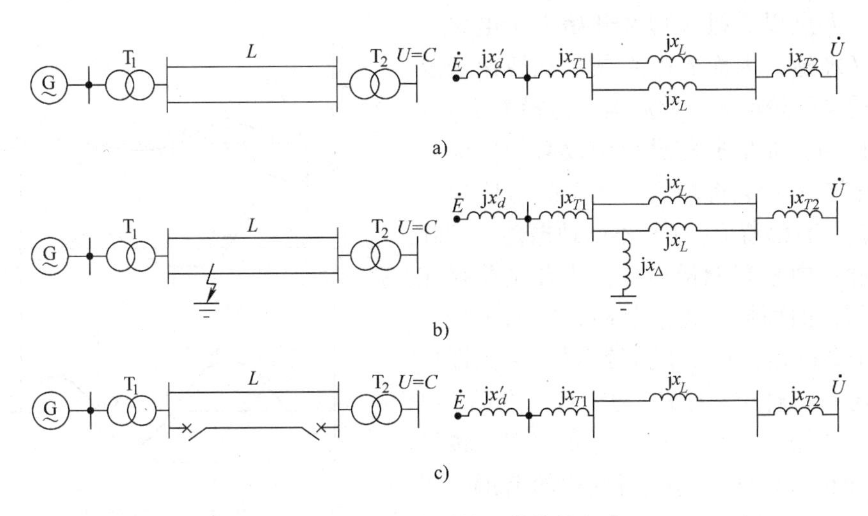

图 6-1　简单电力系统及其等效电路

a）正常运行方式及其等效电路　b）故障情况及其等效电路　c）故障切除后及其等效电路

1. 正常运行

正常运行时发电机的功率特性曲线为 P_{I}，此时向无穷大系统输送的功率 P_0 与原动机输出的机械功率 P_T 相等（假设扰动后 P_T 保持不变），图 6-2 中的 a 点即为正常运行发电机的运行点，此时功角为 δ_0。

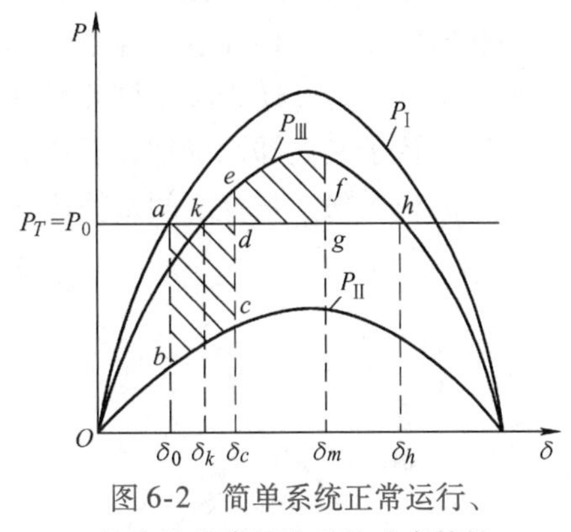

图 6-2　简单系统正常运行、故障及故障切除后的功率特性

2. 故障阶段

发生短路后功率特性立即降为 P_{II}，但由于转子的惯性，转子角度不会立即变化，发电机的运行点由 a 点突变至 b 点，输出功率显著减少，而原动机机械功率 P_T 不变，故产生较大的过剩功率。故障情况越严重，P_{II} 功率曲线幅值越低（三相短路时为零），则过剩功率越大。在过剩转矩的作用下发电机转子将加速，其相对速度（相对于同步转速）和相对角度 δ 逐渐增大，使运行点由 b 点向 c 点移动。如果故障一直存在，则始终存在过剩转矩，发电机将不断加速，最终与无限大系统失去同步。

3. 故障及时切除

实际上，短路故障后继电保护装置会迅速动作切除故障线路。假设在 c 点时将故障切除，则发电机的功率特性变为 P_{III}，发电机的运行点从 c 点突然变至 e 点（同样由于 δ 不能突变）。这时，发电机的输出功率比原动机的机械功率大，使转子受到制动，转子速度逐渐减慢。但由于此时的速度已经大于同步转速，所以相对角度还要继续增大。假设制动过程延续到 f 点时转子转速才回到同步转速，则 δ 角不再增大。但是，在 f 点是不能持续运行的，因为这时机械功率和电磁功率仍不平衡，前者小于后者。转子将继续减速，δ 开始减小，运行点沿功率特性 P_{III} 由 f 点向 e、k 点转移。在达到 k 点以前转子一直减速，转子速度低于同步速。在 k 点虽然机械功率与电磁功率平衡，但由于这时转子速度低于同步转速，δ 继续减小。但越过 k 点以后机械功率开始大于电磁功率，转子又加速，因而 δ 一直减小到转速恢复同步转速后又开始增大。此后运行点沿着 P_{III} 开始第二次振荡。如果振荡过程中没有任何能量损耗，则第二次 δ 又将增大至 f 点的对应角度 δ_m，以后就一直沿着 P_{III} 往复不已地振荡。实际上，振荡过程中总有能量损耗，或者说总存在着阻尼作用，因而振荡逐渐衰减，发电机最后停留在一个新的运行点 k 上持续运行。k 点即故障切除后功率特性 P_{III} 与 P_T 的交点。在图 6-3 中画出了上述振荡过程中负的过剩功率、转子角速度 ω 和相对角度 δ 随时间变化的情形。图中是计及了阻尼作用的。

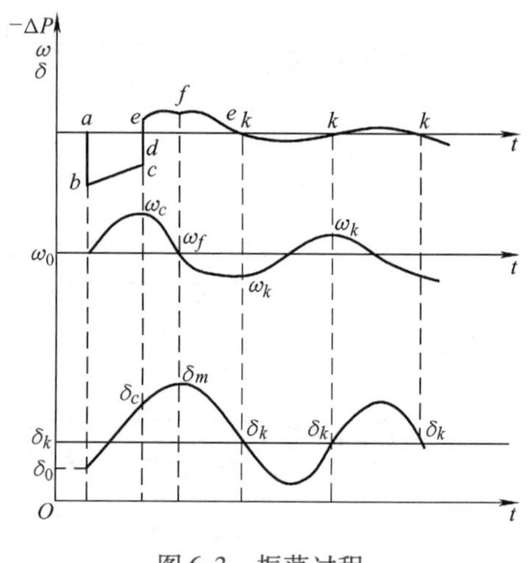

图 6-3 振荡过程

4. 故障切除过晚

如果故障线路切除得比较晚，如图 6-4 所示。这时在故障线路切除前转子加速已比较严重，因此当故障线路切除后，在到达与图 6-2 中相应的 f 点时转子转速仍大于同步转速。甚至在到达 h 点时转速还未降至同步转速，因此 δ 就将越过 h 点对应的角度 δ_h。而当运行点越过 h 点后，转子又立即承受加速转矩，转速又开始升高，而且加速度越来越大，δ 将不断增大，发电机和无限大系统之间最终失去同步。失步过程如图 6-5 中所示。

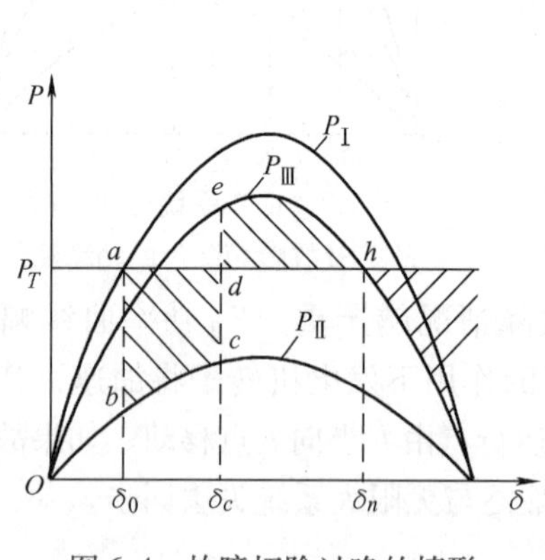

图 6-4 故障切除过晚的情形

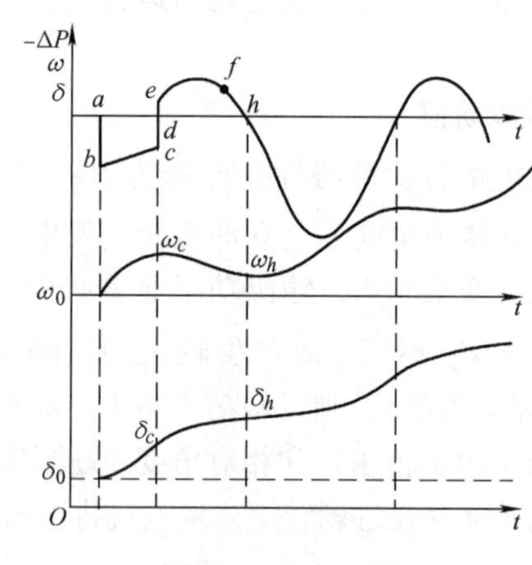

图 6-5 失步过程

由上可见，快速切除故障是保证暂态稳定的有效措施。

前面定性地叙述了简单系统发生短路故障后，两种暂态过程的结局，前者显然是暂态稳定的，后者是不稳定的。由两者的 δ 变化曲线可见，前者的 δ 第一次逐渐增大至 δ_m（小于 180°）后即开始减小，以后振荡逐渐衰减；后者的 δ 在接近 180°（δ_h）时仍继续增大。因此，在第一个振荡周期即可判断稳定与否。

由以上分析可知，系统暂态稳定与否是和正常运行的情况（决定 P_T 和 E' 大小）以及扰动情况（发生什么故障、何时切除）紧密相关的。为了准确判断系统在某个运行方式下受到某种扰动后能否保持暂态稳定，必须通过定量的分析计算。

6.1.2　简单电力系统的暂态稳定性计算与仿真

选取如图 6-6 所示的单机无穷大系统，分析在 f 点发生两相接地短路，通过线路两侧开关同时断开切除故障线路后，系统的暂态稳定性。

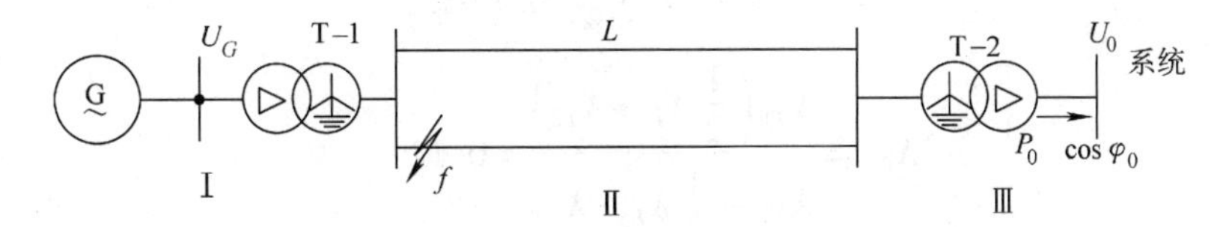

图 6-6　单机无穷大系统图

发电机的参数：$S_{GN}=352.5\text{MV}\cdot\text{A}$，$P_{GN}=300\text{MW}$，$U_{GN}=10.5\text{kV}$，$x_d=1$，$x_d'=0.25$，$x_d''=0.252$，$x_q=0.6$，$x_q'=0.243$，$x_l=0.18$，$T_d'=1.01$，$T_d''=0.053$，$T_{q0}''=0.1$，$R_s=0.0028$，$H(s)=4\text{s}$；$T_{JN}=8\text{s}$；负序电抗：$x_2=0.2$。

变压器 T－1 的参数：$S_{TN1}=360\text{MV}\cdot\text{A}$，$U_{ST1}\%=14\%$，$k_{T1}=10.5/242$；变压器 T－2 的参数：$S_{TN2}=360\text{MV}\cdot\text{A}$，$U_{ST2}\%=14\%$，$k_{T2}=220/110$。

线路的参数：$l=250\text{km}$，$U_N=220\text{kV}$，$x_L=0.41\Omega/\text{km}$，$r_L=0.07\Omega/\text{km}$，线路的零序电抗为正序电抗的 5 倍。

运行条件为：$U_0=115\text{kV}$，$P_0=250\text{MW}$，$\cos\varphi_0=0.95$。

1. 网络参数及运行参数计算（详细的计算过程见参考文献［7］的例 16-1、例 16-2、例 17-1）

取 $S_B=250\text{MV}\cdot\text{A}$，$U_{B\text{III}}=115\text{kV}$。为使变压器不出现非标准电压比，各段基准电压为

$$U_{B\text{II}}=U_{B\text{III}}k_{\text{T2}}=209.1\text{kV},\quad U_{B\text{I}}=U_{B\text{II}}k_{\text{T1}}=9.07\text{kV}$$

各元件参数归算后的标幺值如下：

$X_d=0.95$，$X_q=0.57$，$X_d'=0.238$，$R_L=0.1$，$X_L=0.586$，$X_{L0}=5X_L=2.93$，$X_{T1}=0.13$，$X_{T2}=0.108$，$X_2=0.19$，$T_J=11.28\text{s}$

$$X_{TL}=X_{T1}+\frac{1}{2}X_L+X_{T2}=0.531$$

$$X_{d\Sigma}=X_d+X_{TL}=0.95+0.531=1.481$$

$$X_{q\Sigma}=X_q+X_{TL}=0.57+0.531=1.101$$

$$X_{d\Sigma}'=X_d'+X_{TL}=0.238+0.531=0.769$$

运算参数的计算结果如下：

$$U_{0*}=\frac{U_0}{U_{B\text{III}}}=\frac{115}{115}=1;\ P_{0*}=\frac{P_0}{S_B}=\frac{250}{250}=1;\ Q_{0*}=P_{0*}\tan\varphi_0=0.329$$

$$E_{0*}=\sqrt{\left(U_{0*}+\frac{Q_{0*}X_{d\Sigma}'}{U_{0*}}\right)^2+\left(\frac{P_{0*}X_{d\Sigma}'}{U_{0*}}\right)^2}=\sqrt{(1+0.329\times0.769)^2+(1\times0.769)^2}=1.47$$

$$\delta_0=\arctan\frac{1\times0.769}{1+0.329\times0.769}=31.54°$$

2. 系统转移电抗和功率特性计算

当 f 点发生两相短路时的负序和零序等值网络如图 6-7a、b 所示。

$$X_{2\Sigma}=\frac{(X_2+X_{T1})\left(\frac{1}{2}X_L+X_{T2}\right)}{X_2+X_{T1}+\frac{1}{2}X_L+X_{T2}}=0.178$$

$$X_{0\Sigma}=\frac{X_{T1}\left(\frac{1}{2}X_L+X_{T2}\right)}{X_{T1}+\frac{1}{2}X_L+X_{T2}}=0.12$$

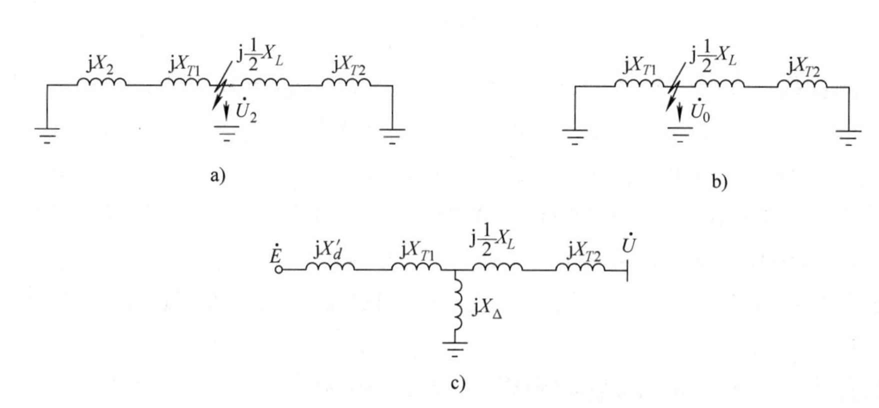

图 6-7 序网及短路时的等效电路图

a）负序网络 b）零序网络 c）短路时的等效电路

两相接地时的短路附加电抗为

$$X_{\Delta}=\frac{X_{0\Sigma}X_{2\Sigma}}{X_{0\Sigma}+X_{2\Sigma}}=0.072$$

短路时的等效电路如图 6-7c 所示，系统的转移电抗和功率特性分别为

$$X_{\mathrm{II}}=X'_d+X_{T1}+\frac{1}{2}X_L+X_{T2}+\frac{(X'_d+X_{T1})\left(\frac{1}{2}X_L+X_{T2}\right)}{X_{\Delta}}=2.82$$

$$P_{\mathrm{II}}=\frac{E_{0*}U_{0*}}{X_{\mathrm{II}}}\sin\delta=0.52\sin\delta$$

故障切除后系统的转移电抗和功率特性分别为

$$X_{\mathrm{III}}=X'_d+X_{T1}+X_L+X_{T2}=1.062$$

$$P_{\mathrm{III}}=\frac{E_0U_0}{X_{\mathrm{III}}}\sin\delta=1.384\sin\delta$$

3. 系统极限切除角计算

应用等面积定则，可求得极限切除角 $\delta_{c.lim}$ 为

$$\delta_{c.lim}=\arccos\frac{P_0(\delta_{cr}-\delta_0)+P_{m\mathrm{III}}\cos\delta_{cr}-P_{m\mathrm{II}}\cos\delta_0}{P_{m\mathrm{III}}-P_{m\mathrm{II}}}=1.1102$$

式中，临界角 $\delta_{cr}=\pi-\arcsin\dfrac{P_0}{P_{m\text{III}}}=2.334$

以上的角度都是用弧度表示的，换算成度数为

$$\delta_{c.lim}=63.61°，\ \delta_{cr}=133.73°$$

4. 发电机摇摆曲线 $\delta-t$ 计算

在上述简单系统中，短路故障期间发电机摇摆曲线 $\delta-t$ 即转子的运动方程为

$$\begin{cases}\dfrac{\mathrm{d}\delta}{\mathrm{d}t}=(\omega-1)\omega_0\\ \dfrac{\mathrm{d}\omega}{\mathrm{d}t}=\dfrac{1}{T_J}\left(P_T-\dfrac{E'U}{X_{\text{II}}}\sin\delta\right)\end{cases}\tag{6-1}$$

这是两个一阶的非线性常微分方程，它们的起始条件是已知的，即

$$t=0；\ \omega=1；\ \delta=\delta_0=\arcsin\frac{P_T}{P_{\text{I}M}}$$

当计算出故障期间的 $\delta-t$ 曲线后，就可由曲线找到与极限切除角相应的极限切除时间。

如果问题是已知切除时间，而需要求出 $\delta-t$ 曲线来判断系统的稳定性，则当 $\delta-t$ 曲线计算到故障切除时，出于系统参数改变，以致发电机功率特性发生变化，必须开始求解另一组微分方程：

$$\begin{cases}\dfrac{\mathrm{d}\delta}{\mathrm{d}t}=(\omega-1)\omega_0\\ \dfrac{\mathrm{d}\omega}{\mathrm{d}t}=\dfrac{1}{T_J}\left(P_T-\dfrac{E'U}{X_{\text{III}}}\sin\delta\right)\end{cases}\tag{6-2}$$

这组方程的起始条件为

$$t=t_c；\ \delta=\delta_c；\ \omega=\omega_c$$

式中，t_c 为给定的切除时间；δ_c、ω_c 为与 t_c 时刻相对应的 δ 和 ω，可由故障期间的 $\delta-t$ 曲线和 $\omega-t$ 曲线中求得（δ 和 ω 都是不能突变的）。这样，由式(6-2）可继续算得 δ 和 ω 随时间变化的曲线。一般来讲，在计算几秒钟内的变化过程时，如果 δ 始终不超过180°，而且振荡幅值越来越小，则系统是暂态稳定的。

要求得式(6-1)、式(6-2）这样简单的两个非线性一阶微分方程的解析解是很困难的，在通常的电力系统分析教材中常应用分段计算法和常微分方程数值解法——改进欧拉法。这里给出利用 MATLAB 求解发电机摇摆曲线的程序方法，由于 MATLAB 在求常微分方程数值解的算法中没有改进欧拉法，因此在编程时采用了龙格-库塔（Runge-Kutta）法。

建立发电机转子摇摆曲线微分方程的 M 函数程序清单：

```
% ******************************************
%  **** 建立发电机转子摇摆曲线的微分方程的 M 函数
function Yd = power_tra(t,YY)
% t 一定是标量形式的自变量
% YY 必须是列向量
global y0 Tj Pt E U X1 % 在函数中定义全局变量传递参数
```

```
% 发电机转子摇摆曲线的微分方程
Yd = [(YY(2) -1) * y0;(Pt - (E * U/X1) * sin(YY(1)))/Tj];
```

求解发电机转子摇摆曲线微分方程的程序 sy_ 01. m 清单如下：

```
% ***求解发电机转子摇摆曲线的微分方程
% 在主程序中定义全局变量传递参数
global y0 Tj Pt E U X1
y0 =2 * pi * 50;Tj =11.28;Pt =1;E =1.47;U =1;
% 系统转移电抗
X1 =2.82;   % 故障时
% 指定解算微分方程的时间区间
tspan = [0.0 0.3];
% 给定初值向量
y1 = [31.54 * pi/180;1]      % 故障时
% 求解微分方程
[t,YY] = ode45('power_tra',tspan,y1);
% 输出求解结果
x = YY(:,1);
y = YY(:,2);
% 曲线绘制
plot(t,x * 180/pi);
xlabel('t/s');
ylabel('\delta/deg');
grid on
```

运行程序 sy_ 01. m，求解式(6-1) 的微分方程组，得到系统故障期间的 $\delta-t$ 曲线如图 6-8 所示。从图中（或从输出结果中）可查得对应极限切除角 $\delta_{c.lim}=63.61°$的极限切除时间为 0. 2416s。

如果已知切除时间，利用 $\delta-t$ 曲线来判断系统的稳定性。则当 $\delta-t$ 曲线计算到故障切除时，由于系统参数改变，以致发电机功率特性发生变化，必须求解式(6-2) 的微分方程组。如果切除时间为 0. 1s，此时需要在程序 sy_ 01. m 中修改系统的转移电抗和初始参数为

```
X1 =1.062;                          % 故障切除后
y1 = [37.307 * 3.14/180;1.0063]     % 故障切除后
```

运行程序 sy_ 01. m，求解式(6-2) 的微分方程组，得到故障切除后系统的 $\delta-t$ 曲线如图 6-9 所示。从图中可以看出，到 0. 52s 时 δ 即开始减小，最大角度为 $\delta=72.51°$，系统是稳定的。

5. Simulink 模型及仿真结果

按图 6-6 所示的单机无穷大系统，搭建研究其暂态稳定性的 Simulink 仿真模型，如图 6-10 所示。

电力系统暂态稳定性分析

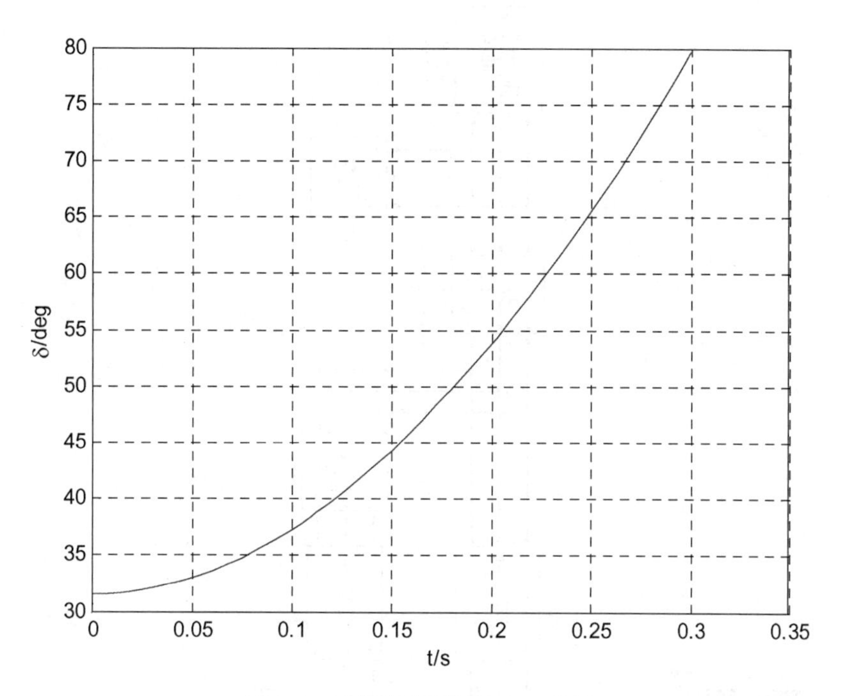

图 6-8 系统故障期间的 $\delta-t$ 曲线

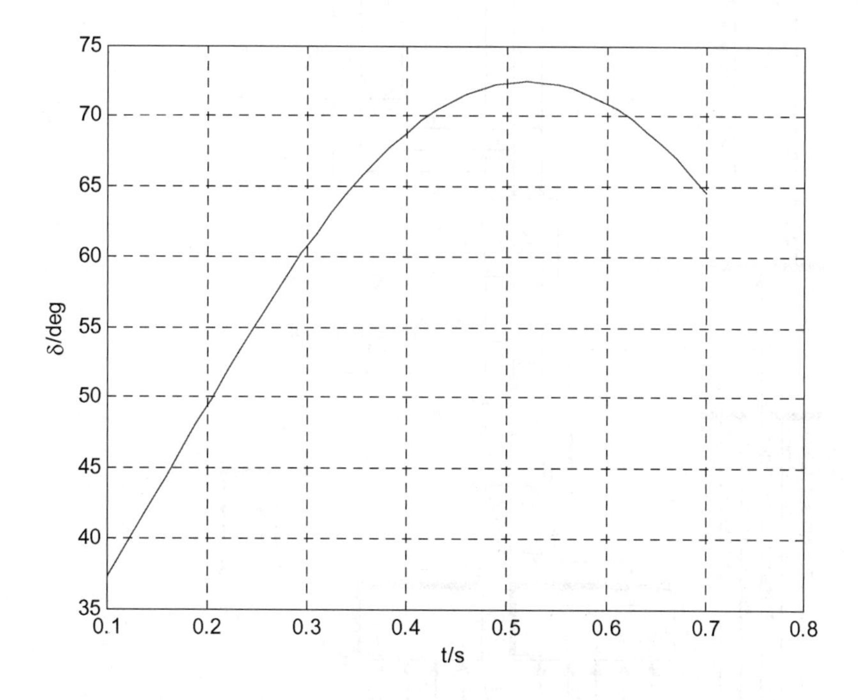

图 6-9 故障切除后系统的 $\delta-t$ 曲线

在仿真图中，发电机采用 p. u. 标准同步电机模块，两台变压器 T 均采用“Three-phase transformer（Two Windings）”模型，其参数按照给定设置即可。

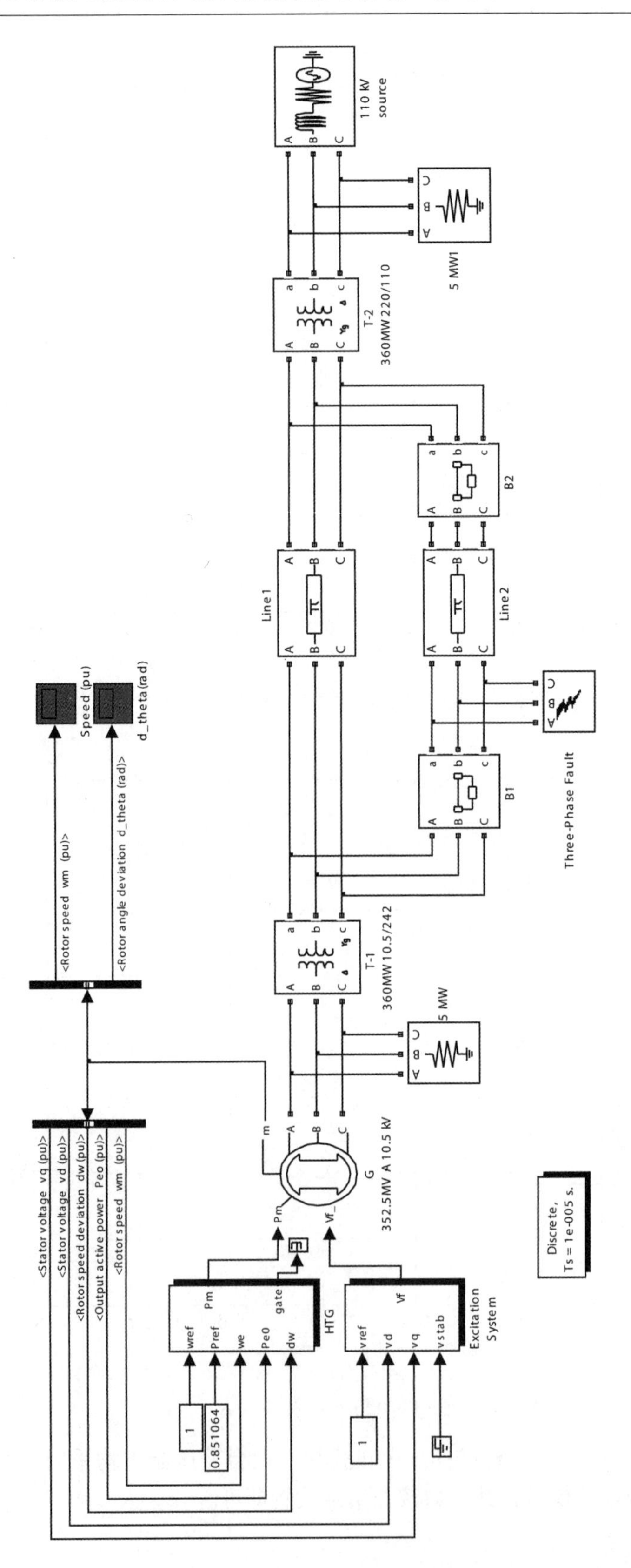

图6-10 电力系统暂态稳定性Simulink仿真模型图

无穷大系统采用“Three-phase source”模型来模拟，其参数设置如图 6-11 所示。

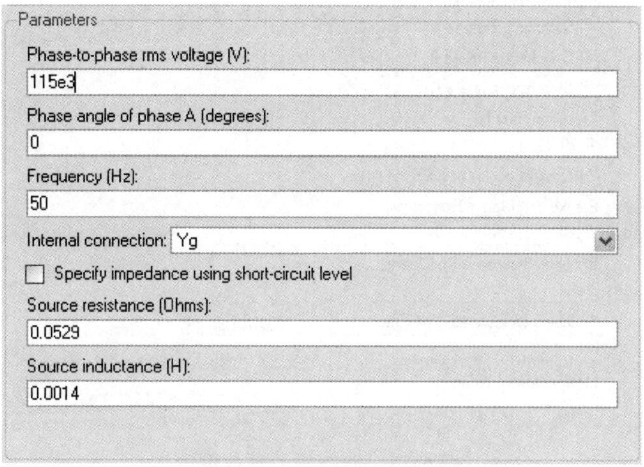

Parameters
Phase-to-phase rms voltage (V):
115e3
Phase angle of phase A (degrees):
0
Frequency (Hz):
50
Internal connection: Yg
Specify impedance using short-circuit level
Source resistance (Ohms):
0.0529
Source inductance (H):
0.0014

图 6-11　无穷大系统电源模块的参数设置

输电线路采用三相“Π”形等值线路模块，参数设置如图 6-12 所示，由于在原始参数中没有给出线路电容值，故设置成为一个很小的数值。

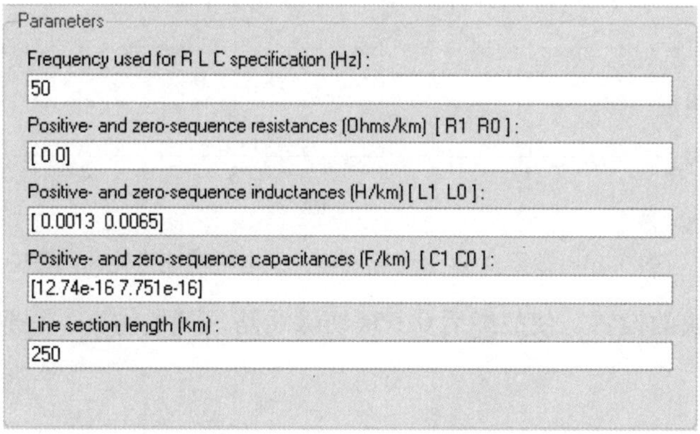

Parameters
Frequency used for R L C specification (Hz):
50
Positive- and zero-sequence resistances (Ohms/km) [R1 R0]:
[0 0]
Positive- and zero-sequence inductances (H/km) [L1 L0]:
[0.0013 0.0065]
Positive- and zero-sequence capacitances (F/km) [C1 C0]:
[12.74e-16 7.751e-16]
Line section length (km):
250

图 6-12　线路 L1 的参数设置

故障点的故障类型等参数采用三相线路故障模块“Three-Phase Fault”来设置，由于故障后线路两侧的断路器应同时断开来切除线路，所以模型中的两个断路器模块 B1、B2 的动作参数应与故障模块中的动作参数设置相配合。如果在仿真开始后的 0.1s 发生故障，故障后 0.1s 切除线路，则两个断路器模块 B1、B2 的参数设置应如图 6-13 所示。

完成以上设置后，利用 Powergui 模块对电机进行初始化设置。单击 Powergui 模块，打开“潮流计算和电机初始化”窗口，设置发电机节点的类型为 PV 节点，机端电压为 10.5kV，输出功率为 300MV · A，然后更新系统潮流。

通过模型窗口菜单中的“Simulation”→“Configuration Parameters”命令打开设置仿真参数的对话框，选择离散算法，仿真起始时间设置为 0，终止时间设置为 5s，利用 Powergui 模块设置采样时间为 1×10^{-5}s，其他参数采用默认设置。在故障点模块中设置系统在 0.1s 时发生 AB 两相金属性接地短路，故障后 0.1s 切除线路。

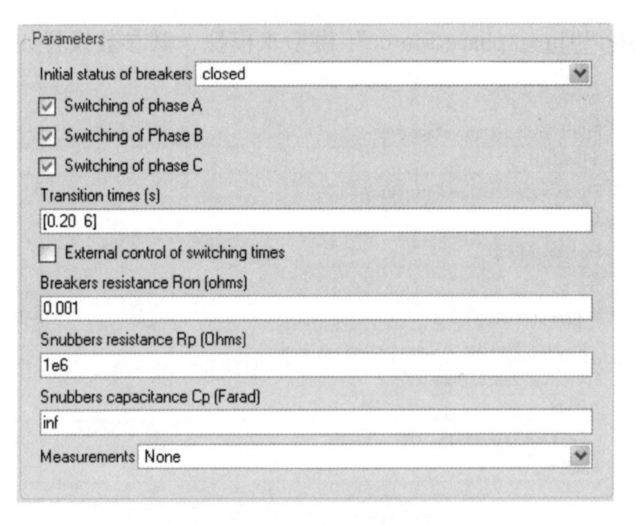

图 6-13 断路器的参数设置

开始仿真，得到发电机转速变化曲线如图 6-14 所示。

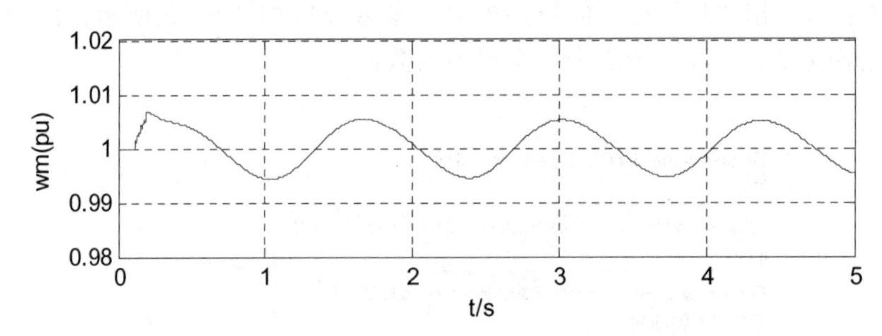

图 6-14 故障 0. 1s 后切除线路，发电机转速变化曲线图

改变断路器模块的设置，使故障后 0. 55s 切除线路。开始仿真，得到发电机转速变化曲线如图 6-15 所示。

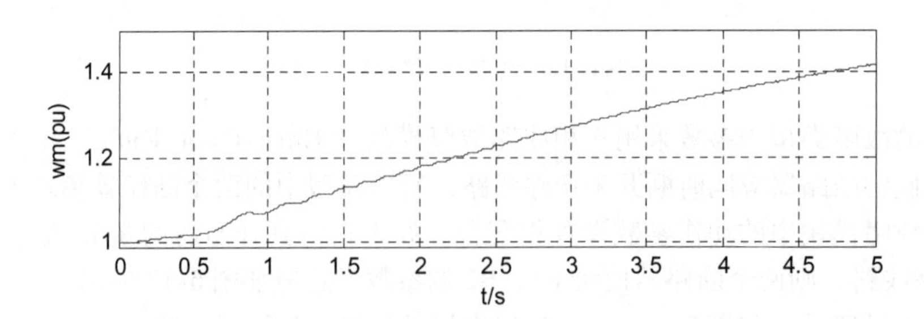

图 6-15 故障 0. 55s 后切除线路，发电机转速变化曲线图

从图 6-14 和图 6-15 的仿真曲线可以看出，当 f 点发生两相接地短路故障 0. 1s 后切除故障线路时，发电机的转速随时间的增加而逐渐减小（在 0. 99 ~ 1. 01 之间变化），趋于稳定值，因此系统是稳定的；当故障后 0. 55s 切除故障线路时（切除时间已大于极限切除时间），发电机的转速随时间的增加而增大，系统是不稳定的。

改变故障模块中的短路类型，就可以仿真系统在发生各种短路时的暂态稳定性；同样，改变系统中元件参数（如线路电阻、并联电抗等），就可以研究各种参数对系统的暂态稳定性的影响。限于篇幅，请读者自己动手分析，以加深对暂态稳定性的理解。

6.2　简单电力系统的静态稳定性仿真分析

电力系统经常处于小扰动之中，如负载投切及负荷波动等。当扰动消失，系统经过过渡过程后若趋于恢复扰动前的运行工况，则称此系统在小扰动下是静态稳定的。根据电力系统稳定问题的物理特征，可将静态稳定问题分为功角稳定和电压稳定两大类。由于物理问题本质不同，相应元件的数学模型、分析方法、稳定判据及控制对策均有所不同，需分别研究。在本节中以单机无穷大系统为例仿真分析电力系统的静态稳定性中的功角稳定。

6.2.1　电力系统静态稳定性简介

作用在发电机上的机械转矩和电磁转矩如图 6-16 所示，转矩平衡点有 a、b 两个。

在 a 点运行时，假定系统受到某种微小的扰动，使发电机的功角 δ 产生了一个微小正值的增量 $\Delta\delta$，运行点由原来的 a 点变为 a'点，发电机的电磁功率达到与图中 a'点对应的值 $P_{a'}$。这时，由于原动机的机械功率 P_T 保持不变，仍为 P_0，因此发电机的电磁功率大于原动机的机械功率，转子上产生了制动性的不平衡转矩。在此不平衡转矩作用下，发电机转速开始下降，因而功角 δ 开始减小。经过衰减振荡后，发电机将恢复到原来的运行点 a，如图 6-17a 所示。如果在点 a 运行时受扰动产生一个负值的角度增量 $\Delta\delta$，运行点由原来的 a 点变为 a''点，此时，发电机输出的电磁功率小于输入的机械功率，发电机将受到加速性的不平衡转矩作用，发电机转速开始升高，因而功角 δ 将增大，发电机将恢复到原来的运行点 a。所以在 a 点的运行是稳定的。

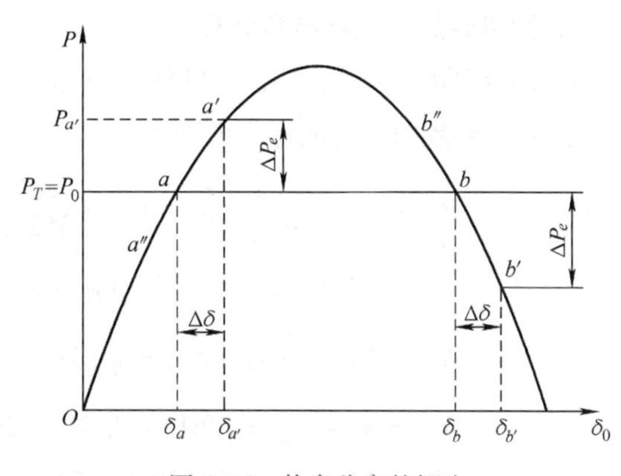

图 6-16　静态稳定的概念

在 b 点运行时的特性则完全不同。如果小扰动使 δ_b 有个正的增量 $\Delta\delta$，则发电机输出的电磁功率将减小到与 b'对应的值，小于机械功率。转子上产生的不平衡转矩使发电机加速，功角 δ 将进一步增大。而功角增大时，与之相对应的电磁功率又将进一步减小。这样下去，功角不断增大，运行点不再回到 b 点，图 6-17b 中画出了 δ 随时间不断增大的情形。δ 的不断增大标志着发电机与无穷大系统非周期性地失去同步，系统中电流、电压和功率大幅度地波

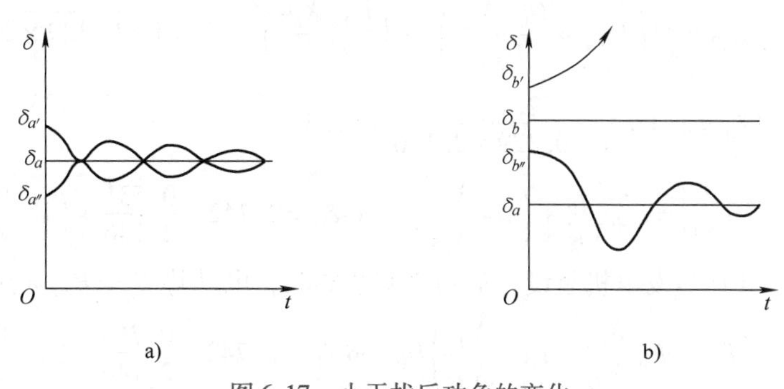

图 6-17　小干扰后功角的变化

a）在 a 点运行　b）在 b 点运行

动，系统无法正常运行，最终将导致系统瓦解。如果小扰动使 δ_b 有一个负的增量 $\Delta\delta$，情况又不同，电磁功率将增加到与 b''点相对应的值，大于机械功率，因而转子减速，δ 将减小，一直减小到小于 δ_a，转子又获得加速，然后又经过一系列振荡，在 a 点抵达新的平衡，运行点也不再回到 b 点。因此，对于 b 点而言，在受到小扰动后，不是转移到运行点 a，就是与系统失去同步，故 b 点是不稳定的，即系统本身没有能力维持在 b 点运行。

6.2.2 简单电力系统的静态稳定性计算

现代电力系统的发电机，均装设了各种自动励磁调节器，因此本书在以下计算和仿真中，只讨论带有自动励磁调节器的发电机系统。选取图6-6所示的单机无穷大系统来研究其静态稳定性。在给定的运行情况下，发电机输出功率为 P_0，$\omega=\omega_N$；原动机的功率为 $P_{T0}=P_0$；发电机为隐极机，且不计发电机各绕组的电磁暂态过程。发电机的 $x_d=1.7$、$x_q=1.7$、$T_{JN}=7.8\text{s}$，其余各元件的参数不变。保持电动势 $E'_q=E'_{q0}=$ 常数的条件下的发电机励磁调节系统的综合放大系数为 $K_a=5.7857$。（详细的计算过程见参考文献［7］例18-1）

1. 网络参数及运行参数计算

取 $S_B=250\text{MV}\cdot\text{A}$，$U_{B\text{III}}=115\text{kV}$，$U_{B\text{II}}=209.1\text{kV}$，$U_{B\text{I}}=9.07\text{kV}$

各元件参数归算后的标幺值如下：

$$X_d=X_q=x_d\frac{S_B}{S_{GN}}\frac{U_{GN}^2}{U_{BI}^2}=1.7\times\frac{250}{352.5}\times\frac{10.5^2}{9.07^2}=1.615$$

$$X'_d=0.238,\ X_{T1}=0.13,\ X_{T2}=0.108,\ X_L=0.586,\ T'_d=2.51\text{s},\ T_J=11\text{s}$$

$$X_{TL}=X_{T1}+\frac{1}{2}X_L+X_{T2}=0.531$$

$$X_{d\Sigma}=X_d+X_{TL}=1.615+0.531=2.146$$

$$X'_{d\Sigma}=X'_d+X_{TL}=0.238+0.531=0.769$$

运行参数计算结果如下：

$$U_{0*}=\frac{U_0}{U_{B\text{III}}}=\frac{115}{115}=1;\ P_{0*}=\frac{P_0}{S_B}=\frac{250}{250}=1;\ Q_{0*}=P_{0*}\tan\varphi_0=0.329$$

2. 稳定运行参数计算

当忽略系统电阻时，发电机电动势 E_{q0} 为

$$E_{q0}=\sqrt{\left(U_{0*}+\frac{Q_{0*}X_{d\Sigma}}{U_{0*}}\right)^2+\left(\frac{P_{0*}X_{d\Sigma}}{U_{0*}}\right)^2}=\sqrt{(1+0.329\times2.146)^2+(1\times2.146)^2}=2.742$$

$$\delta_0=\arctan\frac{2.146}{1+0.329\times2.146}=51.52^\circ$$

$$U_{Gq0}=E_{q0}\frac{X_{TL}}{X_{d\Sigma}}+\left(1-\frac{X_{TL}}{X_{d\Sigma}}\right)U_0\cos\delta_0=2.742\times\frac{0.531}{2.146}+\left(1-\frac{0.531}{2.146}\right)\cos51.52^\circ=1.147$$

1）当发电机装设自动励磁调节器时，电动势 $E'_q=E'_{q0}=$ 常数，其值为

$$E'_{q0}=E_{q0}\frac{X'_{d\Sigma}}{X_{d\Sigma}}+\left(1-\frac{X'_{d\Sigma}}{X_{d\Sigma}}\right)U_{0*}\cos\delta_0=2.742\times\frac{0.769}{2.146}+\left(1-\frac{0.769}{2.146}\right)\cos51.52^\circ=1.382$$

发电机电动势 E'_q点的功率为

$$P_{E'q}=\frac{E'_{q0}U_{0*}}{X'_{d\Sigma}}\sin\delta_{E'q}+\frac{U_{0*}^{2}}{2}\left(\frac{X'_{d\Sigma}-X_{d\Sigma}}{X'_{d\Sigma}X_{d\Sigma}}\right)\sin2\delta_{E'q}$$
$$=\frac{1.382}{0.769}\sin\delta_{E'q}+\frac{1}{2}\left(\frac{0.769-2.146}{0.769\times2.146}\right)\sin2\delta_{E'q}$$
$$=1.797\sin\delta_{E'q}-0.417\sin2\delta_{E'q}$$

根据简单电力系统静态稳定判据$\frac{\mathrm{d}P}{\mathrm{d}\delta}>0$可得

$$-1.669\cos^{2}\delta_{E'qm}+1.797\cos\delta_{E'qm}+0.8344=0$$

稳定极限运行角为

$$\delta_{E'qm}=\arccos\left(\frac{1.797-\sqrt{1.797^{2}+4\times1.669\times0.8344}}{2\times1.669}\right)=110.51°$$

功率极限为

$$P_{E'qm}=\frac{E'_{q0}U_{0*}}{X'_{d\Sigma}}\sin\delta_{E'qm}+\frac{U_{0*}^{2}}{2}\left(\frac{X'_{d\Sigma}-X_{d\Sigma}}{X'_{d\Sigma}X_{d\Sigma}}\right)\sin2\delta_{E'qm}=1.957$$

2）当励磁调节器的综合放大系数为 $K_a=10$ 时，此时已超过了保持电动势 $E'_q=E'_{q0}=$ 常数所要求的值，则发电机的电动势 E_q 为

$$E_q=\frac{E_{q0}+K_aU_{Gq0}}{1+K_a\dfrac{X_{TL}}{X_{d\Sigma}}}-\frac{K_a\left(1-\dfrac{X_{TL}}{X_{d\Sigma}}\right)}{1+K_a\dfrac{X_{TL}}{X_{d\Sigma}}}U_{0*}\cos\delta=4.091-2.166\cos\delta$$

发电机电动势 E_q 点的功率为

$$P_{Eq}=\frac{E_qU_{0*}}{X_{d\Sigma}}\sin\delta_{Eq}=(4.091-2.166\cos\delta)\frac{1}{X_{d\Sigma}}$$
$$=1.906\sin\delta_{Eq}-0.5045\sin2\delta_{Eq}$$

根据简单电力系统静态稳定判据$\frac{\mathrm{d}P}{\mathrm{d}\delta}=0$可得

$$1.906\cos\delta_{Eq}-2.018\cos^{2}\delta_{Eq}+1.009=0$$
$$\delta_{Eqm}=112.21°$$

功率极限为

$$P_{Eqm}=1.906\sin112.21°-0.5045\sin(2\times112.21°)=2.118$$

可以看出，增大发电机励磁系统的综合放大系数可以提高功率极限（由 1.957 增大到 2.118），但是超过了保持电动势 $E'_q=E'_{q0}=$ 常数的稳定极限。

为了保持电动势 $E'_q=E'_{q0}=$ 常数情况下的静态稳定性，根据稳定判据计算可得，稳定极限功角 $\delta_{sl}=84.7°$，稳定极限 P_{sl} 为

$$P_{sl}=\frac{E_qU_{0*}}{X_{d\Sigma}}\sin\delta_{sl}=1.805$$

6.2.3　简单电力系统的静态稳定性仿真

1. Simulink 模型构建及参数设置

按图 6-6 所示的单机无穷大系统，搭建研究其静态稳定性的 Simulink 仿真模型，如图 6-18 所示。

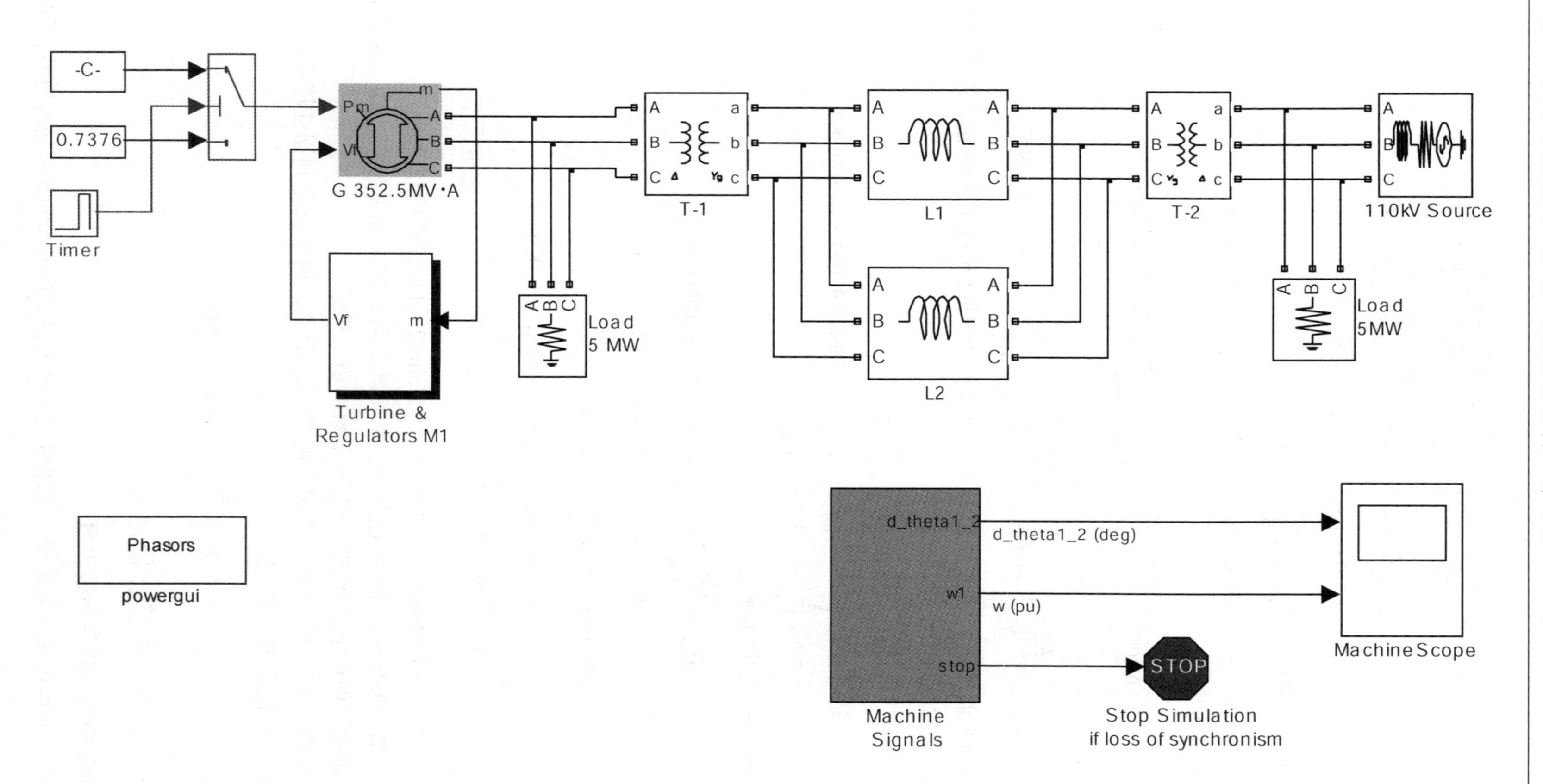

图6-18　单机无穷大系统静态稳定性仿真模型

发电机、变压器和无穷大系统的参数设置方法可参考6.1节。为简化仿真，输电线路采用了“Three Phase Series RLC Branch”模块。发电机励磁系统模块的结构如图6-19所示。图中包含了“EXCITATION”模块和“Power System Stabilizer（PSS）”模块，其中，“EXCITATION”模块从发电机中引入机端电压交、直轴两分量信号，经过内部传递函数公式，与模块中的机端参考电压信号进行比较，并输出励磁电压信号，反馈到发电机与单机—无穷大系统中。PSS作为励磁系统的子模块，其输出是励磁输入信号的一种，通过“Manual Switch”开关控制投入或退出。由于本节不考虑电力系统稳定器的影响，因此在图6-19中的“Manual Switch”与“no PSS”接通。

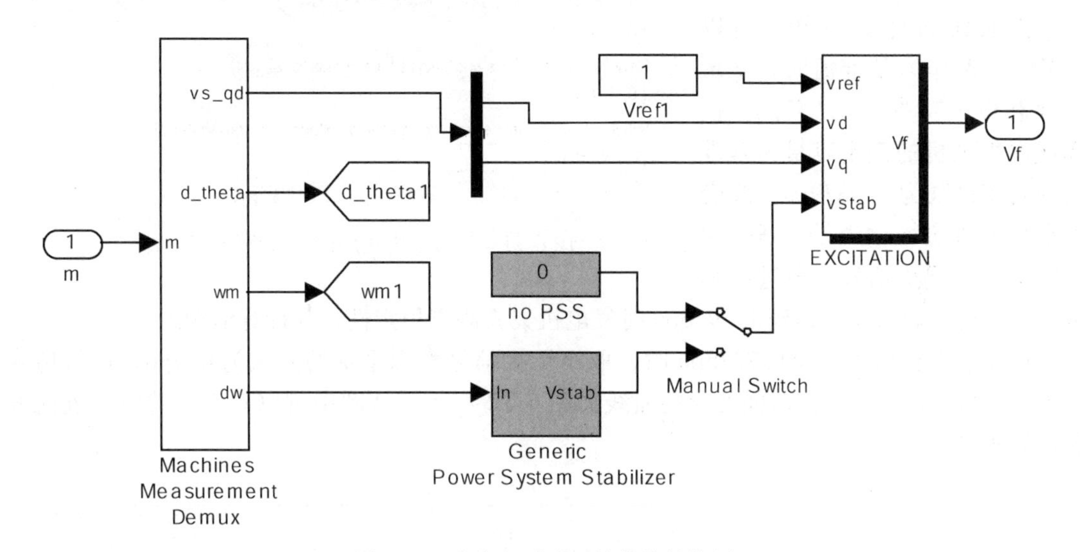

图6-19　发电机励磁系统模块结构图

利用时间模块、开关模块控制发电机机械功率的变化来模拟系统的小干扰信号，模块组合如图6-20所示。图中开关模块（Switch）和时间（Timer）设置如图6-21所示。干扰信号的大小由图中的常数模块来设置，干扰产生的时刻由时间模块设置。

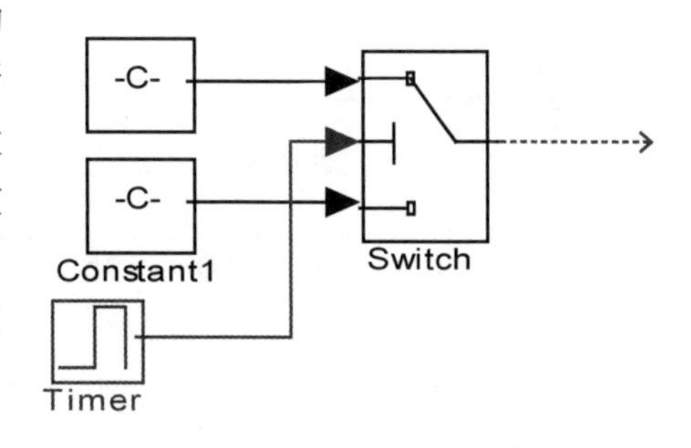

图6-20　小干扰信号的模拟图

2. 保持电动势 $E'_q = E'_{q0}$ = 常数，励磁系统的综合放大系数为5.7857时的仿真分析

发电机励磁系统的参数设置如图6-21所示，其中调节器的增益值应为5.7857，励磁器增益为0.01，时间为0.2s；衰减增益为0.04，时间常数为0.05s；励磁电压的最大值和最小值分别为5pu和0pu；励磁电压和出口电压的初始值由潮流计算自动设置。

在仿真开始前，要利用Powergui模块对电机进行初始化设置。单击Powergui模块，仿真类型选择“相量算法”；打开“潮流计算和电机初始化”窗口，设定同步发电机为PV节点，机端电压为10.5kV，有功功率设为260MW，这是由于仿真时没有考虑变压器和线路的电阻，因此在确定发电机输出功率时只需考虑发电机输送到系统的有功功率为250MW和两个并联5MW小负荷的输出功率（此时发电机有功功率标幺值为0.7376pu）。初始化后，同步发电机模块、励磁调节模块中的“Init. Cond.”将会自动设置。

选择 Ode23tb 算法，仿真时间长度设置为 50s。为避免失步后无谓的数值积分，图 6-18 中设置了仿真的提前终止判据，如果发电机相角幅值超过 180°，则认为系统已经失步从而停止仿真，这对于单机无穷大系统显然是合适的。

Parameters

Low-pass filter time constant Tr(s):

20e-3

Regulator gain and time constant [Ka() Ta(s)]:

[5.7857 0.05]

Exciter [Ke() Te(s)]:

[0.01 0.2]

Transient gain reduction [Tb(s) Tc(s)]:

[0, 0]

Damping filter gain and time constant [Kf() Tf(s)]:

[0.04, 0.05]

Regulator output limits and gain [Efmin, Efmax (p.u.), Kp()]:

[0, 5, 0]

Initial values of terminal voltage and field voltage [Vt0 (pu) Vf0(pu)]:

[1,1.89901]

图 6-21 同步发电机励磁调节系统参数设置

由前面的计算可知，当以 250MV · A 作为基准值时，系统的静态极限功率为 1.957pu，换算成以发电机的额定容量为基准时的功率极限为 1.3879pu。改变加在发电机机械输入功率 Pm 端口的模拟小干扰信号，通过仿真可得，当机械输入功率达到 1.3976pu 时发电机失去静态稳定性，与计算值相近。

在发电机有功功率为 0.7376pu 时，取小干扰信号模拟系统的阶跃为 0.6pu，运行仿真可得发电机功角、转速随时间变化的曲线如图 6-22 所示。从图中可以看出，此时系统能够保持静态稳定性。

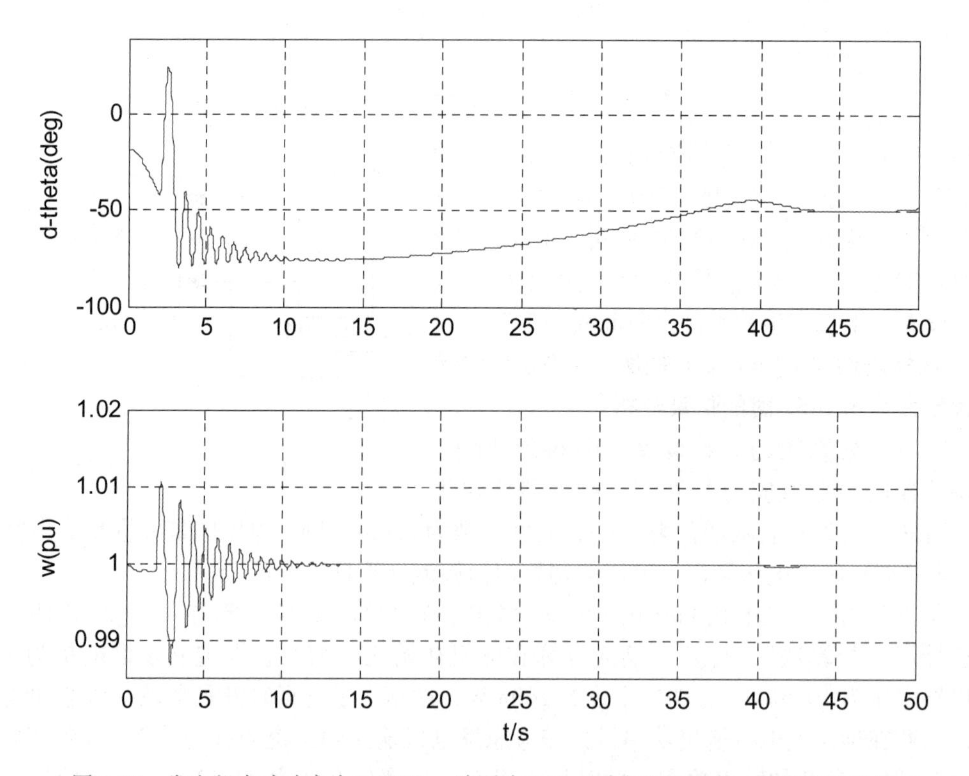

图 6-22 发电机有功功率为 0.7376pu 阶跃为 0.6pu 时发电机功角、转速变化曲线

取小干扰信号模拟系统的阶跃为 0. 67pu（扰动信号超过了发电机的功率极限），运行仿真可得发电机功角、转速随时间变化的曲线如图 6-23 所示。从图中可以看出，系统很快就失去了静态稳定性。

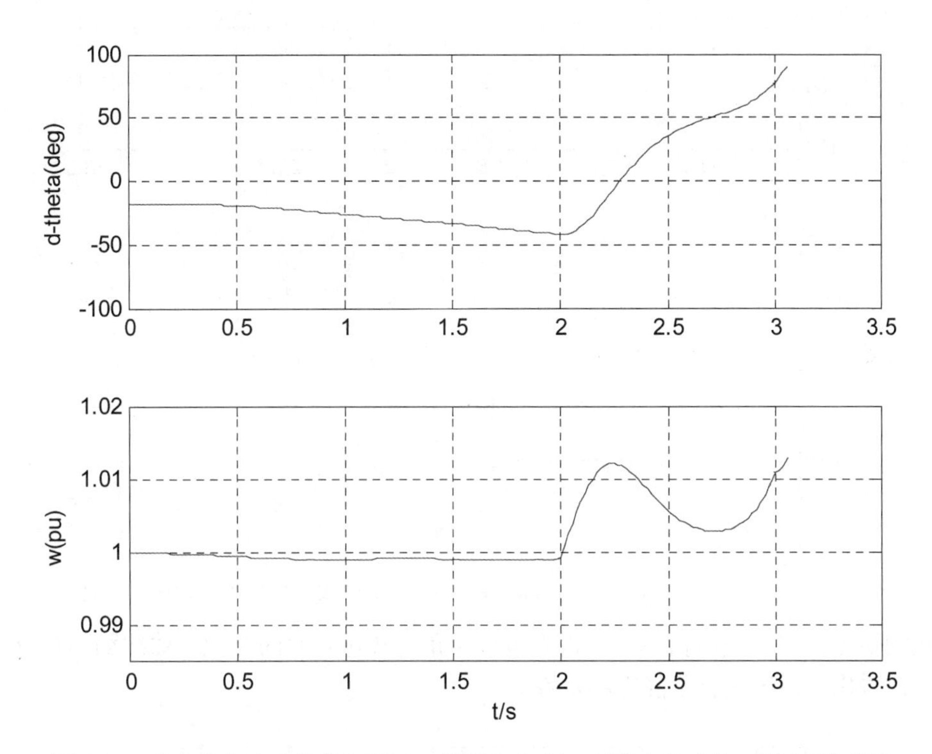

图 6-23　发电机有功功率为 0. 7376pu 阶跃为 0. 67pu 时发电机功角、转速变化曲线

3. 改变励磁系统综合放大系数的仿真分析

将发电机励磁系统中综合放大系数设置为 10，其他元件的参数设置不变。

由前面的计算可知，当以 250MV · A 作为基准值时，系统的静态极限功率为 2. 118pu，换算成以发电机的额定容量为基准时的功率极限为 1. 502pu。改变加在发电机机械输入功率 Pm 端口的模拟小干扰信号，通过仿真可得，当机械输入功率达到 1. 502pu 时发电机失去静态稳定性，与计算值相等。

在发电机有功功率为 0. 7376pu 时，取小干扰信号模拟系统的阶跃为 0. 75pu，进行仿真可得发电机功角、转速随时间变化的曲线如图 6-24 所示。从图中可以看出，系统失去了静态稳定性。

为了在励磁调节器的综合放大系数为 10 时，使系统保持电动势 $E_q' = E_{q0}' =$ 常数的条件下的静态稳定性，由前面的计算可知，当以 250MV · A 作为基准值时，系统的静态极限功率为 1. 805pu，换算成以发电机的额定容量为基准时的功率极限为 1. 28pu 。

在发电机有功功率为 0. 7376pu 时，取小干扰信号模拟系统的阶跃为 0. 54pu，进行仿真可得发电机功角、转速随时间变化的曲线如图 6-25 所示。从图中可以看出，此时系统是静态稳定的。

发电机有功功率为 0. 7376pu，取小干扰信号模拟系统的阶跃为 0. 55pu（扰动信号超过

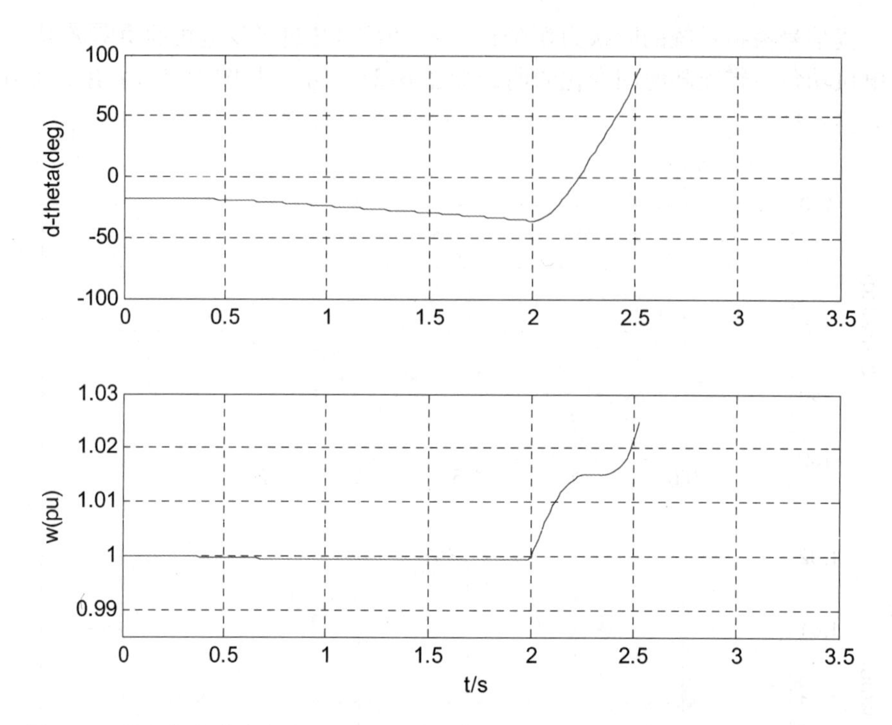

图 6-24 发电机有功功率为 0.7376pu 阶跃为 0.75pu 时发电机功角、转速变化曲线

了发电机的功率极限）进行仿真，可得发电机功角、转速随时间变化的曲线如图 6-26 所示。从图中可以看出，系统失去了静态稳定性。

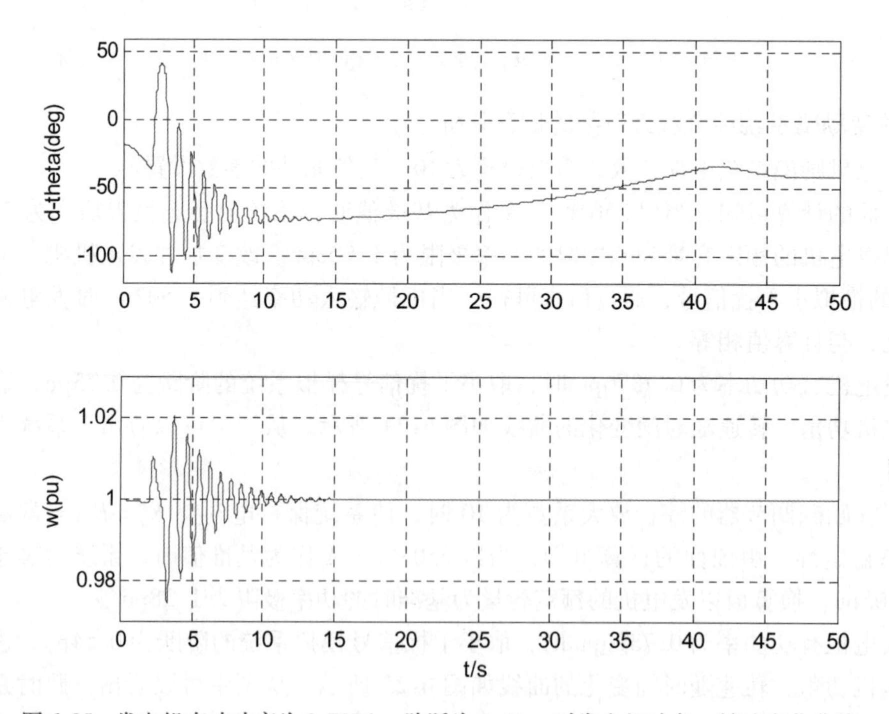

图 6-25 发电机有功功率为 0.7376pu 阶跃为 0.54pu 时发电机功角、转速变化曲线

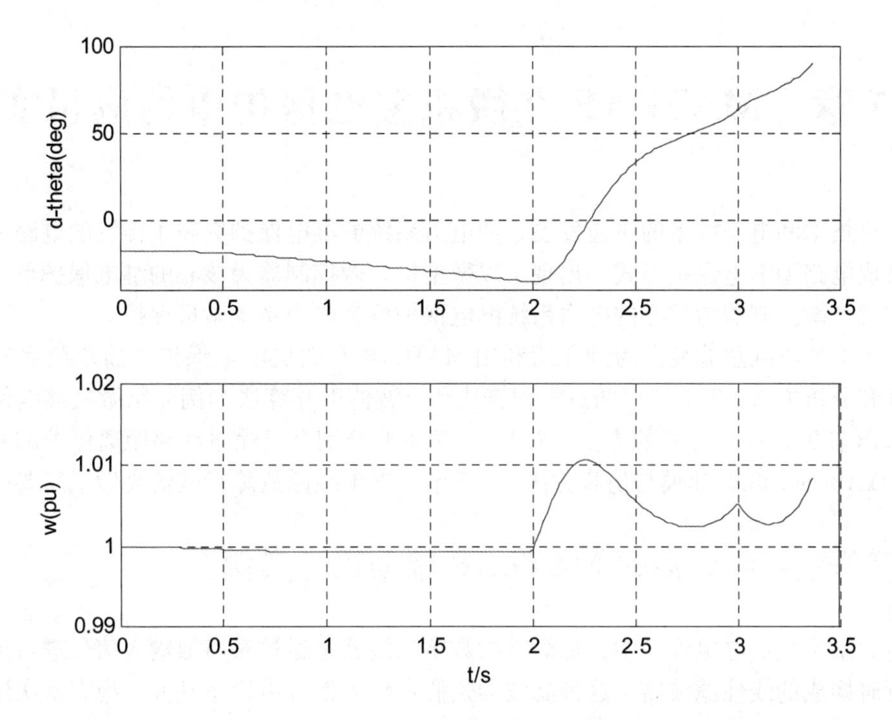

图 6-26　发电机有功功率为 0. 7376pu 阶跃为 0. 55pu 时发电机功角、转速变化曲线

第7章 MATLAB在微机继电保护中的应用实例

计算机技术和电子技术的飞速发展，使电力系统的继电保护突破了传统的电磁型、晶体管型及集成电路型继电保护形式，出现了以微型机、微控制器为核心的继电保护形式。人们把以微型机、微控制器为核心的电力系统继电保护称为电力系统微机保护。

本章7.1节以减法滤波器为例介绍利用MATLAB对微机继电保护中简单数字滤波器的辅助设计和分析方法；7.2节以两点乘积算法和全波傅里叶算法为例介绍微机继电保护算法的MATLAB辅助设计和分析的方法；7.3节、7.4节分别介绍输电线路距离保护和变压器保护的MATLAB/Simulink建模与仿真方法；7.5节对输电线路故障行波仿真做了简要的介绍。

7.1 简单数字滤波器的MATLAB辅助设计实例

在电力系统微机继电保护中，最简单的数字滤波器是通过对离散输入信号进行加、减法运算与延时构成的线性滤波器。这种滤波器是假定输入信号由稳态基波、稳态整次谐波和稳态直流所组成，即不考虑暂态过程和其他高频成分，显然，这样考虑的计算结果是粗糙的，因此这种滤波器一般用于速度较低的保护中，例如过负荷保护、过电流保护和一些后备保护。由于这种滤波器只对相隔若干个周期的信号进行加减运算，不做乘除运算，所以计算量很小。

本节以减法滤波器为例介绍利用MATLAB进行辅助设计和分析的方法。

7.1.1 减法滤波器（差分滤波器）简介

减法滤波器是最为常用的一种滤波器，又称为差分滤波器，其差分方程为

$$y(n)=x(n)-x(n-k) \tag{7-1}$$

式中，$k\geqslant 1$，称为差分步长，可以根据不同的滤波要求进行选择。

将式(7-1)进行Z变换，得

$$Y(z)=X(z)(1-z^{-k})$$

则其转移函数为

$$H(z)=\frac{Y(z)}{X(z)}=1-z^{-k}$$

将$z=\mathrm{e}^{\mathrm{j}\omega T_s}$代入上式，得其幅频特性为

$$|H(\mathrm{e}^{\mathrm{j}\omega T_s})|=|1-\mathrm{e}^{-\mathrm{j}k\omega T_s}|=2\left|\sin\frac{k\omega T_s}{2}\right|$$

式中，ω为输入信号的角频率，$\omega=2\pi f$；T_s为采样周期，与采样频率f_s的关系为$f_s=\dfrac{1}{T_s}$。通常要求f_s为基波频率f_1的整数倍，即$f_s=Nf_1$，$N=1，2，\cdots$为每基频周期内采样的点数。

在使用减法滤波器时，应根据欲滤除的谐波次数 m，来确定参数 k 值（即滤波器的阶数）。假定欲滤除的谐波角频率为 ω，则有 $\omega = m\omega_1$（ω_1 为基波角频率，$\omega_1 = 2\pi f_1$），令

$$|H(e^{j\omega T_s})| = 2\left|\sin\frac{k\omega T_s}{2}\right| = 0$$

即

$$2\left|\sin\frac{km2\pi f_1 T_s}{2}\right| = 0$$

考虑到减法滤波器的幅频特性具有周期性，则有

$$km\pi f_1 T_s = p\pi \quad \left(p = 0,\ 1,\ 2,\ \cdots,\ p < \frac{k}{2}\right)$$

故滤波器的阶数为

$$k = \frac{p}{mT_s f_1} = \frac{pf_s}{mf_1} = p\frac{N}{m} \tag{7-2}$$

因此，若已知 k 值，便可求出能够滤除的谐波次数为

$$\frac{f}{f_1} = m = \frac{p}{kT_s f_1} = \frac{pf_s}{kf_1} = p\frac{N}{k} \tag{7-3}$$

式中，对 $p < \frac{k}{2}$ 的限制是由采样定理的要求确定的。根据采样定理的要求，$f < \frac{f_s}{2}$，又要满足：

$$\begin{cases} \dfrac{f}{f_1} = p\dfrac{N}{k} \\ \dfrac{f_s}{2f_1} = \dfrac{N}{2} \end{cases}$$

故 $p < \frac{k}{2}$。

由以上的推导可知，$p = 0$ 时必然有 $m = 0$，所以无论 f_s、k 取何值，直流分量总能被滤除掉。另外，N/k 的整数倍的谐波都将被滤除掉，其幅频特性如图 7-1 所示。

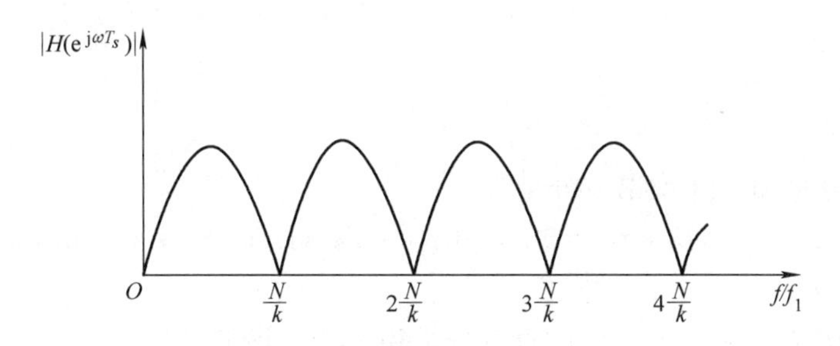

图 7-1 减法滤波器幅频特性

7.1.2 减法滤波器设计分析举例

例 1： 已知采样频率为 $f_s = 1200\text{Hz}(N = 24)$，基波频率 $f_1 = 50\text{Hz}$，要求设计简单数字滤波器，能够滤除直流分量和 4、8、12 次谐波。

解： 欲滤除直流分量和 4、8、12 次谐波，则滤波器的阶数为

$$k=\frac{N}{m}=\frac{24}{4}=6$$

因此，能够滤除的谐波次数为

$$m=p\frac{N}{k}=p\frac{24}{6}=4p \quad (p=0, 1, 2, 3)$$

所以滤波器的差分方程为

$$y(n)=x(n)-x(n-6)$$

相应的传递函数为

$$H(z)=1-z^{-6}$$

用 MATLAB 辅助设计的 M 文件如下：

```
% ---减法滤波器的 MATLAB 辅助设计文件 -----
clc;
clear;
% 设置减法滤波器的传递函数系数
a1 =1;b1 = [1 0 0 0 0 0 -1];
f =0:1:600;
h1 =abs(freqz(b1,a1,f,1200));
% 由传递函数系数确定传递函数的幅频特性
H1 =h1/max(h1);
% 绘出幅频特性
plot(f,H1);
xlabel('f/Hz');ylabel('H1');
% 滤波效果仿真
% 模拟输入参数
N =24;
t1 = (0:0.02/N:0.04);
m =size(t1);
% 基波电压
Va =100 * sin(2 * pi * 50 * t1);
% 叠加直流分量和 4、8 次谐波分量
Va1 =35 +100 * sin(2 * pi * 50 * t1) +30 * sin(4 * pi * 100 * t1) +10 * sin(8
* pi * 100 * t1);
% 采用减法滤波器滤掉 Va1 中的直流分量和 4、8 次谐波分量
Y =zeros(1,6);
for jj =7:m(2)
    Y(jj) = (Va1(jj) - Va1 (jj -6))/1.414;
end
% 输出波形
plot(t1,Va,'-ro',t1,Va1,'-bs',t1,Y,'-g*');
```

```
xlabel('t/s');ylabel('v/V');
grid on
```

运行这个 M 文件，得到此滤波器的幅频特性如图 7-2 所示。

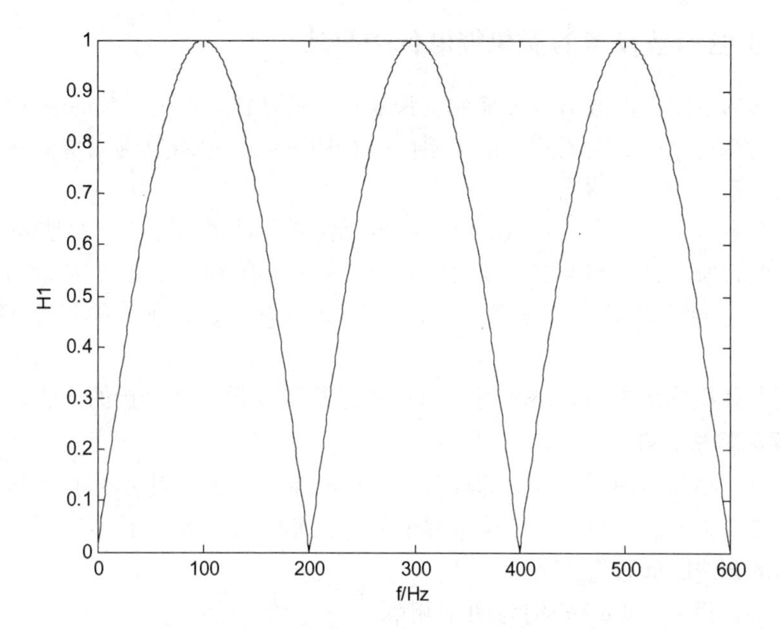

图 7-2　滤波器的幅频特性

滤波效果的仿真波形如图 7-3 所示。图中带圆圈标记的为基波电压 V_a，带方形标记的为叠加直流分量和 4、8 次谐波分量后的电压 V_{a1}，带星号标记的为经过滤波后的输出电压 Y。显然输出电压已经完全滤除了直流分量和 4、8 次谐波分量。

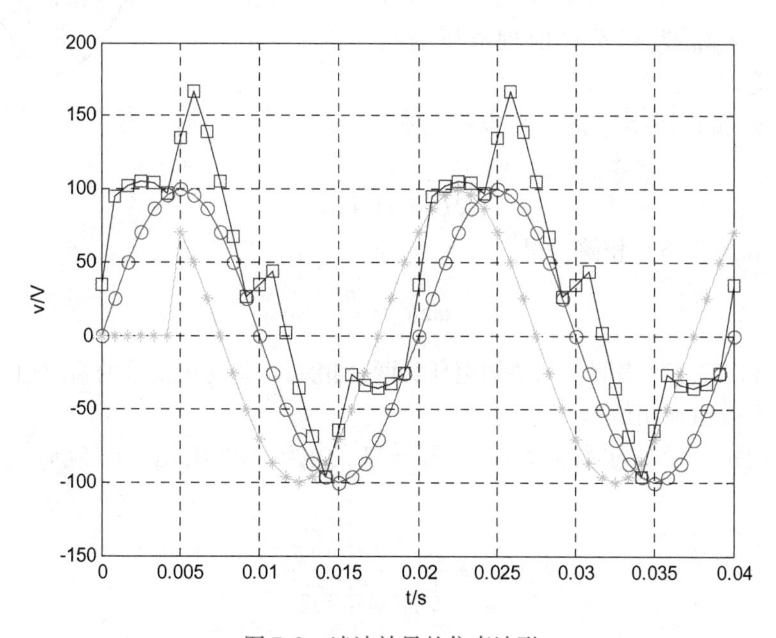

图 7-3　滤波效果的仿真波形

7.2 微机继电保护算法的 MATLAB 辅助设计

7.2.1 基于正弦函数模型的微机继电保护算法

假设被采样的电压、电流信号都是纯正弦量时，可以利用正弦函数的一系列特性，从若干个采样值中计算出电压、电流的幅值、相位以及功率和测量阻抗的量值。然后进行比较、判断，以完成一系列的保护功能。

实际上，在电力系统发生故障后电流、电压都含有各种暂态分量，而且数据采集系统还会引入各种误差，所以这一类算法要获得精确的结果，必须和数字滤波器配合使用，即尽可能地滤掉非周期分量和高频分量之后，才能采用此类算法，否则计算结果将出现较大的误差。

以下以两点乘积算法为例介绍利用 MATLAB 进行辅助设计和分析的方法。

1. 两点乘积算法简介

两点乘积算法是利用两个采样值的乘积来计算电流、电压、阻抗的幅值和相角等电气参数的方法，由于这种方法只是利用两个采样值推算出整个曲线情况，所以属于曲线拟合法。其特点是计算的判定时间较短。

以电压为例，设 u_1 和 u_2 分别为两个相隔 π/2 时刻的采样值（见图 7-4），即

$$u_1 = U_m\sin(\omega t_n + \alpha_{0u}) = \sqrt{2}U\sin\theta_{1u} \tag{7-4}$$

$$u_2 = U_m\sin(\omega t_n + \alpha_{0u} + \pi/2) = \sqrt{2}U\cos\theta_{1u} \tag{7-5}$$

式中，$\theta_{1u} = \omega t_n + \alpha_{0u}$ 为 t_n 采样时刻电压的相角，可能为任意值。

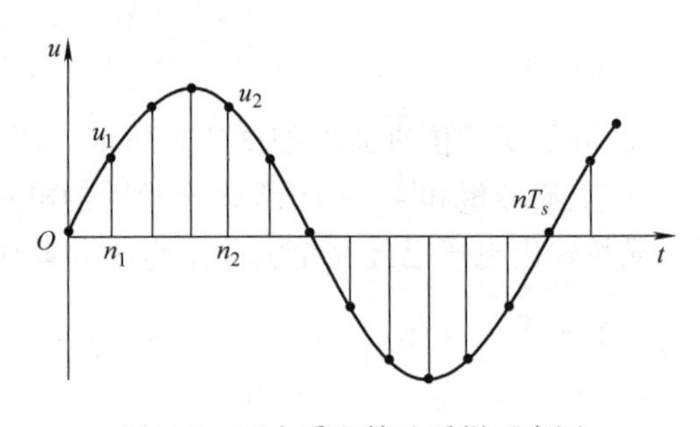

图 7-4 两点乘积算法采样示意图

将式(7-4) 和式(7-5) 进行平方后相加，即得

$$2U^2 = u_1^2 + u_2^2 \tag{7-6}$$

再将式(7-4) 和式(7-5) 相除，得

$$\tan\theta_{1u} = \frac{u_1}{u_2} \tag{7-7}$$

式(7-6) 和 (7-7) 表明，只要知道任意两个相隔 π/2 的正弦量的瞬时值，就可以计算出该正弦量的有效值和相位。

若要求出阻抗，只要同时测出两个相隔 π/2 的电流和电压 u_1、i_1 和 u_2、i_2，用上述结论，得

$$Z = \frac{U}{I} = \frac{\sqrt{u_1^2 + u_2^2}}{\sqrt{i_1^2 + i_2^2}} \tag{7-8}$$

$$\alpha_Z = \alpha_{1U} - \alpha_{1I} = \arctan\frac{u_1}{u_2} - \arctan\frac{i_1}{i_2} \tag{7-9}$$

式(7-9) 用到了反三角函数，所以更为方便的算法是求出阻抗的电阻分量和电抗分量。将电流和电压写成复数形式，即

$$\dot{U} = U\cos\theta_{1u} + \mathrm{j}U\sin\theta_{1u}$$

$$\dot{I} = I\cos\theta_{1i} + \mathrm{j}I\sin\theta_{1i}$$

参照式(7-4) 和式(7-5)，可得

$$\dot{U} = \frac{u_2 + \mathrm{j}u_1}{\sqrt{2}}$$

$$\dot{I} = \frac{i_2 + \mathrm{j}i_1}{\sqrt{2}}$$

于是

$$\frac{\dot{U}}{\dot{I}} = \frac{u_2 + \mathrm{j}u_1}{i_2 + \mathrm{j}i_1} = \frac{u_1 i_1 + u_2 i_2}{i_1^2 + i_2^2} + \mathrm{j}\frac{u_1 i_2 - u_2 i_1}{i_1^2 + i_2^2} \tag{7-10}$$

式(7-10) 中实部即为 R，虚部则为 X，所以

$$R = \frac{u_1 i_1 + u_2 i_2}{i_1^2 + i_2^2} \tag{7-11}$$

$$X = \frac{u_1 i_2 - u_2 i_1}{i_1^2 + i_2^2} \tag{7-12}$$

由于式(7-11) 和式(7-12) 中用到了两个采样值的乘积，因此称为两点乘积法。

$\dot{U}$、$\dot{I}$ 之间的相角差可由下式计算

$$\tan\theta = \frac{u_1 i_2 - u_2 i_1}{u_1 i_1 + u_2 i_2} \tag{7-13}$$

上述乘积用了两个相隔 π/2 的采样值，所需的时间为 1/4 周期，对 50Hz 的工频来说为 5ms。

2. 两点乘积法计算举例

例 2：对如图 7-5 所示的电路，若测得输入电压为 $v(t) = 100\sin(\omega t)$，输入电流为 $i(t) = 50\sin(\omega t - \pi/6)$，每周采样点数 $N = 12$ 时，利用两点乘积法计算输入信号的有效值、相位差及电路参数。

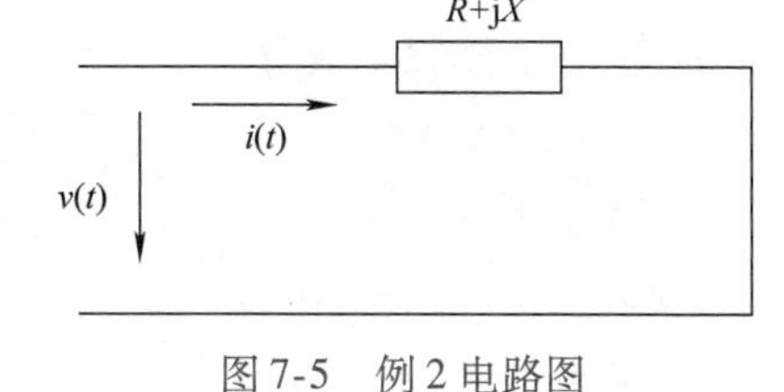

图 7-5　例 2 电路图

解：利用两点乘积法计算输入信号的有效值、相位差及电路参数的 MATLAB 程序如下：

```
%  ---两点乘积算法的 MATLAB 辅助分析文件 -----
clc;
clear;
% 模拟测量到的电压和电流量
N =12;
t1 = (0:0.02/N:0.02);
```

```
m = size(t1);
% 电压
Va = 100 * sin(2 * pi * 50 * t1);
% 电流
Ia = 50 * sin(2 * pi * 50 * t1 - pi/6);
% 利用两点乘积算法计算
% 电压
for jj = 4:m(2)
    U(jj) = sqrt((Va(jj) * Va(jj) + Va(jj - 3) * Va(jj - 3))/2);
end
% 电流
for jj = 4:m(2)
    I(jj) = sqrt((Ia(jj) * Ia(jj) + Ia(jj - 3) * Ia(jj - 3))/2);
end
% 电阻、电抗、相角差
for jj = 4:m(2)
    R(jj) = ((Va(jj) * Ia(jj) + Va(jj - 3) * Ia(jj - 3))/(Ia(jj) * Ia(jj) +
Ia(jj - 3) * Ia(jj - 3)));
    X(jj) = ((Va(jj - 3) * Ia(jj) - Va(jj) * Ia(jj - 3))/(Ia(jj) * Ia(jj) +
Ia(jj - 3) * Ia(jj - 3)));
    O(jj) = 180/pi * atan((Va(jj - 3) * Ia(jj) - Va(jj) * Ia(jj - 3))/(Va
(jj) * Ia(jj) + Va(jj - 3) * Ia(jj - 3)));
end
% 输出波形
subplot(231);
plot(t1,Va,'-ro',t1,Ia,'--bo');    % 测量到的电压和电流量
subplot(232);
plot(t1,U,'-bo');                  % 计算得到的电压有效值
ylabel('V');
subplot(233);
plot(t1,I,'-bo');                  % 计算得到的电流有效值
ylabel('I');
subplot(234);
plot(t1,R,'-bo');                  % 计算得到的电阻值
ylabel('R');
subplot(235);
plot(t1,X,'-bo');                  % 计算得到的电抗值
ylabel('X');
subplot(236);
```

```
plot(t1,O,'-bo');                    % 计算得到的相位差
ylabel('angle');
```

运行程序后，得到输入信号的有效值、相位差及电路的电阻、电抗如图 7-6 所示。

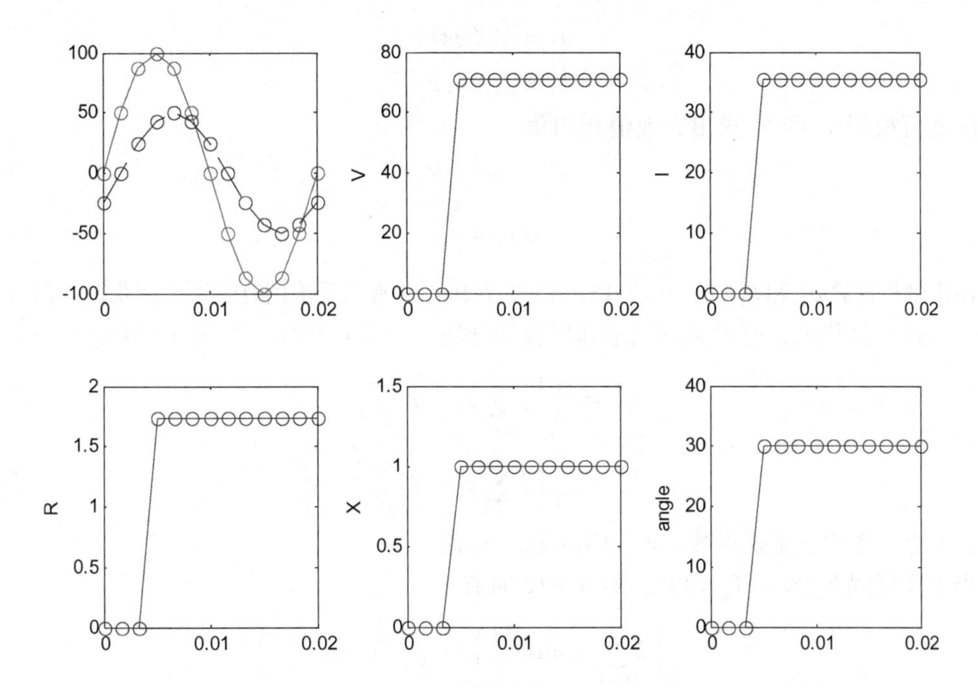

图 7-6　利用两点乘积法计算得到的输入信号有效值、相位差及电路的电阻、电抗

7.2.2　全波傅里叶算法

1. 全波傅里叶算法简介

全波傅里叶算法是目前电力系统微机继电保护中被广泛采用的算法，其基本思路来自傅里叶级数，是利用正弦、余弦函数的正交函数性质来提取信号中某一频率的分量。假定被采样的模拟信号是一个周期性时间函数，可按下式展开成傅里叶级数形式

$$x(t) = \sum_{n=0}^{\infty}[b_n\cos n\omega_1 t + a_n\sin n\omega t] \tag{7-14}$$

式中，n 为自然数，$n=0$，1，2，…；a_n、b_n 为各次谐波的正弦项和余弦项的振幅。其中，a_1、b_1 分别为基波分量的正、余弦项的振幅，b_0 为直流分量的值。

根据傅里叶级数的原理，可以求出 a_1、b_1 分别为

$$a_1 = \frac{2}{T}\int_0^T x(t)\sin\omega_1 t\mathrm{d}t \tag{7-15}$$

$$b_1 = \frac{2}{T}\int_0^T x(t)\cos\omega_1 t\mathrm{d}t \tag{7-16}$$

于是 $x(t)$ 中的基波分量为

$$x_1(t) = a_1\sin\omega_1 t + b_1\cos\omega_1 t$$

经三角变换，合并正、余弦项可写为

$$x_1(t)=\sqrt{2}X\sin(\omega_1 t+\theta_1)$$

式中，X 为基波分量的有效值；θ_1 为 $t=0$ 时基波分量的初相角。

将 $\sin(\omega_1 t+\theta_1)$ 用和角公式展开，不难得到 X 和 θ_1 同 a_1、b_1 之间的关系为

$$a_1=\sqrt{2}X\cos\theta_1 \tag{7-17}$$

$$b_1=\sqrt{2}X\sin\theta_1 \tag{7-18}$$

因此可根据 a_1 和 b_1 求出有效值和相角

$$2X^2=a_1^2+b_1^2 \tag{7-19}$$

$$\tan\theta_1=\frac{b_1}{a_1} \tag{7-20}$$

在用微机计算 a_1 和 b_1 时，式(7-15) 和式(7-16) 通常都是采用有限项方法获得，即将 $x(t)$ 用各采样点数值代入，通过梯形法求和代替积分法。考虑到 $N\Delta t=T$，$\omega_1 t=2k\pi/N$，则

$$a_1=\frac{1}{N}\left[2\sum_{k=1}^{N}x_k\sin k\frac{2\pi}{N}\right] \tag{7-21}$$

$$b_1=\frac{1}{N}\left[2\sum_{k=1}^{N}x_k\cos k\frac{2\pi}{N}\right] \tag{7-22}$$

式中，N 为一个周期采样点数；x_k 为第 k 次采样值。

当采样间隔 T_s 为 $\omega_1 T_s=30°$，即 $N=12$ 时有

$$a_1=\frac{1}{N}\left[2\sum_{k=1}^{N}x_k\sin k\frac{2\pi}{N}\right]=\frac{1}{6}\left[\sum_{k=1}^{12}x_k\sin k\frac{\pi}{6}\right]$$

或

$$a_1=\frac{1}{6}\left[(x_3-x_9)+\frac{1}{2}(x_1+x_5-x_7-x_{11})+\frac{\sqrt{3}}{2}(x_2+x_4-x_8-x_{10})\right]$$

同理

$$b_1=\frac{1}{6}\left[(x_{12}-x_6)+\frac{1}{2}(x_2-x_8-x_4+x_{10})+\frac{\sqrt{3}}{2}(x_1-x_5-x_7+x_{11})\right]$$

将式(7-21) 和式(7-22) 中的 n 取不同的数值，即可求得任意次谐波的振幅和相位，即

$$a_n=\frac{1}{N}\left[2\sum_{k=1}^{N}x_k\sin kn\frac{2\pi}{N}\right] \tag{7-23}$$

$$b_n=\frac{1}{N}\left[2\sum_{k=1}^{N}x_k\cos kn\frac{2\pi}{N}\right] \tag{7-24}$$

2. 全波傅里叶算法的频率特性分析

为了分析傅里叶算法的频率特性，令电压输入信号为

$$U(t)=U_m\sin(\omega t+\alpha)=U_m\sin(p\omega_1 t+\alpha) \tag{7-25}$$

式中，$p=\frac{\omega}{\omega_1}$为谐波次数；$\omega_1$ 为基波角频率。则第 k 个采样值为

$$\begin{aligned}U_k&=U_m\sin(\omega t_k+\alpha)=U_m\sin(p\omega_1 t_k+\alpha)\\&=U_m\sin\left(p\frac{2\pi}{N}k+\alpha\right)\end{aligned} \tag{7-26}$$

利用全波傅里叶算法计算其幅值时，定义

$$|H| = \frac{U_{1m}}{U_m} = \frac{\sqrt{U_{s1}^2 + U_{c1}^2}}{U_m} \tag{7-27}$$

为相对频率 f/f_0 的幅频特性。

利用 MATLAB 分析不同初相角情况下全波傅里叶算法的幅频特性的 M 文件如下：

```
% ---全波傅里叶算法的 MATLAB 辅助设计文件 -----
% ---全波傅里叶算法的幅频特性分析 -----------
clc;
clear;
N=12;
% 计算傅里叶滤波系数
i=1:N;
hs(i)=sin(2*pi*i/N);
hc(i)=cos(2*pi*i/N);
% --生成采样数值 ----------------------------
% --谐波次数从(0.1*f0)到(7*f0)
for p=1:((N/2)+1)*10
    for k=1:(N+N/2)                    % 采样点数
        for i1=1:4
            a(i1)=(i1-1)*pi/6;         % 初相角
            y(i1)=sin(2*pi/N*(k-1)*(p-1)/10+a(i1));
        end
        s(:,k,:)=y;
    end
    w(p,:,:)=s;
end
% --计算幅值 --------------------------------
for p=1:((N/2)+1)*10
    for i1=1:4
        x1=w(p,:,i1);
        x2=x1(:);
        ys=filter(hs,1,x2);            % 正弦幅值
        yc=filter(hc,1,x2);            % 余弦幅值
        ym=2*sqrt(ys.^2+yc.^2)/N;
        s1(:,i1)=ym(N+N/2);
    end
    w1(p,:)=s1;
end
% --绘出幅频特性 ----------------------------
```

```
y1 =w1(:,1);
y2 =w1(:,2);
y3 =w1(:,3);
y4 =w1(:,4);

[m,n] =size(y1);
k =0:0.1:(m -1)/10;
subplot(221);
plot(k,y1);axis([0,6,0,1.2]);legend('a =0 * pi');grid;
xlabel('f/f0');ylabel('H');
subplot(222);
plot(k,y2);axis([0,6,0,1.2]);legend('a =pi/6');grid;
xlabel('f/f0');ylabel('H');
subplot(223);
plot(k,y3);axis([0,6,0,1.2]);legend('a =pi/3');grid;
xlabel('f/f0');ylabel('H');
subplot(224);
plot(k,y4);axis([0,6,0,1.2]);legend('a =pi/2');grid;
xlabel('f/f0');ylabel('H');
```

图7-7为由程序计算出的全波傅里叶算法的幅频特性。由图中可见，在不同初相角的情况下，傅里叶算法对于基波、直流分量和各整次谐波分量的频率响应相同，但对非整次谐波分量的频率响应有较大的差别。因此，全波傅里叶算法可以完全滤除直流分量和各整次谐波分量，但不能滤除非整次谐波分量。

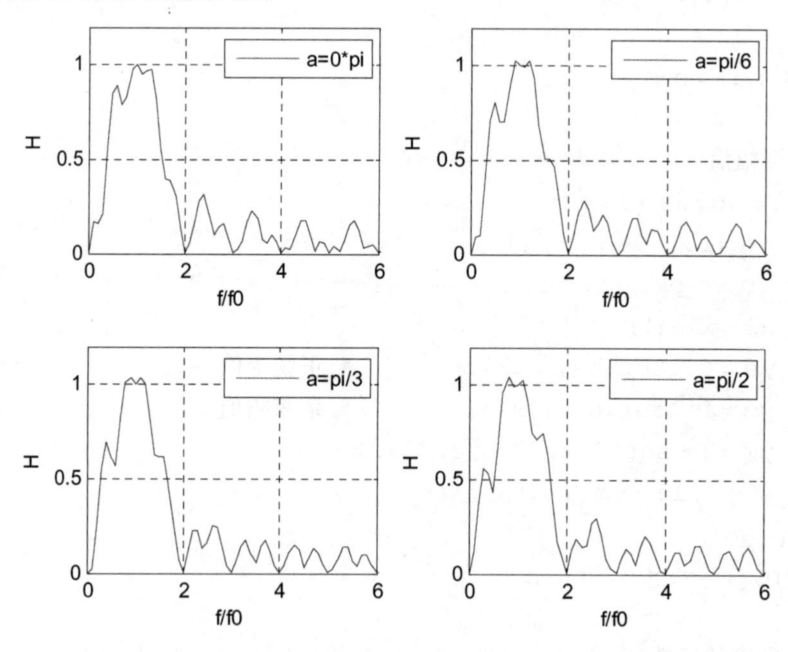

图7-7 在不同初相角的情况下全波傅里叶算法的幅频特性

3. 利用全波傅里叶算法计算信号幅值的算例

例 3：若输入电压为 $v(t)=100\sin(\omega t)+20\sin(3\omega t)+5\sin(5\omega t)$，每周采样点数 $N=36$ 时，利用全波傅里叶算法计算输入信号的基波、三次及五次谐波。

解：利用全波傅里叶算法计算输入信号的基波、三次及五次谐波的 MATLAB 程序如下：

```
% ---全波傅里叶算法的 MATLAB 辅助设计文件 -----
% ---利用全波傅里叶算法计算输入信号的幅值 ---
clc;
clear;
N =36;
i =1:N;
t1 = (0:0.02/N:0.06);
% 输入的电压信号
Va =100 * sin(2 * pi * 50 * t1) +20 * sin(3 * pi * 100 * t1) +5 * sin(5 * pi *
100 * t1);
subplot(221);
plot(t1,Va);
xlabel('t/s');ylabel('V(t)');
% 计算基波电压幅值
hs(i) =sin(2 * pi * i/N);          % 傅里叶滤波系数
hc(i) =cos(2 * pi * i/N);
ys =filter(hs,1,Va);               % 正弦幅值
yc =filter(hc,1,Va);               % 余弦幅值
ym =2 * sqrt(ys.^2 +yc.^2)/N;
subplot(222);
plot(t1,ym);legend('基波幅值');
xlabel('t/s');ylabel('V(t)');
% 计算三次谐波电压幅值
hs3(i) =sin(3 * 2 * pi * i/N);     % 傅里叶滤波系数
hc3(i) =cos(3 * 2 * pi * i/N);
ys3 =filter(hs3,1,Va);             % 正弦幅值
yc3 =filter(hc3,1,Va);             % 余弦幅值
ym3 =2 * sqrt(ys3.^2 +yc3.^2)/N;
subplot(223);
plot(t1,ym3);legend('三次谐波幅值');
xlabel('t/s');ylabel('V3(t)');
% 计算五次谐波电压幅值
hs5(i) =sin(5 * 2 * pi * i/N);     % 傅里叶滤波系数
hc5(i) =cos(5 * 2 * pi * i/N);
ys5 =filter(hs5,1,Va);             % 正弦幅值
```

```
yc5 = filter(hc5,1,Va);            % 余弦幅值
ym5 =2 * sqrt(ys5.^2 +yc5.^2)/N;
subplot(224);
plot(t1,ym5);legend('五次谐波幅值');
xlabel('t/s');ylabel('V5(t)');
```

运行程序，利用全波傅里叶算法计算输入信号的幅值图形如图7-8所示。从图中可以看出，全波傅里叶算法的数据窗为一个周波，它以较长的数据窗换取了良好的滤波效果和计算的准确性。

应该注意的是，全波傅里叶算法只能消除直流分量和整次谐波分量，但当电力系统发生故障时，故障信号中除了各次谐波分量外，还含有衰减的直流分量。由于衰减的直流分量对应的频谱为连续谱，从而与信号中的基频分量频谱混叠，导致在利用全波傅里叶算法计算时出现误差。因此，在实际应用时必须采取改进算法，目前相应的改进算法很多，读者可查阅相关资料。

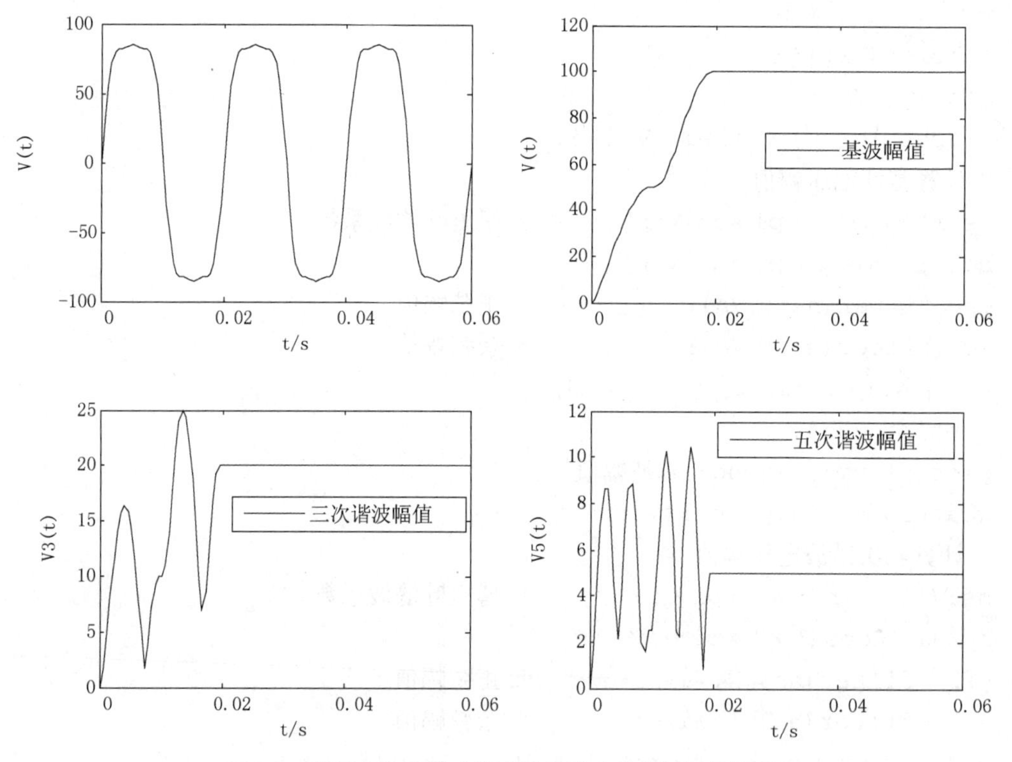

图7-8 利用全波傅里叶算法计算输入信号的幅值图形

7.3 输电线路距离保护的建模与仿真

距离保护是反映故障点至保护安装地点之间的距离（或阻抗），并根据距离的远近而确定动作时间的一种保护装置。阻抗继电器是距离保护装置的核心元件，其主要作用是测量短路点到保护安装地点之间的阻抗，并与整定阻抗值进行比较，以确定保护是否应该动作。

阻抗继电器按其构成方式可分为单相式和多相式两种。

单相式阻抗继电器是指加入继电器的只有一个电压 $\dot{U}_k$（可以是相电压或线电压）和一个电流 $\dot{I}_k$（可以是相电流或两相电流之差）的阻抗继电器，$\dot{U}_k$和 $\dot{I}_k$的比值称为继电器的测量阻抗 Z_k，即

$$Z_k=\frac{\dot{U}_k}{\dot{I}_k}$$

由于 Z_k 可以写成 $R+\mathrm{j}X$ 的复数形式，所以就可以利用复数平面来分析这种继电器的动作特性，并用一定的几何图形把它表示出来。

多相补偿式阻抗继电器则是一种多相式继电器，加入继电器的是几个相补偿后的电压，它的主要优点是可反应不同相别组合的相间或接地短路，但由于加入继电器的不是单一的电压和电流，因此就不能利用测量阻抗的概念来分析它的特性，而必须结合给定的系统、给定的短路点和给定的故障类型对其动作特性进行具体分析。

为了减少过渡电阻以及互感器误差的影响，尽量简化继电器的接线，并便于制造和调试，通常把阻抗继电器的动作特性扩大为一个圆，如全阻抗继电器、方向阻抗继电器及偏移特性的阻抗继电器。此外，还有动作特性为透镜形、四边形的继电器等。

本节以方向阻抗继电器为例介绍利用 MATLAB 进行建模和分析的方法。

7.3.1　方向阻抗继电器的数学模型

方向阻抗继电器的特性是以整定阻抗 Z_{set} 为直径而通过坐标原点的一个圆，如图 7-9 所示，圆内为动作区，圆外为不动作区。当加入继电器的 $\dot{U}_k$和 $\dot{I}_k$之间的相位差 φ_k 为不同数值时，此种继电器的起动阻抗也将随之改变。当 φ_k 等于 Z_{set} 的阻抗角时，继电器的起动阻抗达到最大，等于圆的直径，此时，阻抗继电器的保护范围最大，工作最灵敏。当反方向发生短路时，测量阻抗 Z_k 位于第三象限，继电器不能动作，因此它本身就具有方向性，故称之为方向阻抗继电器。方向阻抗继电器可由幅值比较或相位比较的方式构成，现对其分别进行讨论。

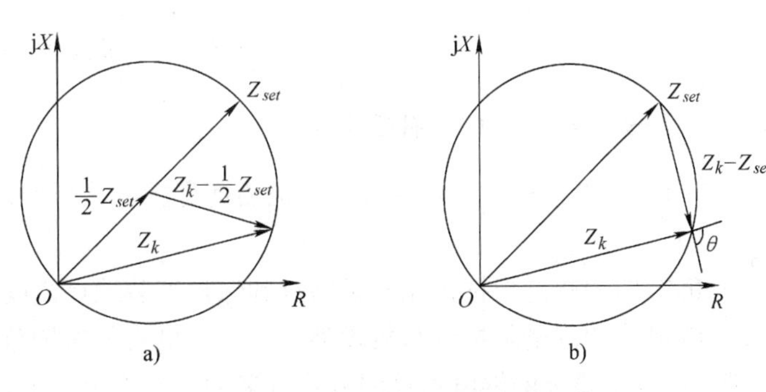

图 7-9　方向阻抗继电器的特性

a）幅值比较方式分析　b）相位比较方式分析

1）用幅值比较方式分析。如图 7-9a 所示，继电器能够起动（即测量阻抗 Z_k 位于圆内）的条件是

$$\left|Z_k-\frac{1}{2}Z_{set}\right|\leqslant\left|\frac{1}{2}Z_{set}\right| \tag{7-28}$$

等式两端均乘以电流 $\dot{I}_k$，即变为如下两个电压的幅值的比较

$$\left|\dot{U}_k-\frac{1}{2}\dot{I}_kZ_{set}\right|\leqslant\left|\frac{1}{2}\dot{I}_kZ_{set}\right| \tag{7-29}$$

2）用相位比较方式分析。如图 7-9b 所示，当 Z_k 位于圆周上时，阻抗 Z_k 与（Z_k-Z_{set}）之间的相位差为 $\theta=90°$；而当 Z_k 位于圆内时，$\theta>90°$；当 Z_k 位于圆外时，$\theta<90°$。因此继电器的起动条件可表示为

$$270°\geqslant\arg\frac{Z_k}{Z_k-Z_{set}}\geqslant90° \tag{7-30}$$

将 Z_k 与（Z_k-Z_{set}）均乘以电流 $\dot{I}_k$，即可得到比较相位的两个电压分别为

$$270°\geqslant\arg\frac{\dot{U}_k}{\dot{U}_k-\dot{I}_kZ_{set}}\geqslant90°$$

即

$$270°\geqslant\arg\frac{\dot{U}_P}{\dot{U}'}\geqslant90°$$

式中

$$\begin{cases}\dot{U}_P=\dot{U}_k\\ \dot{U}'=\dot{U}_k-\dot{I}_kZ_{set}\end{cases} \tag{7-31}$$

式中，$\dot{U}_P$为极化电压；$\dot{U}'$为补偿电压。

无论阻抗继电器采用何种特性，根据距离保护的工作原理，加入继电器的电压 $\dot{U}_k$和 $\dot{I}_k$ 应满足以下要求：

1）继电器的测量阻抗正比于短路点到保护安装地点之间的距离。

2）继电器的测量阻抗应与故障类型无关，也就是保护范围不随故障类型而变化。

满足这两个要求的继电器接线方式有多种。当采用三个阻抗继电器 K_1、K_2、K_3 分别接于三相时，常用“0°接线”和“相电压和具有 $K3\dot{I}_0$ 补偿的相电流接线”的电压和电流组合，其电压和电流的关系见表 7-1。

表 7-1 阻抗继电器采用不同接线方式时，接入的电压和电流关系

继电器接线方式	K_1		K_2		K_3	
	$\dot{U}_k$	$\dot{I}_k$	$\dot{U}_k$	$\dot{I}_k$	$\dot{U}_k$	$\dot{I}_k$
0°接线	$\dot{U}_{AB}$	$\dot{I}_A-\dot{I}_B$	$\dot{U}_{BC}$	$\dot{I}_B-\dot{I}_C$	$\dot{U}_{CA}$	$\dot{I}_C-\dot{I}_A$
相电压和具有 $K3\dot{I}_0$ 补偿的相电流接线	$\dot{U}_A$	$\dot{I}_A+K3\dot{I}_0$	$\dot{U}_B$	$\dot{I}_A+K3\dot{I}_0$	$\dot{U}_C$	$\dot{I}_A+K3\dot{I}_0$

7.3.2　方向阻抗继电器的仿真模型

1. 电力系统 Simulink 仿真模型

本节利用图 7-10 所示电力系统接线对方向阻抗继电器进行仿真，其对应的 Simulink 仿真模型如图 7-11 所示。

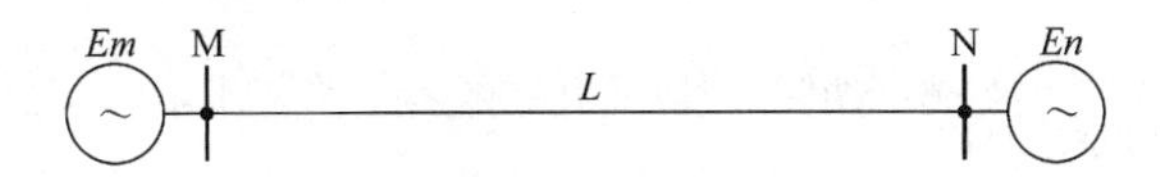

图 7-10　方向阻抗继电器仿真所用的电力系统接线

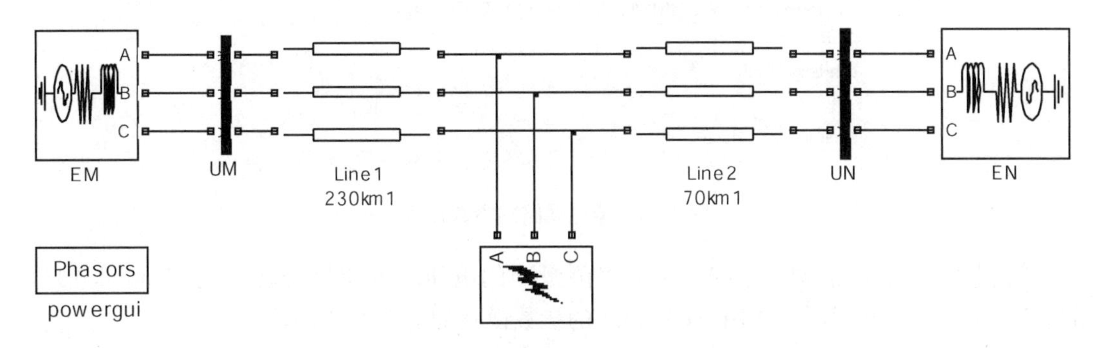

图 7-11　电力系统 Simulink 仿真模型

在图 7-11 中，电源采用“Three-phase source”模型，EM 的参数设置如图 7-12 所示。电源 EN 与电源 EM 的电动势相位差为 60°，其他设置相同。

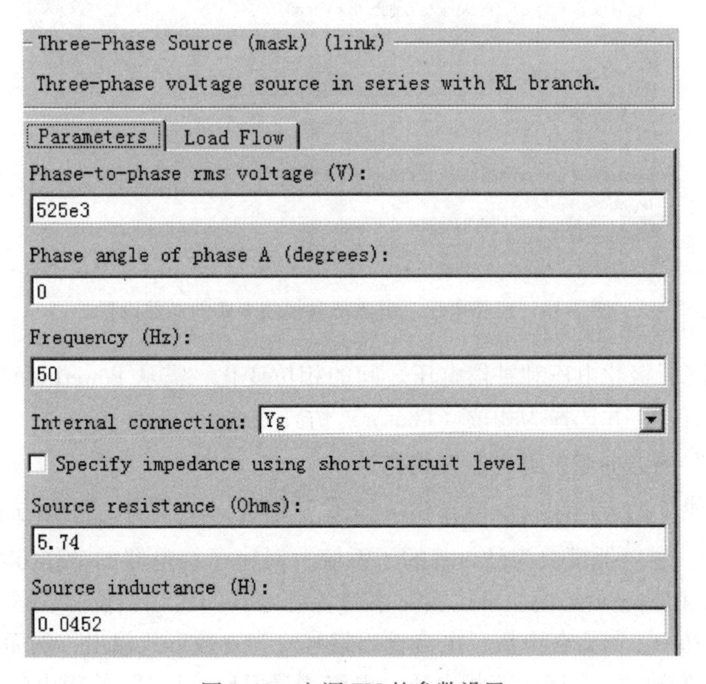

图 7-12　电源 EM 的参数设置

输电线路的总长为300km，仿真模块采用“Distributed Parameters Line”分布参数模型，参数设置如图7-13所示。

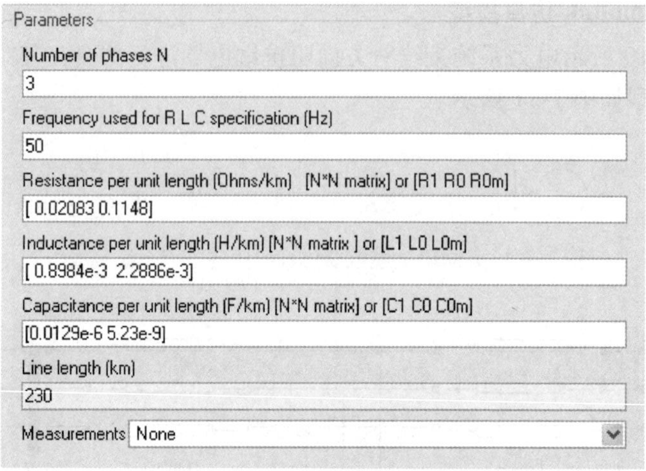

Parameters
Number of phases N
3
Frequency used for R L C specification (Hz)
50
Resistance per unit length (Ohms/km) [N*N matrix] or [R1 R0 R0m]
[0.02083 0.1148]
Inductance per unit length (H/km) [N*N matrix] or [L1 L0 L0m]
[0.8984e-3 2.2886e-3]
Capacitance per unit length (F/km) [N*N matrix] or [C1 C0 C0m]
[0.0129e-6 5.23e-9]
Line length (km)
230
Measurements None

图7-13 输电线路的参数设置

三相电压、电流测量模块UM、UN将测量到的电压、电流信号转变成Simulink信号，相当于电压、电流互感器的作用。UM模块的参数设置如图7-14所示。

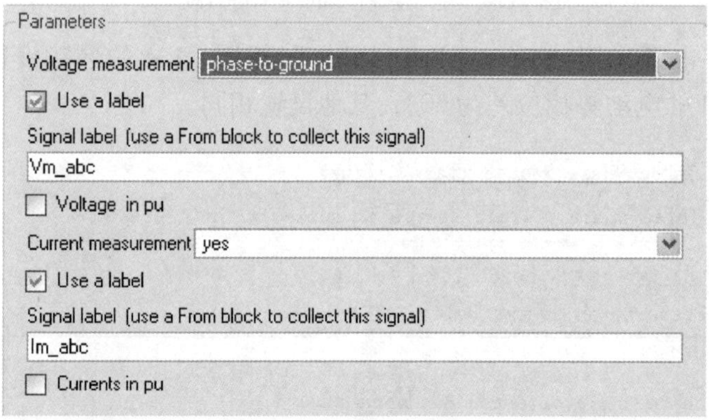

Parameters
Voltage measurement phase-to-ground
Use a label
Signal label (use a From block to collect this signal)
Vm_abc
Voltage in pu
Current measurement yes
Use a label
Signal label (use a From block to collect this signal)
Im_abc
Currents in pu

图7-14 三相电压、电流测量模块UM的参数设置

为了分析故障时极化电压和补偿电压之间的相位变化，需从Powerlib库中复制Powergui模块到仿真模型窗口，并选择为相位（Phasor）仿真方式。

2. “0°接线”的方向阻抗继电器模块构造

采用“0°接线”的方向阻抗继电器模块如图7-15所示，采用三个阻抗继电器K_1、K_2、K_3分别接于三相。继电器模块为已封装的子系统，对应于继电器的动作方程式（本节采用相位比较方式）；相位显示器模块可以实时察看各继电器的比相相位。应该注意的是，为了计算方便，在仿真中，需要各电压、电流输出信号应为复数形式输出，然而当Powergui模块设置在“相位仿真方式”下时，三相电压、电流测量模块“UM”的输出信号却为幅值和相位（单位:°）分离方式，因此特设计了“U_Convert”“I_Convert”子系统来获得复数形式的三相电压和电流。子系统“U_Convert”的构成如图 7-16 所示，“I_Convert”的结构与其相同。

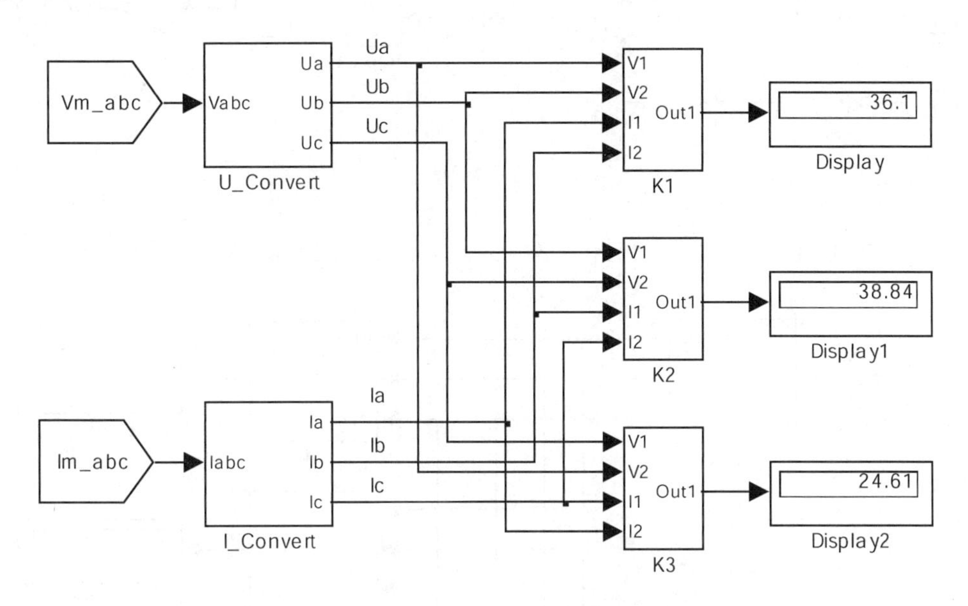

图 7-15　采用“0°接线”的方向阻抗继电器模块图

双击已封装好的继电器模块，设置整定阻抗界面，如图 7-17 所示。本仿真输入是距离 I 段的整定值，保护区为线路全长的 85%。

打开继电器模块，可以看到“0°接线”时用相位比较方式构成方向阻抗继电器的组成，如图 7-18 所示。在模块中应用到了数学运算模块组的“求和”“增益”“叉乘”和“复数转换”等模块。

3. “相电压和具有 $K3\dot{I}_0$ 补偿的相电流接线”的方向阻抗继电器模块构造

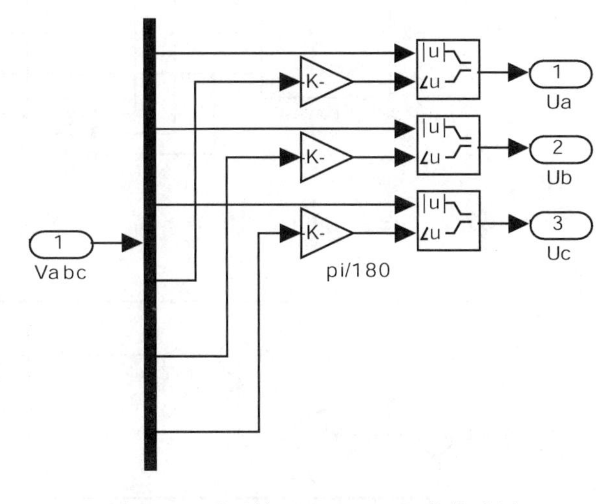

图 7-16　子系统“U_Convert”的构成图

利用 Simulink 对采用“相电压和具有 $K3\dot{I}_0$ 补偿的相电流接线”方向阻抗继电器的仿真模块与采用“0°接线”时的构成大体相仿，其结构如图 7-19 所示，继电器模块的内部结构如图 7-20 所示。

Parameters

Zset

255*(0.02083+i*0.2884)

图 7-17　设置整定阻抗界面

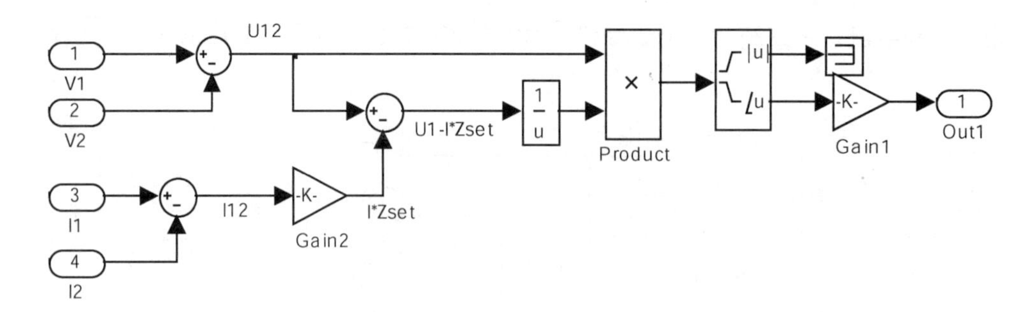

图 7-18 “0°接线”用相位比较方式构成方向阻抗继电器的模块组成图

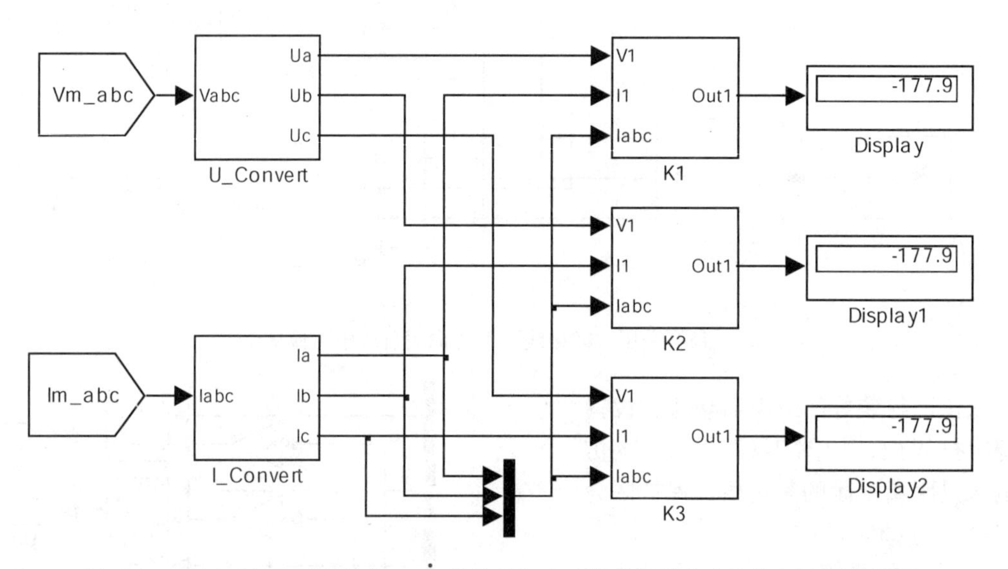

图 7-19 采用“相电压和具有 $K3\dot{I}_0$ 补偿的相电流接线”的方向阻抗继电器模块图

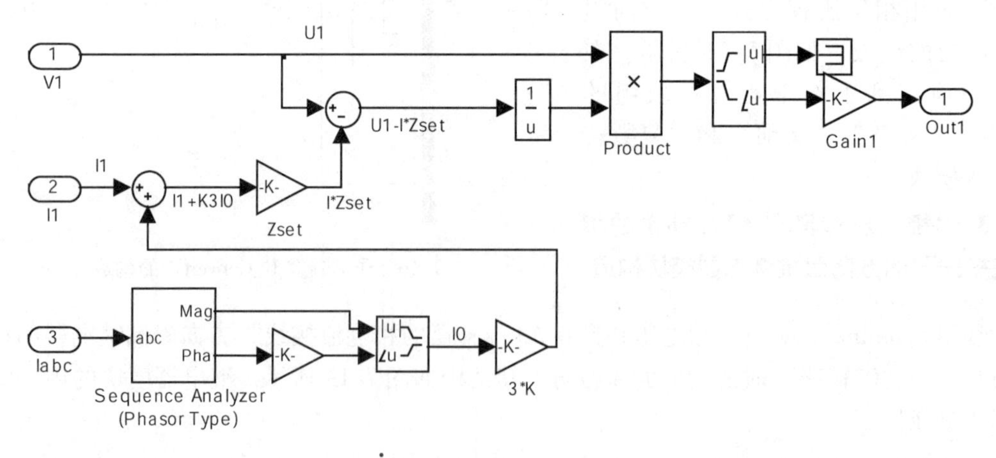

图 7-20 采用“相电压和具有 $K3\dot{I}_0$ 补偿的相电流接线”的方向阻抗继电器模块的内部结构

7.3.3 仿真结果

为了分析比较以上两种阻抗继电器的动作性能，对图 7-11 所示 300km 长的 500kV 超高压线路进行了三相短路、AB 相短路、A 相接地仿真。故障点选取为保护范围内部的正方向出口、近保护范围末端 230km 处和保护范围外部 280km 处 3 个点，过渡电阻 R_g 从 0 变化到 20Ω（步长为 10Ω），各相阻抗继电器的相位（单位:°）仿真计算结果见表 7-2、表 7-3。

表 7-2　采用“0°接线”时的仿真计算结果

故障类型	过渡电阻/Ω	正方向出口故障			近保护范围末端故障			保护范围外部故障		
		A 相	B 相	C 相	A 相	B 相	C 相	A 相	B 相	C 相
三相短路	0	177.8	177.8	177.8	178.2	178.2	178.2	2.1	2.1	2.1
	10	177.8	177.8	177.8	178.2	178.2	178.2	2.1	2.1	2.1
	20	177.8	177.8	177.8	178.2	178.2	178.2	2.1	2.1	2.1
AB 相短路	0	177.8	-118	101.1	178.2	-70.5	-11.3	2.1	-64.1	-14.9
	10	177.8	-102.8	70	178.2	-65.5	-6.8	2.1	-58.8	-10.3
	20	177.8	-94.3	65	178.2	-64.1	-6.2	2.1	-60	-11
A 相接地	0	-121.3	-38.8	104.8	-60.7	-38.8	-22.5	-57.9	-38.8	-20.1
	10	-175.6	-38.8	64.2	-51.2	-38.8	-20	-42.2	-38.8	-20.8
	20	165.7	-38.8	40.7	-42.8	-38.8	-21.4	-36.1	-38.8	-24.6

表 7-3　采用“相电压和具有 $K3\dot{I}_0$ 补偿的相电流接线”时的仿真计算结果

故障类型	过渡电阻/Ω	正方向出口故障			近保护范围末端故障			保护范围外部故障		
		A 相	B 相	C 相	A 相	B 相	C 相	A 相	B 相	C 相
三相短路	0	177.9	177.9	177.9	178.9	178.9	178.9	1	1	1
	10	177.9	177.9	177.9	178.9	178.9	178.9	1	1	1
	20	177.9	177.9	177.9	178.9	178.9	178.9	1	1	1
AB 相短路	0	176	177	-22.4	158	-170	-38.9	14.4	-4.2	-40.3
	10	68.7	-159	-49	91.4	-56.1	-42.3	37.2	-46.6	-41.9
	20	70.6	-126	-51.7	68.8	-66.8	-43.1	27.7	-62	-41.1
A 相接地	0	175.9	23.9	-65.1	150	-27.1	-50.4	7.7	-33	-46
	10	96.2	-2.4	-81.9	31.1	-30.5	-51.1	3.8	-36.1	-44.9
	20	90.5	-14.9	-84.7	13	-33.4	-50.1	-7.4	-37.7	-43

通过以上仿真可以看出，无论是在继电保护的学习还是设计中，利用 MATLAB/Simulink 分析软件是十分必要的，它可以使人们对继电器的动作特性有一个直观的、定量的深刻认识，为如何提高继电保护的性能提供了新的研究思路。

7.4　Simulink 在变压器微机继电保护中的应用举例

电力变压器是电力系统中十分重要的供电元件，它的故障将对供电可靠性和系统的正常工作带来严重的影响。同时，大容量的电力变压器也是十分贵重的元件，因此，必须根据变压器的容量和重要程度考虑装设性能良好、工作可靠的继电保护装置。

根据国家电力调度通信中心和中国电力科学研究院的《全国继电保护与安全自动装置

运行情况统计分析》，在 1995—2001 年期间，变压器纵差保护共动作 1464 次，其中误动或拒动 449 次，动作正确率只有 69.3%，其保护正确动作率远低于发电机保护和 220～500kV 线路保护。误动和拒动的原因，除运行（整定、调试）、安装、制造质量等方面外，还有若干理论问题有待解决。

本节就如何应用 Simulink 对变压器空载合闸时的励磁涌流，变压器保护内部、外部故障时的比率制动以及变压器绕组内部故障的仿真进行举例说明，而相关的理论分析尤其是励磁涌流的原理分析，限于篇幅不进行叙述，请读者参考相关书籍。

7.4.1 变压器仿真模型构建

假设一个具有双侧电源双绕组变压器的简单电力系统如图 7-21 所示，其对应的 Simulink 仿真模型如图 7-22 所示。

Em
M
T
N
En

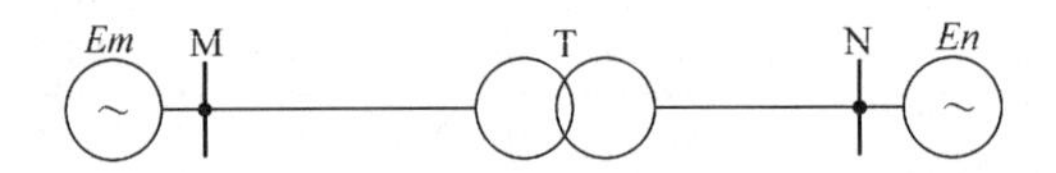

图 7-21 具有双侧电源的双绕组变压器电力系统接线图

EM
UM
QF1
T
QF2
UN
EN
Load
5 MW
1 Mvar
Continuous
powergui
Fault1
Fault2
Load
5 MW
1 Mvar1

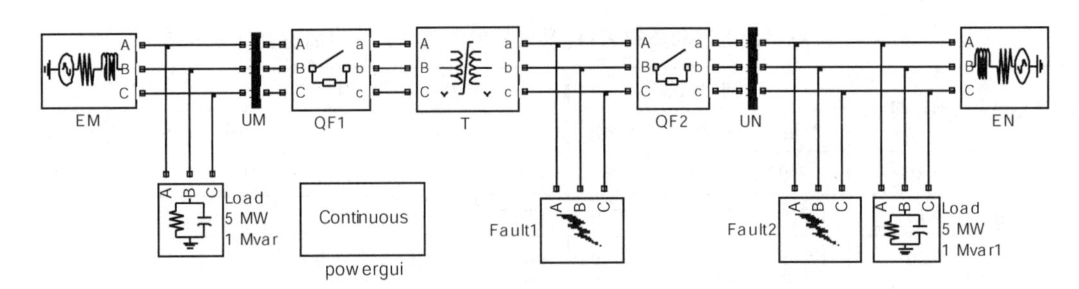

图 7-22 双侧电源双绕组变压器的 Simulink 仿真模型图

在图 7-22 中，电源采用“Three-phase source”模型，EM 的参数设置如图 7-23 所示。电源 EN 与电源 EM 的电动势相位差为 10°，其他设置相同。

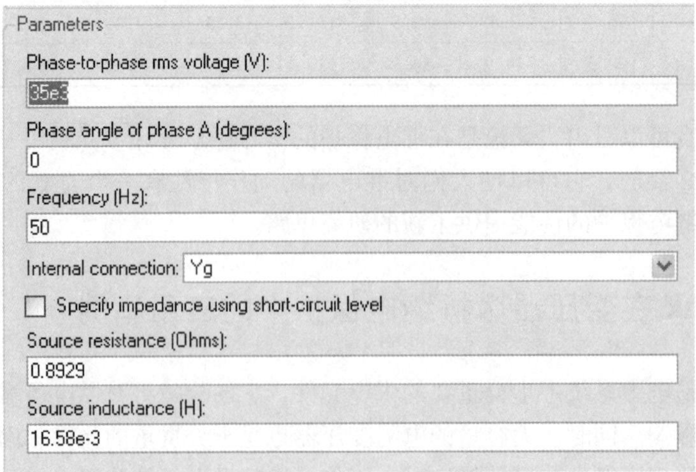

Parameters
Phase-to-phase rms voltage (V):
35e3
Phase angle of phase A (degrees):
0
Frequency (Hz):
50
Internal connection: Yg
Specify impedance using short-circuit level
Source resistance (Ohms):
0.8929
Source inductance (H):
16.58e-3

图 7-23 电源 EM 的参数设置

变压器 T 采用 “Three-phase transformer（Two Windings)” 模型，并选中 “饱和铁心”（Saturable core)。为了简化仿真，变压器两侧的绕组接线方式相同，电压等级也相同。其参数设置如图 7-24 所示。

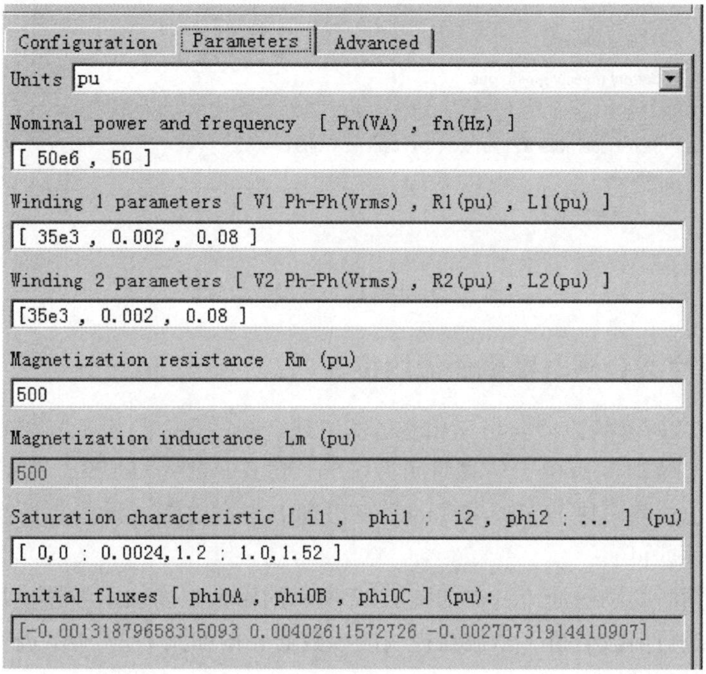

a)

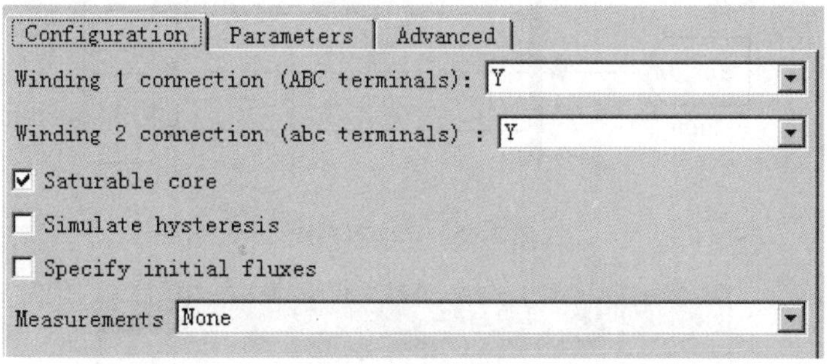

b)

图 7-24　变压器 T 的参数设置

a）Parameters 选项　b）Configuration 选项

三相电压、电流测量模块 UM、UN 将在变压器两侧测量到的电压、电流信号转变成 Simulink 信号，相当于电压、电流互感器的作用。UM 模块的参数设置如图 7-25 所示。UN 模块的参数设置与此相仿，只是其输出的信号分别为 “Vabc_ N”“Iabc_ N”。

三相断路器模块 QF1 和 QF2 分别用来控制变压器的投入，故障模块 Fault1 和 Fault2 分别用来仿真变压器保护区内故障和区外故障。在仿真时，主要是改变它们的切换时间，其他采用默认设置即可。

Parameters
Voltage measurement: phase-to-ground
☑ Use a label
Signal label (use a From block to collect this signal)
Vabc_M
☐ Voltage in pu
Current measurement: yes
☑ Use a label
Signal label (use a From block to collect this signal)
Iabc_M
☐ Currents in pu

图 7-25 UM 模块的参数设置

7.4.2 变压器空载合闸时励磁涌流的仿真

在利用图 7-22 所示的模型分析三相变压器空载合闸过程时，设置三相断路器模块 QF1 的切换时间为 0s，仿真时间为 0.5s，仿真算法为 Ode23t。三相断路器模块 QF2、故障模块 Fault1 和 Fault2 在仿真中均不动作（设置其切换时间大于仿真时间即可）。

为了观察合闸时的励磁涌流，在如图 7-22 所示的模型中增加示波器模块（见图 7-26），为了对励磁涌流进行谐波分析，示波器模块的参数需要按如图 7-27 所示进行设置。

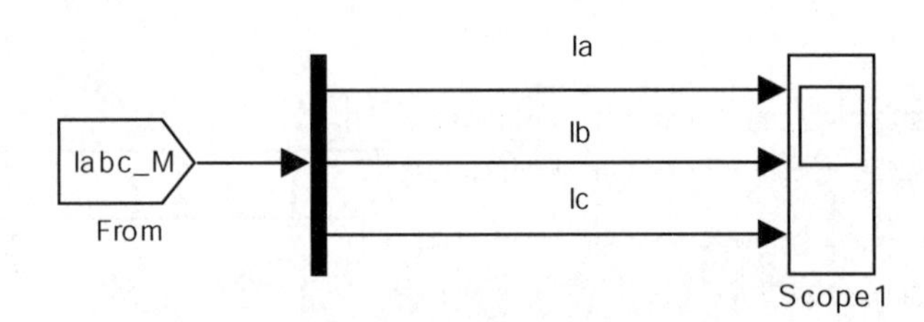

图 7-26 示波器模块

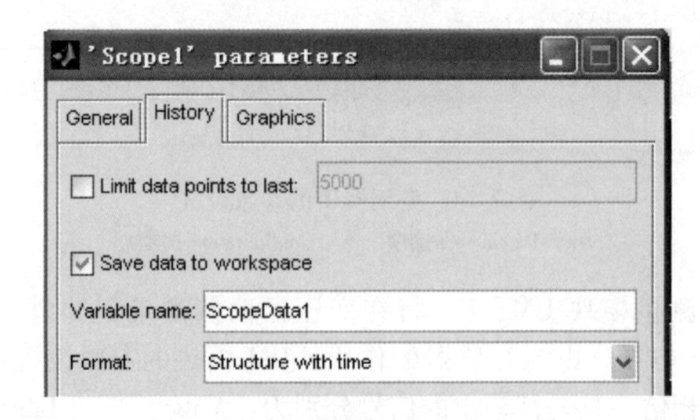

图 7-27 示波器模块的参数设置

将电源 EM 的 A 相初相位设为 0°，运行仿真，得到空载合闸后的三相励磁涌流的波形，如图 7-28 所示。

从图 7-28 的仿真结果，可以明显地观察到励磁涌流的以下特点：

1）包含有很大成分的非周期分量，往往使涌流偏于时间轴的一侧。

2）包含有大量的高次谐波。

3）波形之间出现间断。

通过 Powergui 模块中的 FFT Analysis 对励磁涌流波形进行谐波分析，其界面如图 7-29 所示。

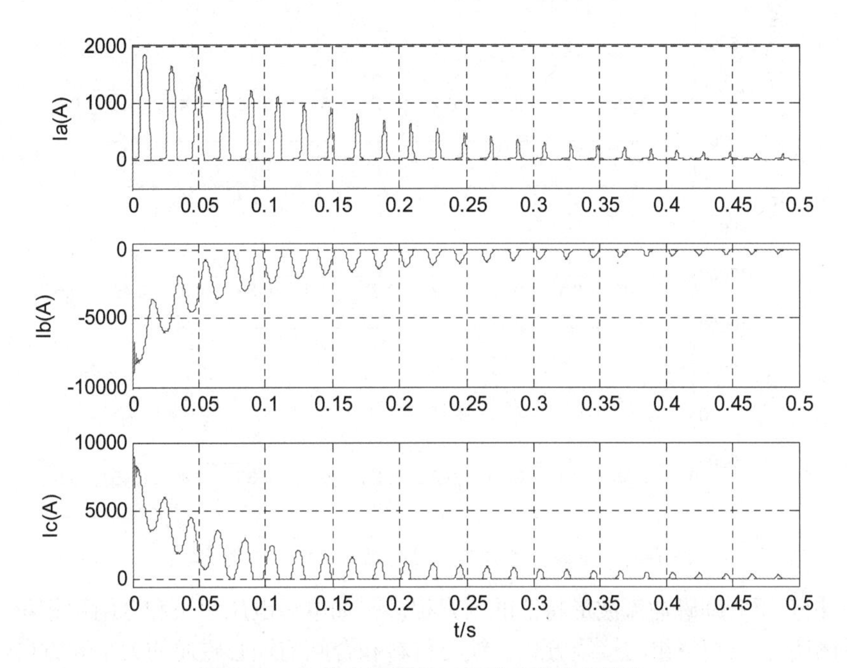

图 7-28　空载合闸后的三相励磁涌流的波形

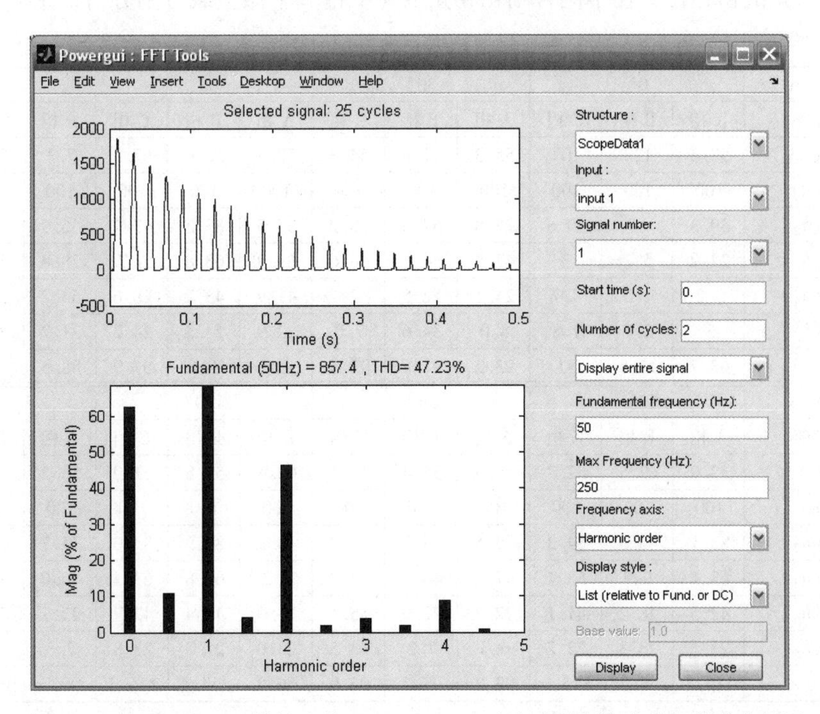

图 7-29　利用 Powergui 模块中的 FFT Analysis 对励磁涌流波形进行谐波分析图

为了比较合闸时的励磁涌流与短路电流的大小，设置故障模块 Fault1，使电路在 0.25 ~ 0.45s 间发生三相短路，运行仿真，结果如图 7-30 所示。在本次仿真中，A 相空载合闸时的励磁涌流峰值比短路电流要稍小，而 B、C 相空载合闸时的励磁涌流峰值要比短路电流大。

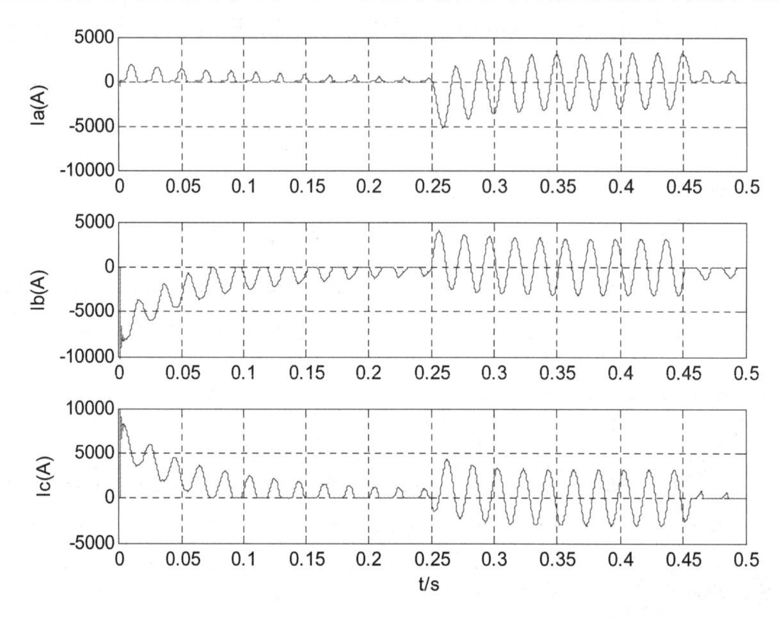

图 7-30 空载合闸时的励磁涌流与短路电流的比较图

影响三相变压器励磁涌流波形特征的因素很多，如电源电压大小和合闸初相角、系统等值阻抗大小和相角、三相绕组的接线方式、铁心材料和合闸前铁心磁通的大小和方向等。本节通过改变电源 EM 的初相位，在不同合闸初相角 α（A 相）下做空载合闸分析，结果见表 7-4。

表 7-4 不同合闸初相角下空载合闸时励磁涌流谐波分析

合闸初相角 α	0°			30°			60°			90°		
励磁涌流（%）	A 相	B 相	C 相	A 相	B 相	C 相	A 相	B 相	C 相	A 相	B 相	C 相
直流（DC）	58.6	120	107	55.3	11.9	54.3	52.7	52.0	62.3	7.3	54.4	55.3
基波（Fund）	100	100	100	100	100	100	100	100	100	100	100	100
二次谐波（h_2）	59.3	11	30.6	75.8	57.3	76.2	84.5	83.3	43.7	55.9	75.7	75.6
三次谐波（h_3）	22.2	5.7	3	47.8	34.7	48.6	63.9	63.8	6.7	28.8	47.8	47.4
四次谐波（h_4）	5.2	1.0	4.7	24.1	52.5	24	41.9	43.2	28.6	53.7	23.3	23.5
五次谐波（h_5）	3	2.9	1.8	8.0	34.6	7.0	22.9	24.3	24.2	31.7	6.7	7.5
THD	63.7	12.8	31	93.2	91.8	93.8	116	116	57.9	88.5	92.8	92.6
合闸初相角 α	120°			150°			180°			210°		
励磁涌流（%）	A 相	B 相	C 相	A 相	B 相	C 相	A 相	B 相	C 相	A 相	B 相	C 相
直流（DC）	52.0	62.5	52.7	54.5	55.4	10.1	62.4	52.8	51.9	55.5	18.5	54.4
基波（Fund）	100	100	100	100	100	100	100	100	100	100	100	100
二次谐波（h_2）	83.1	43.3	84.3	75.5	75.2	58.2	43.2	83.9	83.0	74.7	64.1	75.6
三次谐波（h_3）	63.4	6.9	63.4	47.4	46.7	33.2	7.2	62.8	63.4	46.0	43.9	47.4
四次谐波（h_4）	42.5	28.2	41.1	22.7	22.9	55.1	28.0	40.4	42.7	22.7	57.9	22.7
五次谐波（h_5）	23.5	23.3	22.2	6.3	7.2	33.5	23.0	21.3	23.8	7.3	40.5	6.0
THD	115.2	57.2	115.3	92.2	91.7	92.9	56.9	114.4	115.3	90.9	105.5	92.3

将图 7-22 中变压器的二次绕组改为“D11”接线方式时，电源 EM 的 A 相初相位仍设为 0°，运行仿真，得到空载合闸后的三相励磁涌流的波形如图 7-31 所示。对比图 7-28 可见三相绕组的接线方式对励磁涌流的影响。

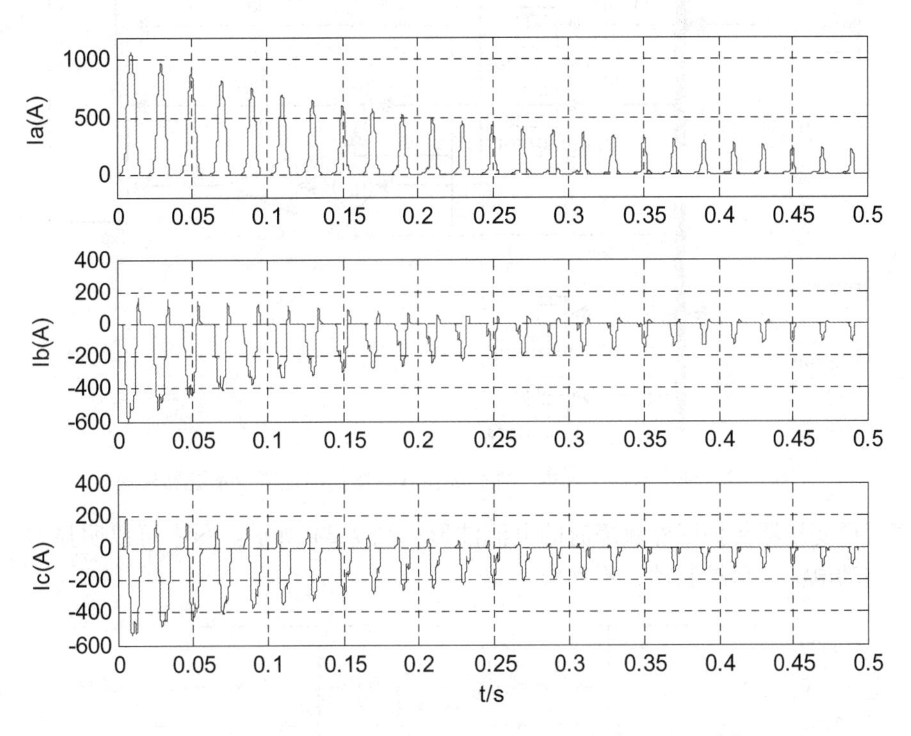

图 7-31　变压器采用 Y，D11 接线时的空载合闸励磁涌流

读者也可在图 7-22 的仿真模型中，改变其他参数设置，观察励磁涌流的变化情况。

7.4.3　变压器保护区内、外故障时比率制动的仿真

为了仿真比率制动式纵差保护在变压器保护区内、外故障时的电流情况，在图 7-22 的模型中增加运算及示波器模块，如图 7-32 所示。

在图 7-32 中，只绘出了 A 相差动电流与制动电流的仿真图，其中

差动电流为
$$I_d = |\dot{I}_{a\_m} + \dot{I}_{a\_n}|$$

制动电流为
$$I_{res} = \frac{1}{2}|\dot{I}_{a\_m} - \dot{I}_{a\_n}|$$

应当注意的是，为了简化并突出主要问题，本仿真没有考虑变压器两侧绕组的接线方式及两侧电流互感器的电流比，在实际仿真中应加以考虑。

设置三相断路器模块 QF1、QF2 的切换时间均为 0s，并设置故障模块 Fault1，使电路在 0.3～0.5s 间发生三相短路，故障模块 Fault2 不动作，运行仿真，得变压器保护区内故障时的电流波形如图 7-33 所示。从图中可以明显看出差动电流远大于制动电流，保护能够可靠动作。

设置故障模块 Fault2，使电路在 0.3～0.5s 间发生三相短路，故障模块 Fault1 不动作，

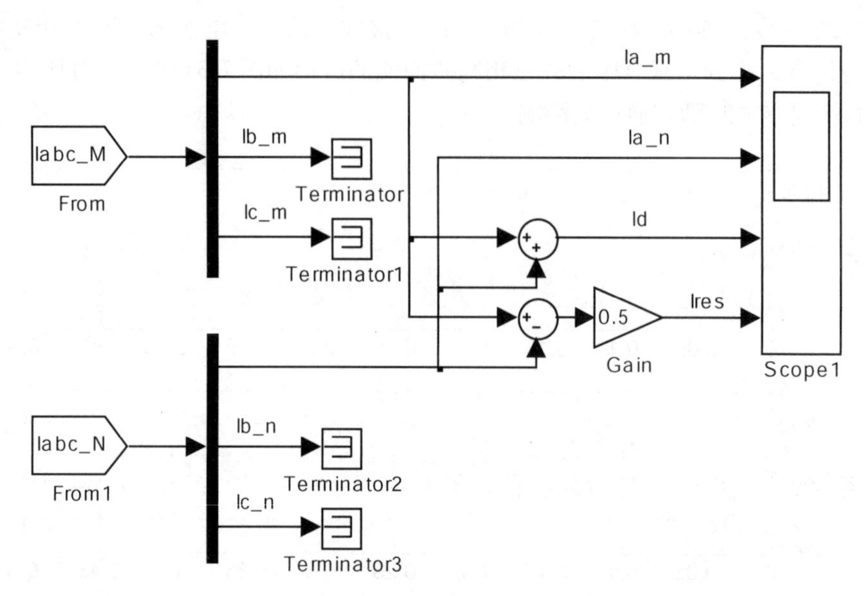

图 7-32 变压器保护区内、外故障仿真时增加的运算及示波器模块

运行仿真，得变压器保护区外故障时的电流波形如图 7-34 所示。图中可以明显看出制动电流远大于差动电流，保护制动，不动作。

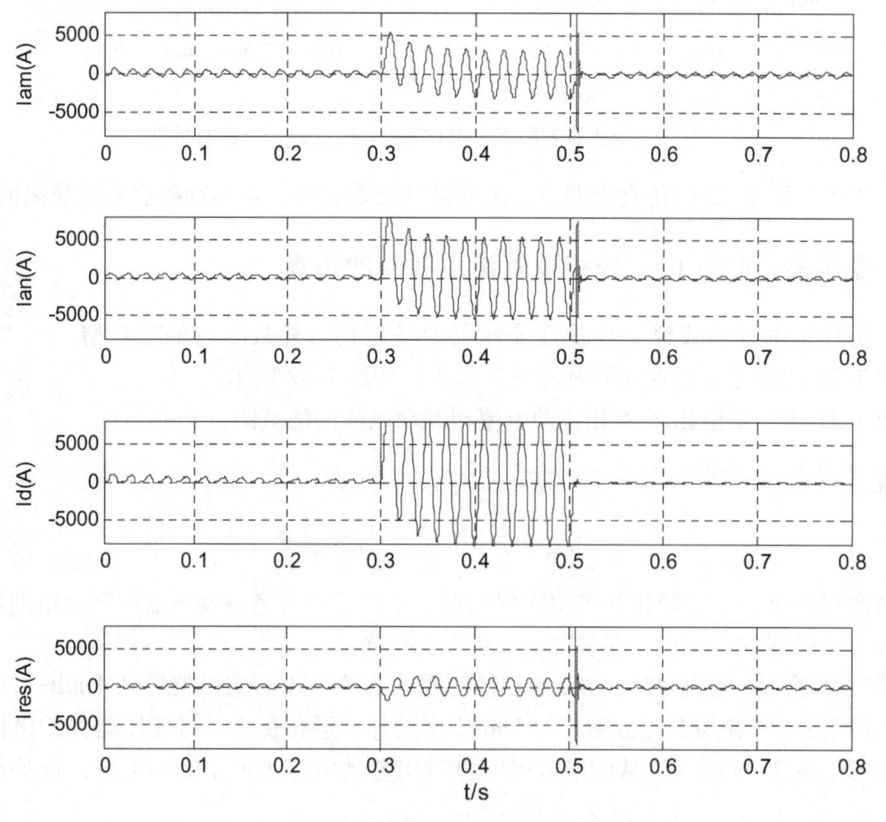

图 7-33 变压器保护区内故障时的电流波形图

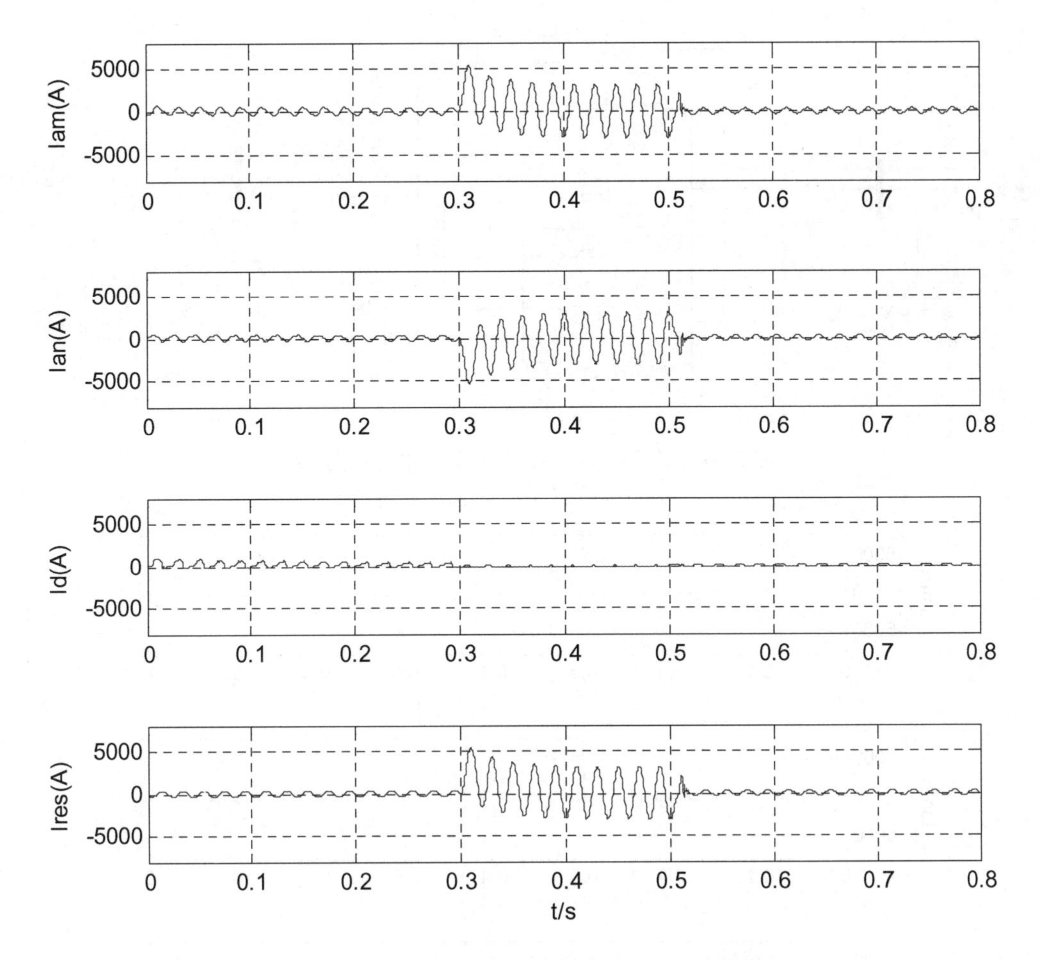

图 7-34　变压器保护区外故障时的电流波形图

7.4.4　变压器绕组内部故障的简单仿真

利用图 7-22 中的模型是无法进行变压器绕组内部故障仿真的，为了解决这一问题。可将图中的三相变压器模型改变为三个单相变压器（本仿真采用 Saturable Transformer 模型，根据需要也可采用 Linear Transformer 模型），在变压器属性框中选中“三绕组变压器”（Three Windings Transformer），从而构造出具有一个一次绕组、两个二次绕组的单相变压器（两个二次绕组首尾相连，当作一个二次绕组用）。一次绕组和二次绕组可按三相变压器的接线组别进行连接，二次绕组的额定电压、电阻和电感的参数可灵活调整，以便进行变压器内部故障的仿真，故障点可设置于两个二次绕组的连接线上，也可设置于绕组首端，新的模型如图 7-35 所示。

经过这样处理后，就可以进行变压器内部整个绕组的单相接地、两相短路、两相接地短路、三相短路等故障的简单仿真。

设置两个二次绕组的参数使其相同，并设置三相断路器模块 QF1、QF2 的切换时间均为 0s，故障模块 Fault1 使电路在 0.3 ~ 0.5s 间发生 AB 相短路，故障模块 Fault2 不动作，运行仿真，得变压器绕组 50% 处发生两相短路故障时的电流波形，如图 7-36 所示。

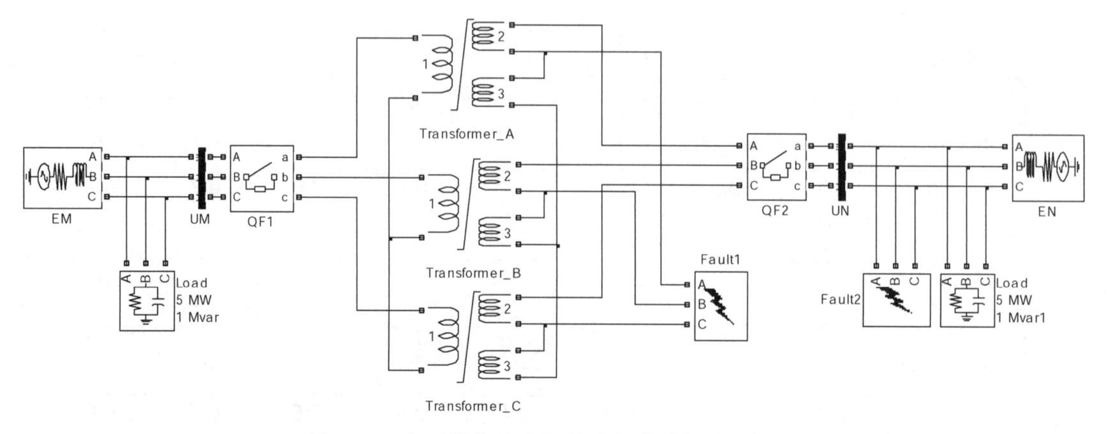

图 7-35 变压器绕组内部故障的简单仿真模型图

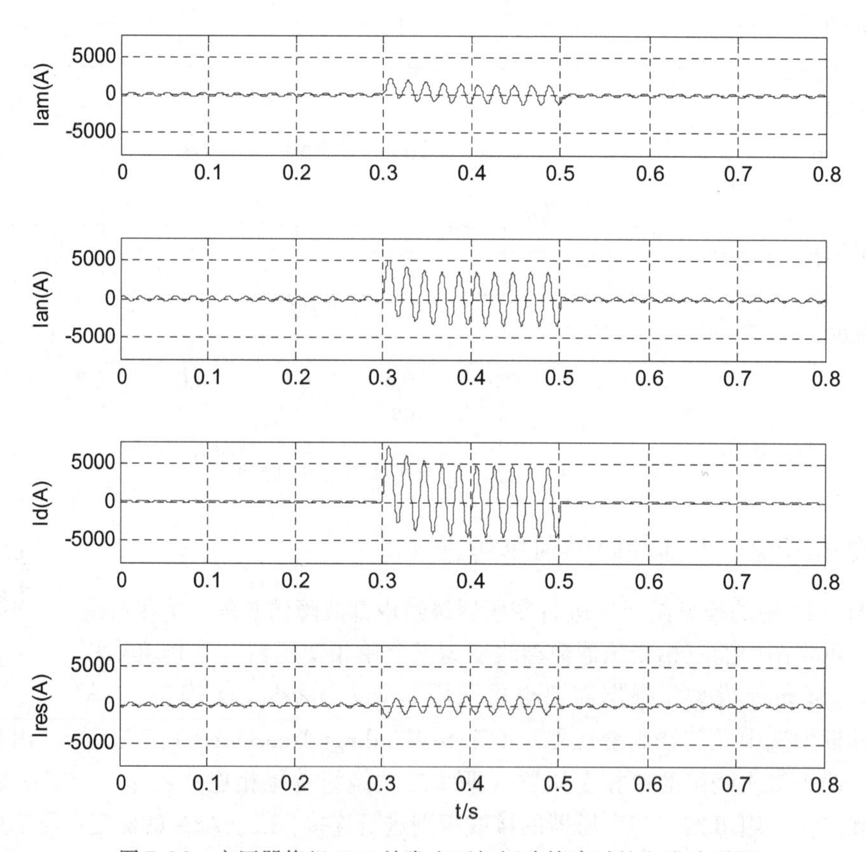

图 7-36 变压器绕组 50% 处发生两相短路故障时的电流波形图

7.5 输电线路故障行波仿真举例

目前，在电力系统中广泛采用的是反应工频电气量的继电保护装置。这些保护都是建立在利用工频电压、电流或者由其组合成的功率、阻抗等基础上实现的。基于工频电气量的保护稳定可靠、实现简便，在保证电力系统安全方面发挥了重要作用，但是工频保护受过渡电阻、CT 饱和、系统振荡和长线分布电容的影响较大。随着电力系统的发展，基于工频电气量的保护在一些方面已不能满足现场的要求，例如，工频电气量保护不能满足特高压长距离输电线路的需要；基于工频电气量的输电线路故障测距精度差；基于工频电气量的小电流系统单相接地选线由于故障电流小，特征不明显，且受系统正常运行时不平衡电流的影响，难以正确动作。

当线路发生故障时，电力系统中存在运动的电压和电流行波，这些暂态故障行波包含了故障方向、故障距离等丰富的故障信息。与基于工频电气量的传统保护相比，基于行波电气量的继电保护具有不受过渡电阻、电流互感器饱和、系统振荡和长线分布电容影响等优点。基于行波的故障测距技术在输电线路故障测距中已取得了巨大成功，基于行波的小电流系统单相接地故障选线也取得了重大突破。本节将在简要介绍故障行波基本概念的基础上，重点介绍利用故障行波的仿真方法。

7.5.1　行波的基本概念

当输电线路上某点 F 发生故障时，可利用叠加原理进行分析，这时图 7-37a 可用图 7-37b 等效，而图 7-37b 又可视为正常负荷分量图（见图 7-37c）和故障分量图（见图 7-37d）二者的叠加。由于行波保护不反应正常负荷分量，因此可以对故障分量进行单独讨论。由图 7-37d 可见，故障分量相当于在系统电动势为零时，在故障点 F 处加一个与该点正常负荷状态下大小相等、方向相反的电压。在这一电压的作用下，将产生由故障点 F 向线路两端传播的行波。

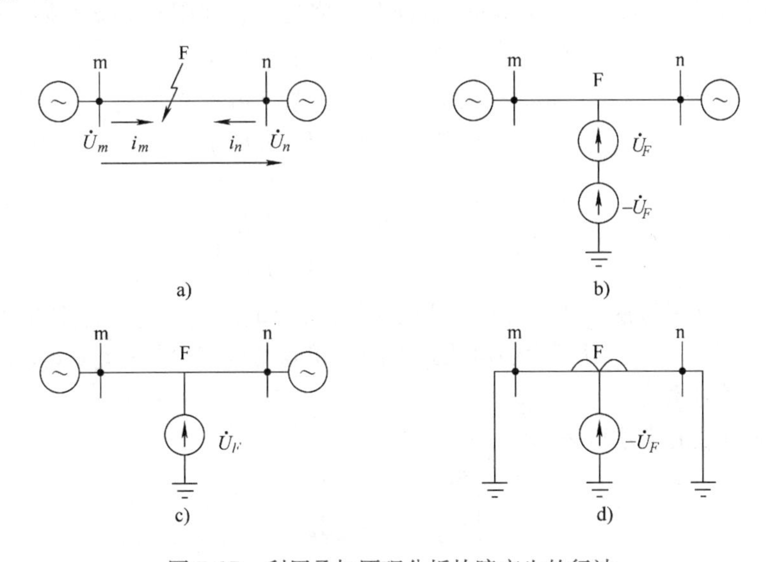

图 7-37　利用叠加原理分析故障产生的行波

由图 7-37d 可见，由故障点 F 向线路两端传播行波。

如果将单根无损的分布参数线路上的电压 u 和电流 i 用在线路上的位置 x 和时间 t 为变数的偏微分方程来表示，便可写出下列方程式

$$-\frac{\partial u}{\partial x}=L\frac{\partial i}{\partial t}$$

$$-\frac{\partial i}{\partial x}=C\frac{\partial u}{\partial t}$$

式中，L、C 为线路单位长度的电感和对地电容。

将其分别对 x、t 进行微分，经变换可得到波动方程

$$\frac{\partial^2 u}{\partial x^2}=LC\frac{\partial^2 u}{\partial t^2}$$

$$\frac{\partial^2 i}{\partial x^2}=LC\frac{\partial^2 i}{\partial t^2}$$

则其达朗贝尔（d′Alembert）解为

$$u=u_1\left(t-\frac{x}{v}\right)+u_2\left(t+\frac{x}{v}\right)$$

$$i=\frac{1}{Z_c}\left[u_1\left(t-\frac{x}{v}\right)+u_2\left(t+\frac{x}{v}\right)\right]$$

式中，$u_1\left(t-\frac{x}{v}\right)$为 x 正方向传播的前行波；$u_2\left(t+\frac{x}{v}\right)$为沿 x 反方向传播的反行波；$v=\frac{1}{\sqrt{LC}}$是行波的传播速度；$Z_c=\sqrt{\frac{L}{C}}$是波阻抗。

在三相输电线路中，由于各相之间存在耦合，因此每相上的行波分量并不独立。为此，需要首先对行波分量进行相模变换，将三相不独立的相分量转换为相互独立的模分量，然后再利用模量行波实现行波保护的相应功能。

相模变换可通过 Clarke 变换或 Karenbauer 变换实现。若利用 Clarke 变换，则有

$$\begin{pmatrix}u_\alpha\\u_\beta\\u_0\end{pmatrix}=\frac{1}{3}\begin{pmatrix}2&-1&-1\\0&\sqrt{3}&-\sqrt{3}\\1&1&1\end{pmatrix}\begin{pmatrix}u_a\\u_b\\u_c\end{pmatrix}\tag{7-32}$$

$$\begin{pmatrix}i_\alpha\\i_\beta\\i_0\end{pmatrix}=\frac{1}{3}\begin{pmatrix}2&-1&-1\\0&\sqrt{3}&-\sqrt{3}\\1&1&1\end{pmatrix}\begin{pmatrix}i_a\\i_b\\i_c\end{pmatrix}\tag{7-33}$$

式中，u_a、u_b、u_c 分别为输电线路上的三相电压行波分量；u_α、u_β、u_0 分别为电压行波的 α、β、0 模分量。i_a、i_b、i_c 分别为输电线路上的三相电流行波分量；i_α、i_β、i_0 分别为电流行波的 α、β、0 模分量。

因此，方向行波的模量可表示为

$$\begin{cases}S_{1\alpha}=u_\alpha+i_\alpha Z_\alpha\\S_{1\beta}=u_\beta+i_\beta Z_\beta\\S_{10}=u_0+i_0 Z_0\end{cases}\tag{7-34}$$

$$\begin{cases}S_{2\alpha}=u_\alpha-i_\alpha Z_\alpha\\S_{2\beta}=u_\beta-i_\beta Z_\beta\\S_{20}=u_0-i_0 Z_0\end{cases}\tag{7-35}$$

式中，$S_{1\alpha}$、$S_{1\beta}$、S_{10}分别为正方向行波的 α、β、0 模分量；$S_{2\alpha}$、$S_{2\beta}$、S_{20}分别为反方向行波的 α、β、0 模分量；Z_α、Z_β、Z_0分别为 α、β、0 模分量行波对应的波阻抗。

7.5.2　输电线路故障行波仿真模型的构建

本节利用一个由 3 个电源和 4 段分布参数输电线构成的环形电网作为输电线路故障行波的仿真平台，其对应的 Simulink 仿真模型如图 7-38 所示。

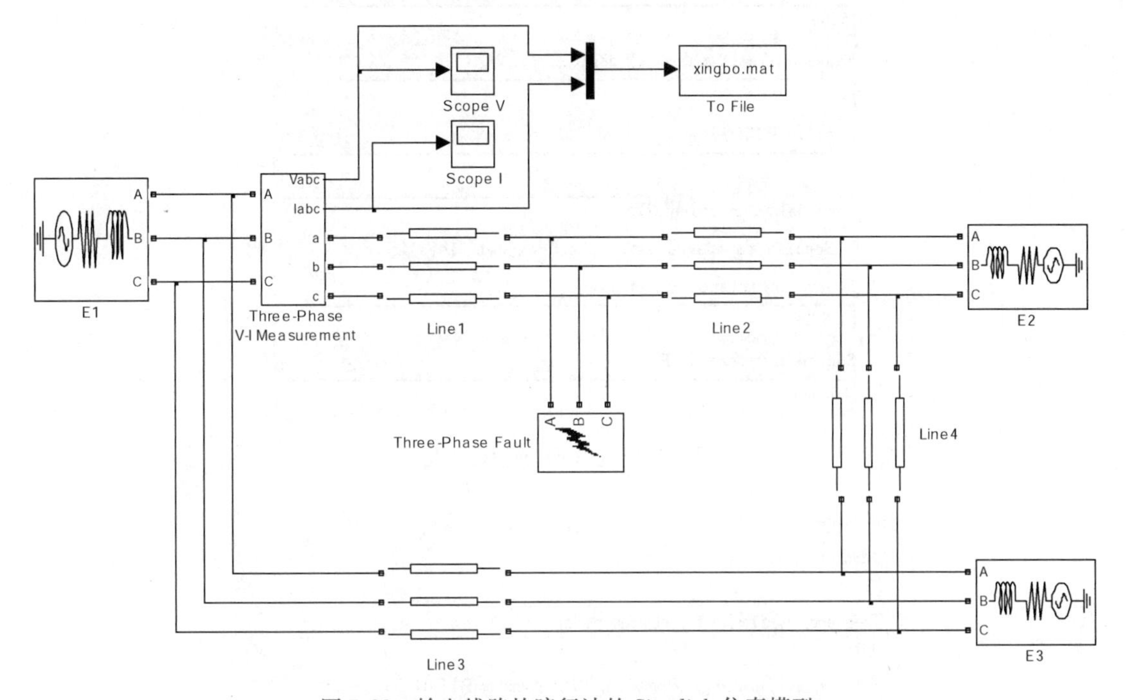

图 7-38　输电线路故障行波的 Simulink 仿真模型

在图 7-38 中，电源采用"Three-phase source"模型，E1 的参数设置如图 7-39 所示。电源 E2、电源 E3 的 A 相电动势初相位差分别为 30°、60°，其他设置与 E1 相同。

输电线路仿真模块采用"Distributed Parameters Line"分布参数模型，line1 的参数设置如图 7-40 所示。线路 line2、line3、line4 的长度分别为 100km、150km、260km，其他设置与 line1 相同。

三相电压、电流测量模块将测量到的电压、电流信号送到示波器模块显示，并通过"To File"模块转变成 M 文件格式，"To File"模块的参数设置如图 7-41 所示。

7.5.3　输电线路故障行波的提取

利用图 7-38 的仿真模型对线路故障进行仿真后，在 MATLAB 的 work 子目录下就会得到以变量形式存储的三相电压和三相电流数据文件 xingbo. mat，根据该数据就可以提取故障发生时的正向行波和反向行波，具体提取方法如下：

1）提取三相电压和三相电流的暂态量，用故障后一段时段内的三相电压、电流值减去故障前相应的一段时段内的三相电压、电流值，就得到了三相电压、电流的暂态量。

2）利用式(7-32)、式(7-33) 将三相电压、电流的暂态量进行 Clarke 变换，得到电压、电流的 α、β、0 模分量值。

3）利用式(7-34)、式(7-35) 计算正向行波和反向行波的 α、β、0 模分量。

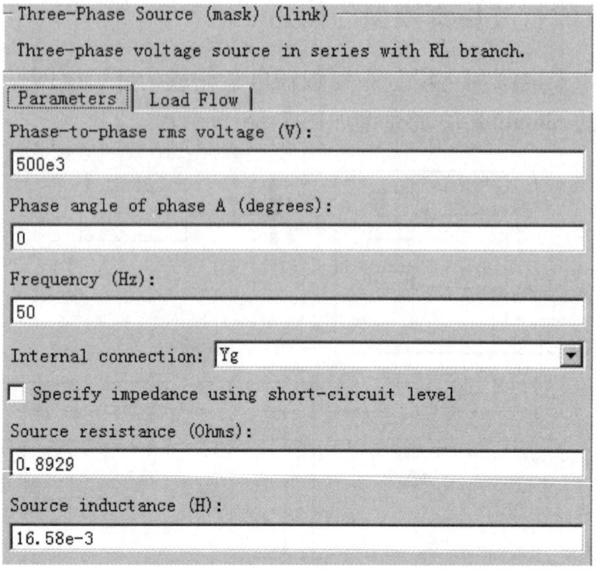

Three-Phase Source (mask) (link)
Three-phase voltage source in series with RL branch.
Parameters | Load Flow
Phase-to-phase rms voltage (V):
500e3
Phase angle of phase A (degrees):
0
Frequency (Hz):
50
Internal connection: Yg
Specify impedance using short-circuit level
Source resistance (Ohms):
0.8929
Source inductance (H):
16.58e-3

图 7-39 电源 E1 的参数设置

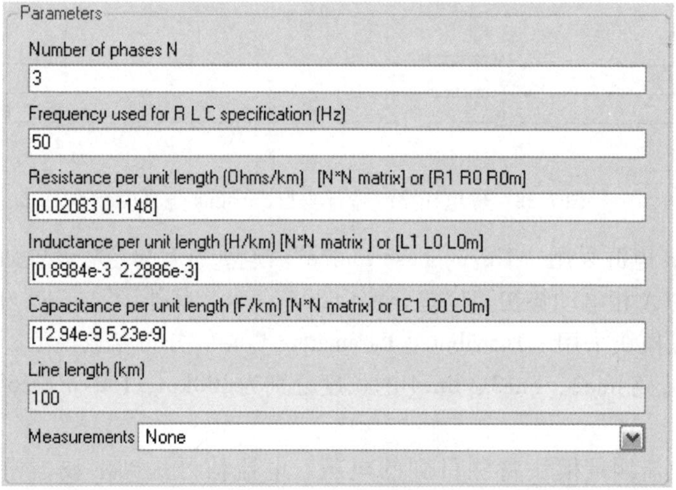

Parameters
Number of phases N
3
Frequency used for R L C specification (Hz)
50
Resistance per unit length (Ohms/km) [N*N matrix] or [R1 R0 R0m]
[0.02083 0.1148]
Inductance per unit length (H/km) [N*N matrix] or [L1 L0 L0m]
[0.8984e-3 2.2886e-3]
Capacitance per unit length (F/km) [N*N matrix] or [C1 C0 C0m]
[12.94e-9 5.23e-9]
Line length (km)
100
Measurements None

图 7-40 输电线路的参数设置

可用 MATLAB 语言将上述算法编写成程序，仿真之后直接运行该程序就可以求出正向行波和反向行波并绘制出相应的波形图。相应的 M 文件如下：

```
% --------程序名:xingbotiqu.m------------------
% 提取故障发生时正向行波和反向行波的示例程序
% 本程序计算的是α模分量
% 设定仿真模型在 0.035s 时发生故障
% 故障分量取为从故障后的 0.035 ~0.039s 减去故障前的 0.015 ~0.019s
clc
clear
load xingbo.mat;  % 载入.mat 文件
```

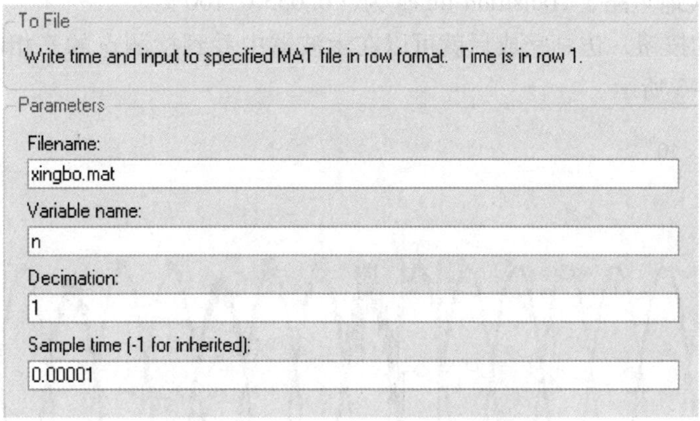

To File

Write time and input to specified MAT file in row format. Time is in row 1.

Parameters

Filename:

xingbo.mat

Variable name:

n

Decimation:

1

Sample time (-1 for inherited):

0.00001

图 7-41　“To File”模块的参数设置

```
m=n';
ua=m(3501:3900,2)-m(1501:1900,2);
ia=m(3501:3900,5)-m(1501:1900,5);
ub=m(3501:3900,3)-m(1501:1900,3);
ib=m(3501:3900,6)-m(1501:1900,6);
uc=m(3501:3900,4)-m(1501:1900,4);
ic=m(3501:3900,7)-m(1501:1900,7);
Q=1/3*[  2        -1          -1
         0   sqrt(3)   -sqrt(3)
         1         1           1];
um1 =Q(1,:)*[ua ub uc]';
im1 =Q(1,:)*[ia ib ic]';      % 进行 Clarke 变换得到电压、电流的模量
Lm1 =0.8984e-3;
Cm1 =12.94e-9;
Zcm1 =sqrt(Lm1/Cm1);          % 求波阻抗
uf=(um1 +im1*Zcm1);
ur=(um1 -im1*Zcm1);           % 求出正反向行波
uf1 =uf';
ur1 =ur';
t1 =0:10:3990;
t=t1';
plot(t,uf1,'r',t,ur1,'b--');
xlabel('t/us');ylabel('u/V');
legend('正向行波','反向行波','location','northwest');% Legend 位置在左上
角(西北方)
```

7.5.4　仿真结果

设置仿真的起止时间分别为 0.0s 和 0.10s，采用变步长 Ode23tb 算法。通过三相线路故

障模块设为 A 相接地短路，Transition times 为［0.035 0.100］。

单击仿真启动按钮，仿真完成后就可以在示波器中看到检测点的三相电压、电流波形，如图 7-42 和图 7-43 所示。

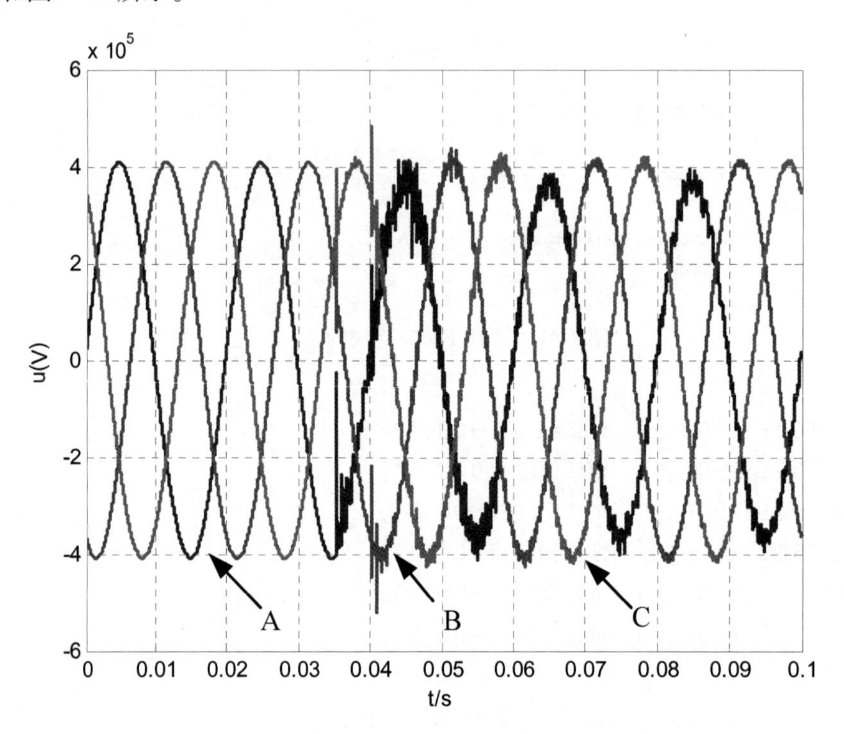

图 7-42 检测点的三相电压波形

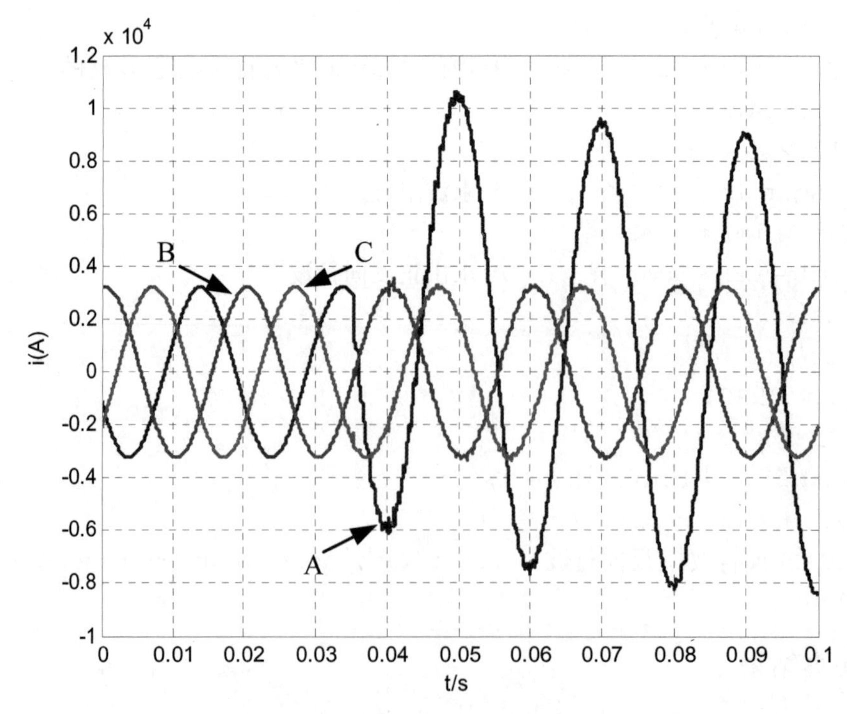

图 7-43 检测点的三相电流波形

通过检测点的三相电压和电流波形可以看出，仿真后得到的电压、电流波形符合线路发生 A 相接地短路故障后的电压、电流特征，从而说明了仿真模型的正确性。

运行事先用 MATLAB 语言编写的正向行波和反向行波的提取程序，就可以得到从仿真后的三相电压、电流数据中提取到的电压 α 模正向行波和反向行波，如图 7-44 所示。

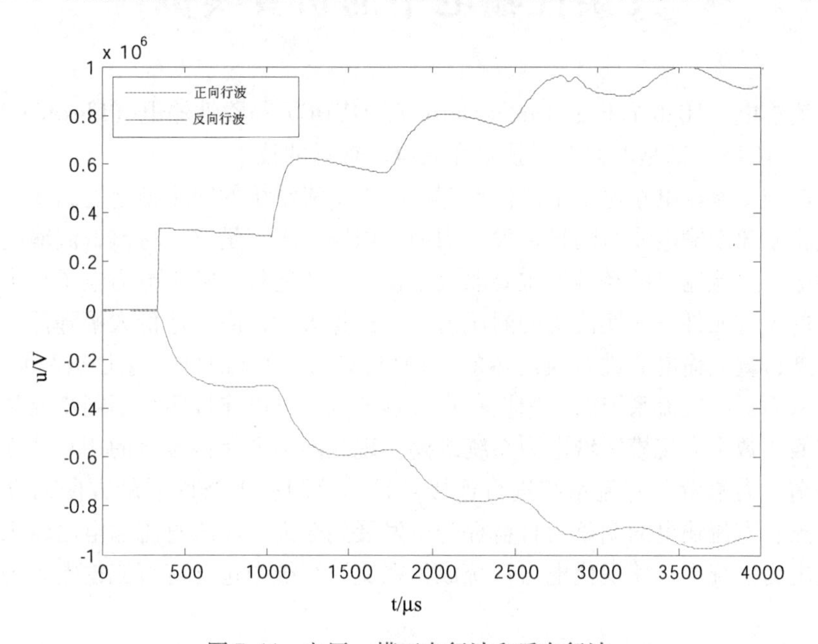

图 7-44　电压 α 模正向行波和反向行波

需要指出的是，当前行波极性、大小、折射、反射系数等各种故障信息的提取大多应用小波变换这一数学工具，有兴趣的读者可参阅相关文献。

第8章　MATLAB在高压直流输电及柔性输电中的仿真实例

高压直流输电（High Voltage Direct Current，HVDC）与柔性输电（Flexible AC Transmission System，FACTS）都是电力电子技术介入电能输送的技术。

直流输电与交流输电相比，主要优点有：由于交流系统的同步稳定性问题，大容量长距离输送电能将使建设输电线路的投资大大增加。当输电距离足够长时，直流输电的经济性将优于交流输电。直流输电的经济性主要取决于换流站的造价。随着电力电子技术的进步，直流输电技术的关键元件——换流阀的耐压值和过流量大大提高，造价大幅降低。由于现代控制技术的发展，直流输电通过对换流器的控制可以快速地（时间为毫秒级）调整直流线路上的功率，从而提高交流系统的稳定性；直流输电线路可以连接两个不同步或频率不同的交流系统。因而当数个大规模区域电力系统既要实现联网又要保持各自的相对独立时，采用直流线路或所谓“背靠背”直流系统进行连接是目前控制技术条件下最方便的方法。由于这三个主要优点，直流输电的竞争力日益提升。发展到今天，高压直流输电已越来越多地应用在世界各大电力系统中，使现代电力系统成为在交流系统中包含有直流输电系统的交直流混联系统。

柔性交流输电系统，亦称柔性输电技术或灵活输电技术，英文缩写为FACTS。其概念最初由美国学者亨高罗尼（N. G. Higorani）提出，约形成于20世纪80年代末，但公认的、严格的柔性输电技术的定义目前尚未有定论。柔性输电技术是利用大功率电力电子元器件构成的装置来控制或调节交流电力系统的运行参数和/或网络参数从而优化电力系统的运行，提高电力系统的输电能力的技术。显然，直流输电技术也满足以上定义。但是，由于直流输电技术现已独立发展成一项专门的输电技术，故现今所谓的柔性输电技术不包括直流输电技术。

产生和应用柔性输电技术的背景主要有以下几点：电力负荷的不断增长使现有的输电系统在当前的运行控制技术下已不能满足长距离大容量输送电能的需要。由于环境保护的需要，架设新的输电线路受到线路走廊短缺的制约，因此，挖掘已有输电网络的潜力，提高其输送能力成为解决输电问题的一条重要途径。大功率电力电子元器件的制造技术日益发展，价格日趋低廉，使得用柔性输电技术来改造已有电力系统在经济上成为可能；计算技术和控制技术方面的快速发展和计算机的广泛应用，为柔性输电技术发挥其对电力系统快速、灵活的调整、控制作用提供了有力的支持。另外，电力系统运营机制的市场化使得电力系统的运行方式更加复杂多变，为尽可能地满足市场参与者各方面的技术经济要求，电力系统必须具有更强的自身调控能力。

高压直流输电和柔性输电的基本特点都是控制十分迅速，因此当系统中含有HVDC线路和/或FACTS装置时，电力系统的稳态和动态调控手段都大大加强。显然，合适的控制策略对改善电力系统的动态特性极为重要。因此，研究HVDC和FACTS在各种运行工况下的分析方法、控制技术及含有HVDC和FACTS的电力系统的潮流计算方法及控制策略，也成为电力科学研究的一个重要领域。

限于篇幅，本章仅介绍利用 MATLAB 对 HVDC 和 FACTS 系统基本原理的仿真实例，而不去过多地讨论有关的电力电子装置及其控制过程。更为深入的控制方法可参考相关书籍以及在 \ MATLAB \ R2010a \ toolbox \ physmod \ powersys 子目录下的相关例程。

8.1　高压直流输电系统的仿真实例

自从 1954 年世界上第一条工业性的高压直流输电线路投运以来，直流输电应用于电力系统已有半个多世纪。随着电力电子技术、计算机技术和控制理论的发展，超高压直流输电系统（HVDC）日趋完善，与交流输电相比，高压直流输电输送容量大、距离远、传输损耗低、节约占地走廊。目前世界上已投入运行 70 余个直流输电工程，在远距离大容量输电、海底电缆和地下电缆输电以及电力系统非同步联网工程中得到了广泛应用。

我国的葛洲坝—上海 ±500kV、1200MW 直流输电工程于 1989 年投入运行，此后又相继投运了天生桥—广州 ±500kV、1800MW，三峡—常州 ±500kV、3000MW 等 HVDC 工程。为优化配置能源资源，到 2020 年底，中国将建成覆盖华北、华中、华东地区的特高压交流同步电网，建成 ±800kV 向家坝—上海、锦屏—苏南、溪洛渡—株洲、溪洛渡—浙西等特高压直流工程 15 个，包括特高压直流换流站约 30 座、线路约 2.6 万 km，输送容量达 9440 万 kW，并成为世界上拥有直流输电工程最多、输送线路最长、容量最大的国家。

在此背景下，研究 HVDC 结构、运行原理及控制方法，进行 HVDC 仿真计算，分析系统的稳态、动态特性等，已显得非常重要。

8.1.1　HVDC 系统的基本结构与工作原理

HVDC 系统由换流站和直流线路组成。根据直流导线的正负极性，HVDC 分为单极系统、双极系统和同极系统。单极大地回流直流输电系统的基本结构如图 8-1 所示，主要组成设备如下：

1）换流变压器。其一次绕组与交流电力系统相连，其作用是将交流电压变为桥阀所需电压。换流变压器的直流侧通常为三角形或星形中性点不接地接线，这样直流线路可以有独立于交流系统的电压参考点。

2）换流器 C_1、C_2。由晶闸管组成，用作整流和逆变，实现交流电与直流电之间的转换。换流器一般采用三相桥式(有单、双桥两类）线路，每桥有 6 个桥臂（即 6 脉冲换流器)，如天生桥—广州 ±500kV HVDC 系统晶闸管块的额定电压为 8kV，用 78 个块串联组成阀体。

3）滤波器。交流侧滤波器一般装在换流变压器的交流侧母线上。对单桥用单调谐滤波器吸收 5 、7 、11 次（$6n \pm 1$ 次）谐波，用高通滤波器吸收高次谐波；对双桥用 11 、13 次（$12n \pm 1$ 次）谐波滤波器及高通滤波器。直流侧滤波器一般装在直流线路两端，用有源滤波器广频谱消除谐波，单桥时吸收 $6n$ 次谐波，双桥时吸收 $12n$ 次谐波。

4）无功补偿装置。换流器在运行时需要从交流系统吸收大量无功功率，在稳态时吸收的无功功率约为直流线路输送有功功率的 50%，因此，在换流器附近应有无功补偿装置为其提供无功电源。通常由静电电容器（包括滤波器电容器）、静止无功补偿器供给。

5）直流平波电抗器。其作用是减小直流电压、电流的波动，受扰时抑制直流电流的上升速度。

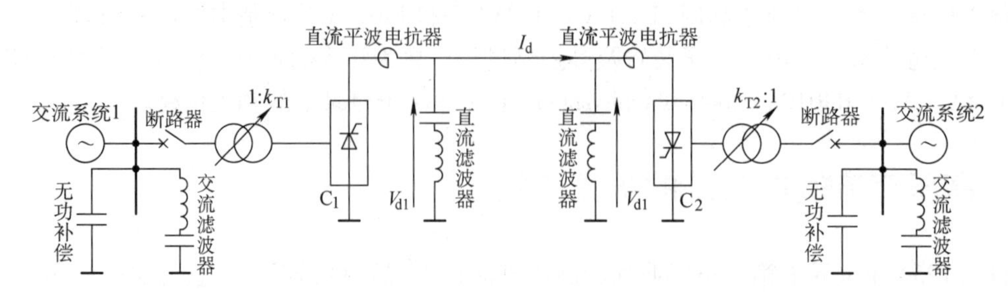

图 8-1 单极大地回流直流输电系统基本结构图

直流输电是将电能由交流整流成直流输送，然后再逆变成交流接入交流系统。在图 8-1 中，当交流系统 1 通过直流输电线路向交流系统 2 输送电能时，C_1 为整流运行状态，C_2 为逆变运行状态。因而 C_1 相当于电源，C_2 为负载。设直流线路的电阻为 R，可知线路电流

$$I_d = \frac{V_{d1} - V_{d2}}{R} \tag{8-1}$$

因此，C_1 送出去的功率与 C_2 收到的功率分别为

$$\left.\begin{aligned} P_{d1} &= V_{d1} I_d \\ P_{d2} &= V_{d2} I_d \end{aligned}\right\} \tag{8-2}$$

二者之差即为直流线路的电阻所消耗的功率。显然，直流线路输送的完全是有功功率。注意逆变器 C_2 的直流电压 V_{d2} 与直流电流 I_d 的方向相反，只要 V_{d1} 大于 V_{d2}，就有满足式(8-1) 的直流电流流过直流线路。因此通过调整直流电压的大小就可以调整输送功率的大小。必须指出，如果 V_{d2} 的极性不变，即使 V_{d2} 大于 V_{d1}，C_2 也不能向 C_1 输送功率。换句话说，式(8-1) 中的电流不能为负，这是因为换流器只能单向导通。如果要调整输送功率的方向，则必须通过换流器的控制，同时改变两端换流器的直流电压极性，也就是使 C_1 运行在逆变状态，C_2 运行在整流状态。

由式(8-1) 和式(8-2) 可见，直流输电线路输送的电流和功率由线路两端的直流电压所决定，与两端的交流系统的频率和电压相位无关。直流电压的调节是通过控制整流器的触发延迟角 α 和逆变器的逆变角 β 来实现的，因而不直接受交流系统电压幅值的影响。

8.1.2 HVDC 系统的仿真模型描述

HVDC系统的起停和阶跃响应

根据图 8-1 中直流输电系统的基本结构图以及参考 MATLAB 的例程 power_hvdc12pulse，本节建立了一个单极 12 脉冲的 HVDC 仿真模型，如图 8-2 所示。

在图 8-2 的仿真模型中，通过 1000MW（500kV，2kA）的直流输电线路从一个 500kV、5000MV · A、50 Hz 的电力系统 EM 向另一个 345kV、10000 MV · A 、50 Hz 的电力系统 EN 输送电力。整流桥和逆变桥均由两个通用 6 脉冲桥搭建而成。交流滤波器直接接在交流母线上，它包括 11 次、13 次和更高次谐波等单调支路，总共提供 600Mvar 的容量。

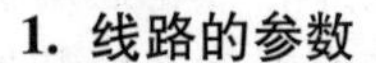

1. 线路的参数

直流输电线路的参数如下：

线路电阻：$R = 0.015\Omega/\text{km}$；

线路电感：$L = 0.792\text{mH/km}$；

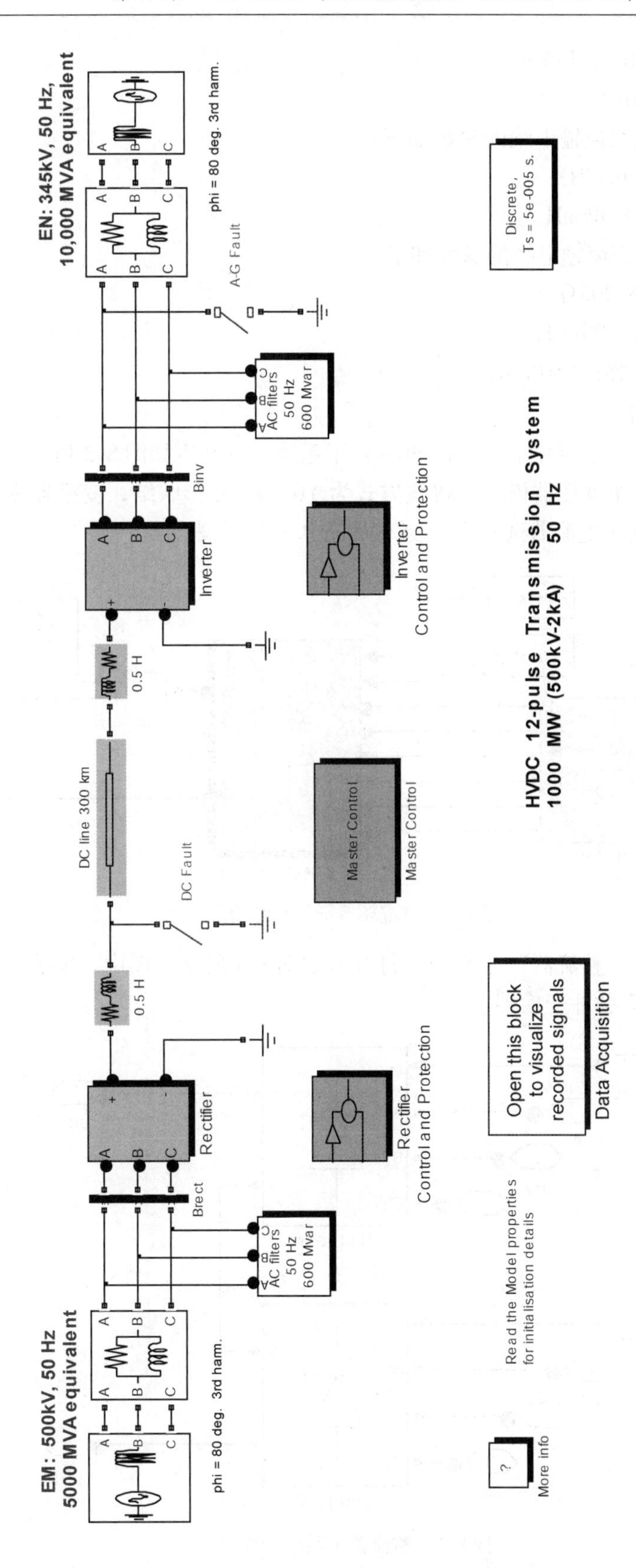

图8-2　单极12脉冲的HVDC仿真模型系统图

线路电容：$C=14.4\text{nF/km}$；

线路长度：300km。

电力系统 EM 侧交流输电线的参数如下：

线路电阻：$R=26.07\Omega$；

线路电感：$L=48.86\text{mH}$。

电力系统 EN 侧交流输电线的参数如下：

线路电阻：$R=6.205\Omega$；

线路电感：$L=13.96\text{mH}$；

平波电抗器的电感：$L=0.5\text{H}$。

2. 整流环节简介

双击图 8-2 中的“整流环节”（Rectifier）子系统，打开后如图 8-3 所示。其中，变换器变压器使用三相三绕组变压器模块，接线方式为 Y0 - Y -△形联结，变换器变压器的抽头用一次绕组电压的倍数（整流器选 0.90，逆变器选 0.96）来表示。

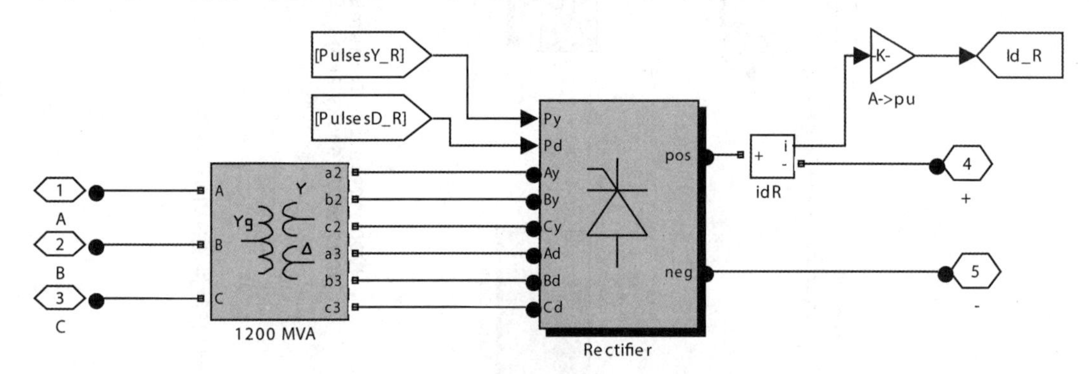

图 8-3　整流环节子系统结构图

双击图 8-3 中的“整流器”子系统，打开后如图 8-4 所示。图中，整流器是用两个通用桥模块串联而成的 12 脉冲变换器。

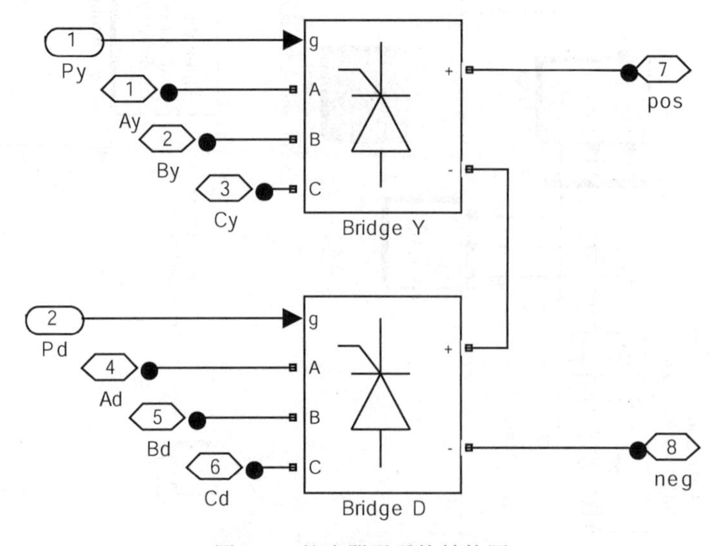

图 8-4　整流器子系统结构图

整流器的控制和保护由“整流器控制和保护”（Rectifier Control and Protection）子系统来实现。该子系统包含的模块及作用见表 8-1。

表 8-1　整流器控制和保护子系统包含的模块及作用

模块名称		作　用
Rectifier Controller	Voltage Regulator	电压调节，计算触发延迟角 a_r
	Gamma Regulator	计算熄弧角 a_g
	Current Regulator	电流调节，计算触发延迟角 a_i
	Voltage Dependent Current Order Limiter	根据直流电压值改变参考电流值
Rectifier Protections	Low AC Voltage Detection	直流侧故障和交流侧故障检测
	DC Fault Protection	判断直流侧是否发生故障，启动必要的动作清除故障
12 - Pulse Firing Control		产生同步的 12 个触发脉冲

3. 逆变环节简介

“逆变环节”（Inverter）子系统结构和“整流环节”子系统结构相似，在此不做赘述。逆变器的控制和保护由“逆变器控制和保护”（Inverter Control and Protection）子系统来完成。该子系统包含的模块及作用见表 8-2。

表 8-2　逆变器控制和保护子系统包含的模块及作用

模块名称		作　用
Inverter Current/ Voltage/Gamma Controller		逆变侧电压、电流、熄弧角调节，与整流侧系统相同
Inverter Protection	Low AC Voltage Detection	交流侧故障检测
	Commutation Failure Prevention Control	减弱电压跌落导致的换相失败
12 - Pulse Firing Control		产生同步的 12 个触发脉冲
Gamma Measurement		熄弧角测量

4. 滤波器子系统简介

从交流侧看，HVDC 变换器相当于谐波电流源；从直流侧看，HVDC 变换器相当于谐波电压源。交流和直流侧包含的谐波次数由变换器的脉冲路数 p 决定，分别为 $kp \pm 1$（交流侧）和 kp（直流侧）次谐波，其中 k 为任意整数。对于本节的仿真而言，脉冲为 12 路，因此交流侧谐波分量为 11 次、13 次、23 次、25 次……直流侧谐波分量为 12 次、24 次……

为了抑制交流侧谐波分量，在交流侧并联了交流滤波器。交流滤波器为交流谐波电流提供低阻抗并联通路。在基频下，交流滤波器还向整流器提供无功。打开图 8-2 中的“滤波器”（AC filters）子系统，如图 8-5 所示。可见，交流滤波器电路由 150 Mvar 的无功补偿设备、高 Q 值（$Q=100$）的 11 次和 13 次单调谐滤波器、低 Q 值（$Q=3$）的减幅高通滤波器（24 次谐波以上）组成。

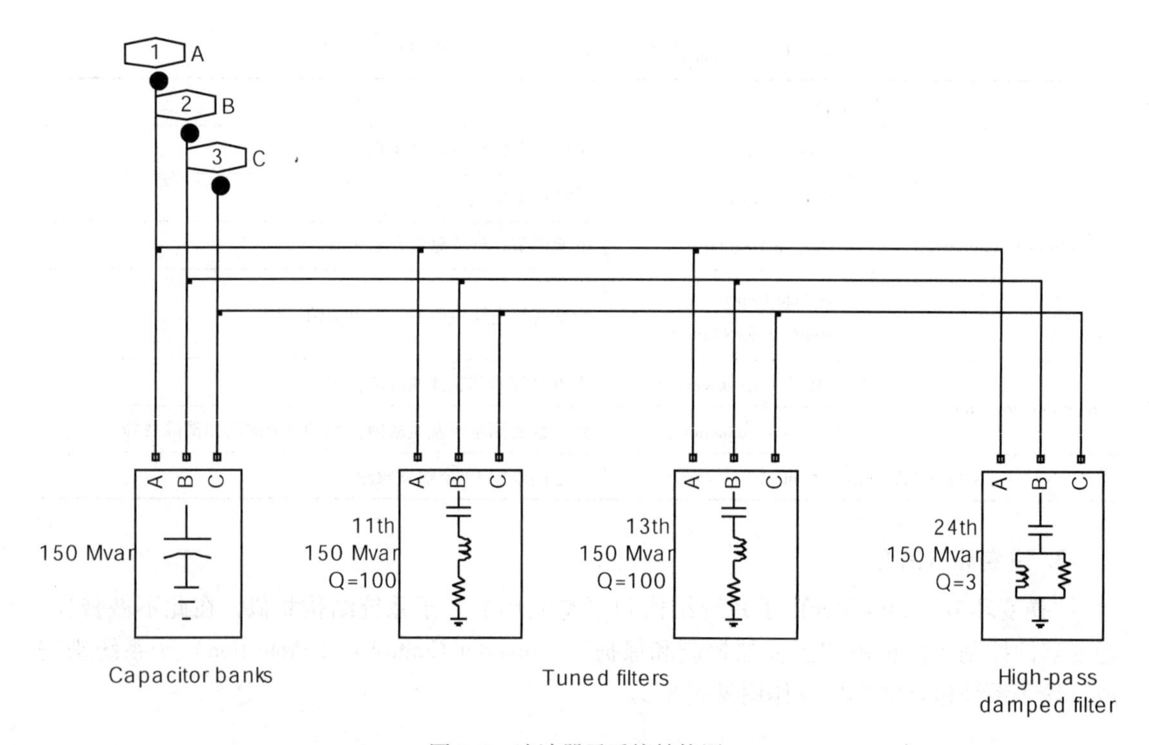

图 8-5 滤波器子系统结构图

除了以上介绍的子系统外，在图 8-2 中“主控制”（Master Control）子系统用来产生电流参考信号并对直流侧功率输送的起始和结束时间进行设置。两个断路器模块分别用来模拟整流器直流侧故障和逆变器交流侧故障。

整个系统在仿真过程中均被离散化，除了少数几个保护系统的采样时间为 1 ms 或者 2ms 外，大部分模块的采样时间为 50μs。

8.1.3 HVDC 系统的调节特性

直流系统调节特性如图 8-6 所示。整流侧由定电流特性和定 α_{min} 特性两段组成，分别对应图中 BC 段和 AB 段，$A'B'$ 是交流电压降低或者故障时的定 α_{min} 特性。逆变侧由定电压 de 段、定电流 fh 段和 VDCOL（Voltage Dependent Current Order Limiter）决定的 ef 段三部分组成。整流侧和逆变侧都使用 PI 调节器进行控制。正常时，整流侧根据 PI 调节器的电流给定 I_{d-ref} 决定运行电流。逆变侧根据 PI 调节器的电压给定 V_{d-ref} 控制逆变侧电压恒定，也就是工作在图中的 e 点。当交流侧电压下降或者发生故障时，整流侧工作在最小触发延迟角 α_{min} 特性，而逆变侧控制线路电流恒定在 $I_{d-ref}-I_{\Delta}$，如图 8-6 中的 g 点。逆变侧控制电流时比整流侧小 I_{Δ}，设置这个电流裕度是为了避免两侧定电流特性重叠而引起运行点不稳定。该模型能够实现电流给定值 I_{d-ref} 随直流电压 V_d 的大小而变化的功能，该功能被称为 VDCOL。此功能能够防止电压降低时的换相失败，并有利于电压扰动后直流系统的迅速恢复。

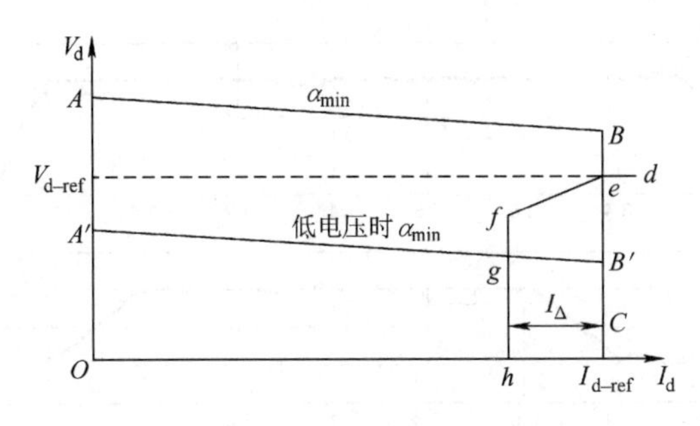

图 8-6　直流系统调节特性

8.1.4　HVDC 系统的起停和阶跃响应仿真

仿真时，首先使系统进入稳态，之后对参考电流和参考电压进行一系列动作，见表 8-3，观察控制系统的动态响应特性。

表 8-3　系统控制参数随时间变化表

序　　号	时刻/s	动　　作
1	0	电压参考值为 1p. u.
2	0. 02	变换器导通，电流增大到最小稳态电流参考值
3	0. 4	电流按指定的斜率增大到设定值
4	0. 7	参考电流值下降 0. 2p. u.
5	0. 8	参考电流值恢复到设定值
6	1. 0	参考电压由 1p. u. 跌落到 0. 9p. u.
7	1. 1	参考电压恢复到 1p. u.
8	1. 4	变换器关断
9	1. 6	强迫设置触发延迟角到指定值
10	1. 7	关断变换器

当设置好各子系统的参数后，开始仿真。打开整流器和逆变器示波器，得到电压和电流波形如图 8-7 所示。图 8-7a 为整流侧得到的相关波形，从上到下依次为以标幺值表示的直流侧线路电压、以标幺值表示的直流侧线路电流和实际参考电流、以角度表示的第一个触发延迟角、整流器控制状态。图 8-7b 为逆变侧得到的相关波形，从上到下依次为以标幺值表示的直流侧线路电压和直流侧参考电压、以标幺值表示的直流侧线路电流和实际参考电流、以角度表示的第一个触发延迟角、逆变器控制状态、熄弧角参考值和最小熄弧角。

将表 8-3 和图 8-7 对应起来，可见其仿真的大致过程如下：

1）晶闸管在 0. 02s 时导通，电流开始增大，在 0. 3s 时达到最小稳态参考值 0. 1p. u. ，同时直流线路开始充电，使得直流电压为 1. 0p. u. ，整流器和逆变器均为电流控制状态。

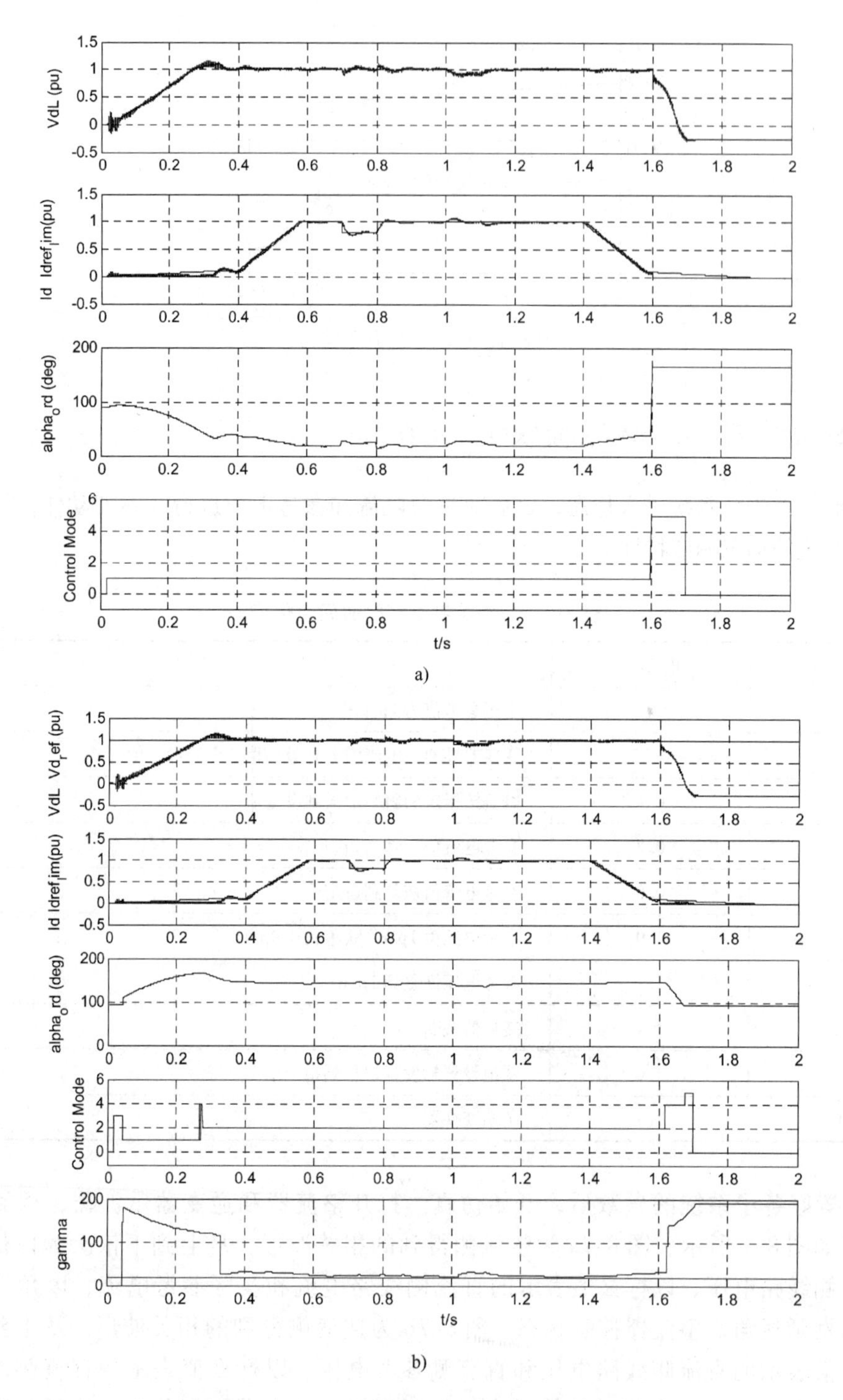

图 8-7 HVDC 系统的起停和阶跃响应仿真波形图

a）整流侧得到的相关波形 b）逆变侧得到的相关波形

2）在 0.4s 时，参考电流从 0.1p.u. 斜线上升到 1.0p.u.（2kA），0.58s 时直流电流到达稳定值，整流器为电流控制状态，逆变器为电压控制状态，直流侧电压维持在 1p.u.

(500kV)。在稳定状态下，整流器的触发延迟角在 16.5°附近，逆变器的触发延迟角在 143°附近。逆变器子系统还对两个 6 脉冲桥的各个晶闸管的熄弧角进行测量，熄弧角参考值为 12°，稳态时，最小熄弧角在 22°附近。

3）在 0.7s 时，参考电流出现 -0.2p.u. 的变化，在 0.8s 时恢复到设定值。从图 8-7 中可见系统的阶跃响应。

4）在 1.0s 时，参考电压出现 -0.1p.u. 的偏移，在 1.1s 时恢复到设定值。从图 8-7 中可见系统的阶跃响应。此时逆变器的熄弧角仍然大于参考值。

5）在 1.4s 时，触发信号关断，使得电流斜线下降到 0.1p.u.。

6）在 1.6s 时，整流器侧的触发延迟角被强制设为 166°，逆变器侧的触发延迟角被强制设为 92°，使得直流线路放电。

7）在 1.7s 时，两个变换器均关断，变换器控制状态为 0。在本仿真中变换器控制状态有七种，其含义见表 8-4。

表 8-4　变换器控制状态及含义

状　态	含　义	状　态	含　义
0	关断	4	α 最大值限制
1	电流控制	5	α 的设定值或者常数
2	电压控制	6	γ 控制
3	α 最小值限制		

8.1.5　HVDC 系统直流线路故障仿真

进入主控制子系统，将参考电流设置为保持不变，进入逆变器控制和保护子系统，将参考电压设置为保持不变。打开直流侧并联的断路器模块，设置开关动作时间，使断路器在 0.75s 时导通，在 0.8s 时断开。将仿真结束时间设置为 1.4s。

开始仿真，观察整流器、逆变器和故障处相关波形，如图 8-8 所示。

图 8-8a 为整流侧得到的相关波形，从上到下分别为以标幺值表示的直流侧线路电压、以标幺值表示的直流侧线路电流和实际参考电流、以角度表示的第一个触发延迟角、整流器控制状态。图 8-8b 为逆变侧得到的相关波形，从上到下依次为以标幺值表示的直流侧线路电压和直流侧参考电压、以标幺值表示的直流侧线路电流和实际参考电流、以角度表示的第一个触发延迟角、故障处的短路电流。

当 t = 0.75s 时，直流线路发生接地故障，直流侧电流激增到 2.2p.u.，直流侧电压跌到 0 值。对应地，通过 VDCOL 子系统的调制，整流器侧参考电流下降到 0.3p.u.，因此故障发生后，直流侧仍然有电流流通。当直流故障保护（DC Fault protection）子系统检测到直流电压，即 t = 0.82s 时，整流器触发延迟角被强制设为 166°，整流器运行在逆变器状态。直流侧线路电压变为负值，存储在直流线路中的能量转而向交流系统输送，导致故障电流在过零点时快速熄灭。

当 t = 0.87s 时，解除触发延迟角的强制值，额定直流电压和电流在 0.5s 后恢复正常。

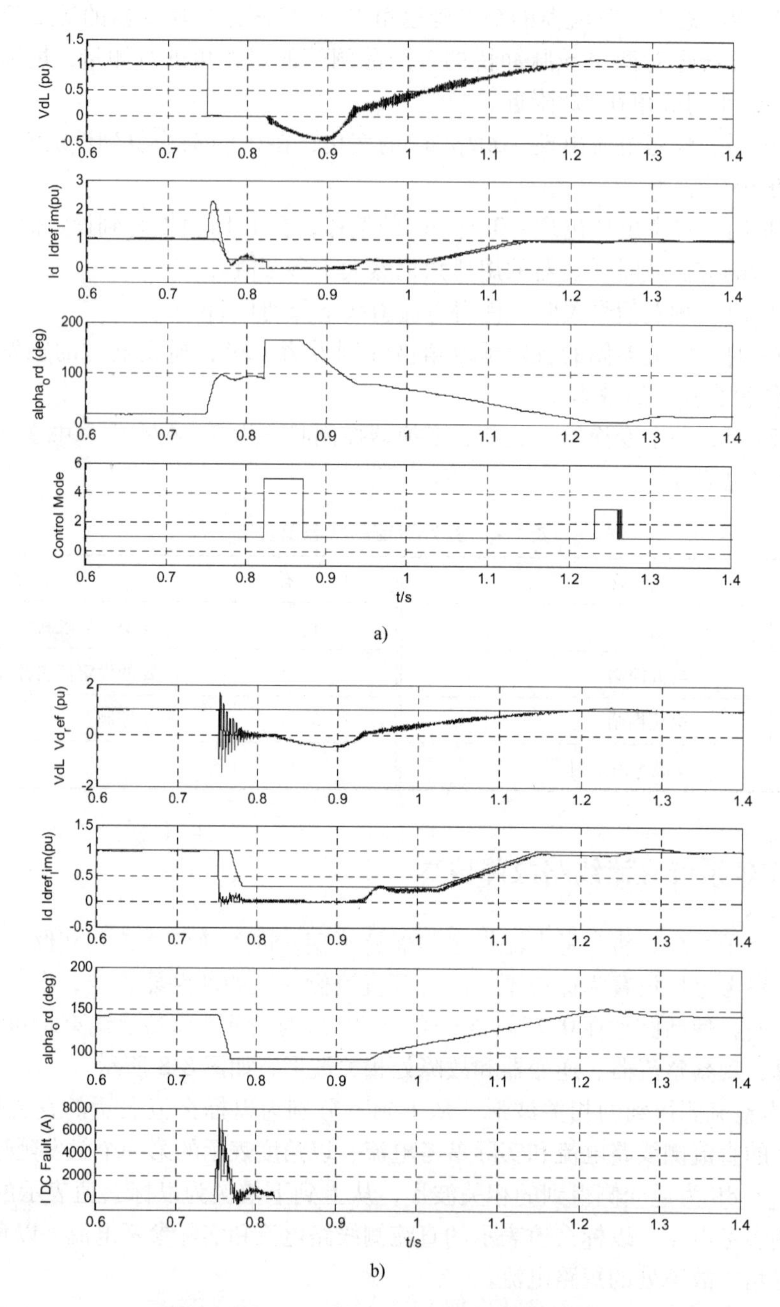

图 8-8 HVDC 系统直流线路故障仿真波形图

a）整流侧得到的相关波形 b）逆变侧得到的相关波形

8.1.6 HVDC 系统交流侧线路故障仿真

HVDC 系统有整流器交流侧线路和逆变器交流侧线路，常见故障类型包括单相接地、两相接地短路、两相短路、三相短路等。本节以逆变器交流侧 a 相接地故障为例来介绍，其他故障类型可参照进行。

打开直流侧并联的断路器模块，取消断路器导通动作。打开逆变器交流侧断路器模块，使断路器在 0.75s 时导通，在 0.85s 时断开。

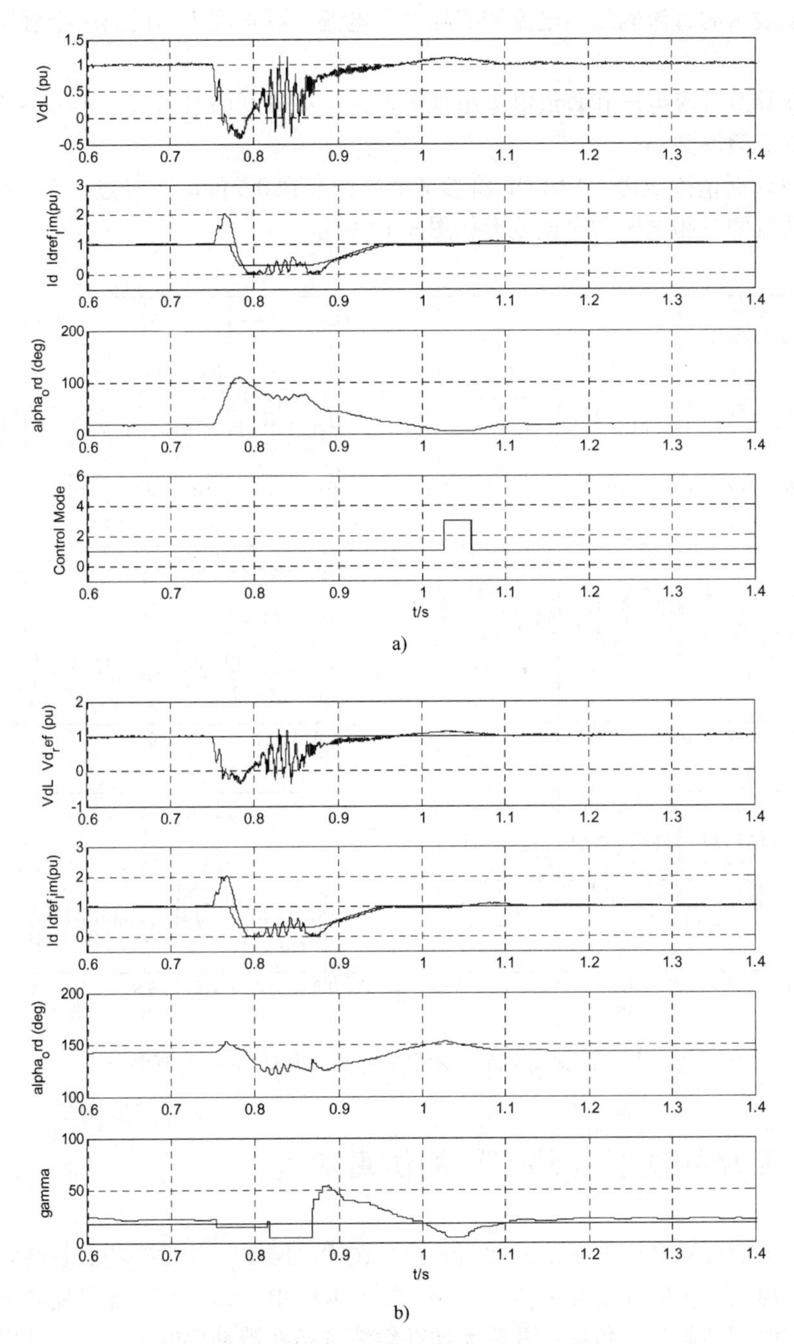

图 8-9　HVDC 系统交流侧线路故障仿真波形图

a）整流侧得到的相关波形　b）逆变侧得到的相关波形

开始仿真，观察整流器、逆变器和故障处相关波形，如图 8-9 所示。图 8-9a 为整流侧得到的相关波形，从上到下分别为以标幺值表示的直流侧线路电压、以标幺值表示的直流侧线路电流和实际参考电流、以角度表示的第一个触发延迟角、整流器控制状态。图8-9b为逆变侧得到的相关波形，从上到下依次为以标幺值表示的直流侧线路电压和直流侧参考电压、以标幺值表示的直流侧线路电流和实际参考电流、以角度表示的第一个触发延迟角、最小熄弧角。

注意故障导致直流电压和直流电流出现了振荡。故障开始时出现了不可避免的换相失败现象，直流电流激增到2p. u.。

当$t=0.85$s时清除故障，VDCOL将参考电流调节到0.3p. u.。经过0.35s后系统恢复。

逆变器交流侧三相电压和电流波形如图8-10所示。

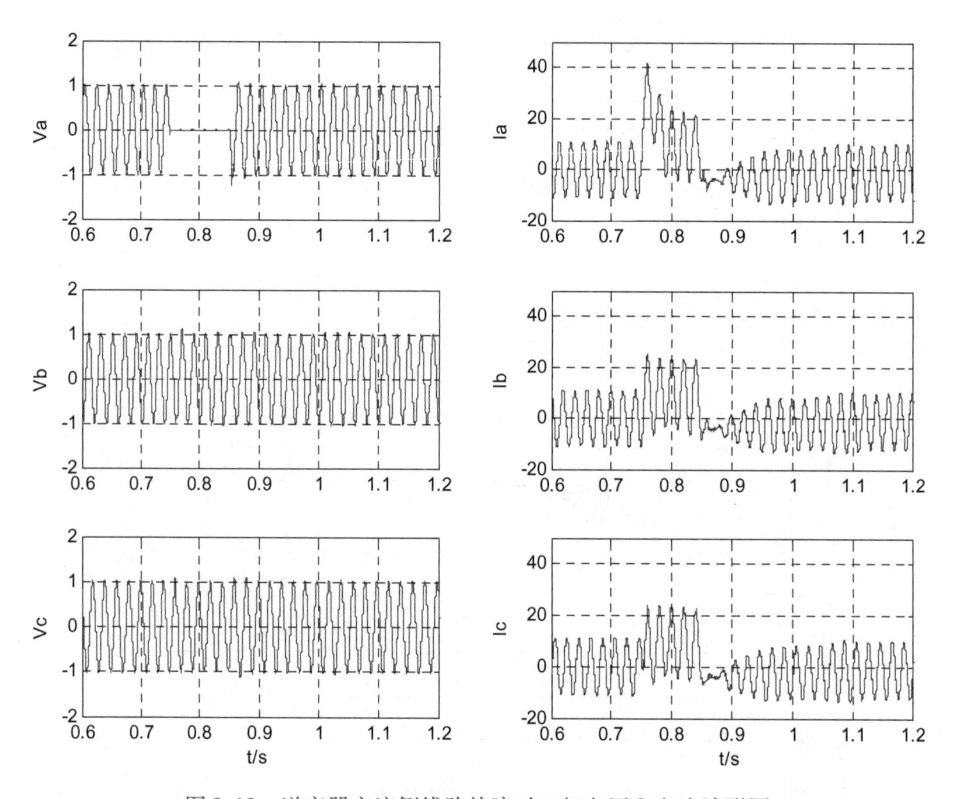

图8-10 逆变器交流侧线路故障时三相电压和电流波形图

8.2 静止无功补偿器（SVC）的仿真实例

并联无功补偿装置是电力系统的常用装置。在输电网中，其主要功能是调整系统中无功潮流的分布，提高系统的稳定性和传输能力。在配电网中，其主要功能是提高供电质量，减小负荷对电网的不利影响。传统的并联无功补偿装置是在被补偿的节点上安装电容器、电抗器或者它们的组合以向系统注入或从系统吸收无功功率。并联在节点上的电容器、电抗器通过机械开关投入或退出。静止无功补偿装置（Static Var Compensator，SVC）用电力电子元件替代机械开关，从而实现了补偿的快速和连续平滑调节。理想的SVC可以支持所补偿的节点电压接近常数。良好的动、静调节特性使SVC得到了广泛的应用。

8.2.1　SVC 的基本结构与工作原理

SVC 的构成形式有多种，但基本元件是晶闸管控制的电抗器（Thyristor Controlled Reactor，TCR）和晶闸管投切的电容器（Thyristor Switched Capacitor，TSC）。图 8-11 为常用 SVC 原理图，图中的降压变压器是为了降低 SVC 造价，而引入的滤波器则用来吸收 SVC 装置所产生的谐波电流。

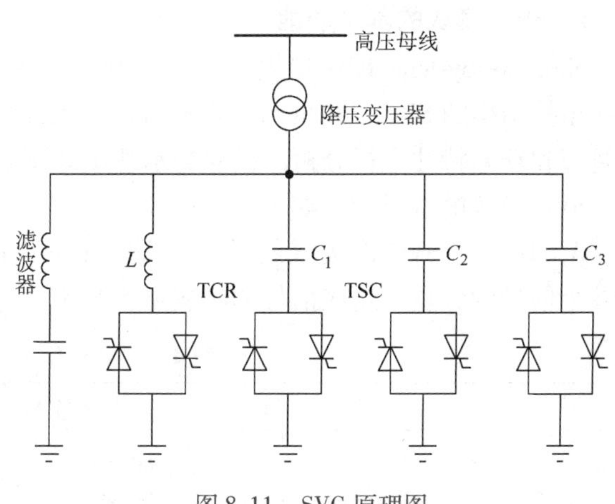

图 8-11　SVC 原理图

TCR 支路由电抗器与两个反向并联的晶闸管相串联构成，TSC 支路由电容器和两个反向并联的晶闸管串联构成，其控制元件均为晶闸管。TCR 支路的等值基波电抗是晶闸管导通角 β 或触发延迟角 α 的函数，调整 β 或 α 可以平滑地调整并联在系统的等值电抗。其从系统中吸收的无功功率为

$$Q_L = \frac{2\beta - \sin 2\beta}{\pi\omega L}V^2 \quad \left(\beta \in \left[0,\ \frac{\pi}{2}\right]\right) \tag{8-3}$$

式中，L 为电抗器的电感值。

TSC 支路受电力电子器件控制使电容器只有两种运行状态，即将电容器直接并联在系统中或将电容器退出运行。由于 TSC 投切电容器是由电力电子器件控制完成的，因此它比机械可投切电容器要快得多，动态特性可以满足系统控制的需要。当 TSC 支路投入到系统中后，其向系统注入的无功功率为

$$Q_C = \omega C V^2 \tag{8-4}$$

式中，C 为电容器的电容值。由式(8-3) 和式(8-4) 可得 SVC 向系统注入的无功功率为

$$Q_{\text{SVC}} = Q_C - Q_L = \left(\omega C - \frac{2\beta - \sin 2\beta}{\pi\omega L}\right)V^2 \tag{8-5}$$

可见，当 $\beta \in [0,\ \pi/2]$ 时，SVC 向系统注入的无功功率可以连续平滑地调节。一般为了扩大 SVC 的调节范围，SVC 装置中可采用多个 TSC 支路，而且为了保证调整的连续性，通常 TCR 的容量略大于一组 TSC 的容量。若投入的 TSC 的总电容为 C，则 SVC 的等值电抗为

$$X_{\text{SVC}} = \frac{\pi\omega L}{2\beta - \sin 2\beta - \pi\omega^2 LC} \tag{8-6}$$

SVC 的等值伏安特性由 TCR 和 TSC 组合而成，其伏安特性曲线如图 8-12 所示，V_{ref} 为 SVC 的参考电压。SVC 的可调范围是在直线 AB 的范围内，当系统电压的变化超出 SVC 控制范围时，SVC 就成为一个固定电抗，即 $X_{\text{SVCmin}} = -1/\omega C$ 或 $X_{\text{SVCmax}} = (\omega L)/(1 - \omega^2 LC)$。

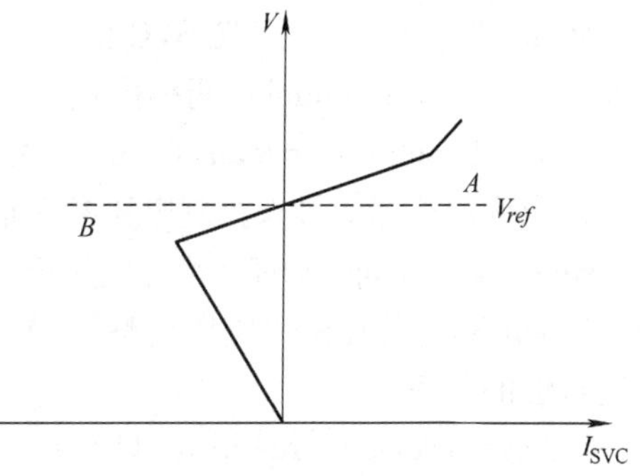

图 8-12　SVC 的伏安特性曲线

8.2.2 Simulink 中的 SVC 模块介绍

1. SVC 模块的基本功能

SimPowerSystems 库中提供了 SVC 模块，该模块可以仿真任何拓扑结构的 SVC，并可与 Powergui 模块结合对电力系统的暂态和动态特性进行分析。模块的示意图如图 8-13 所示。

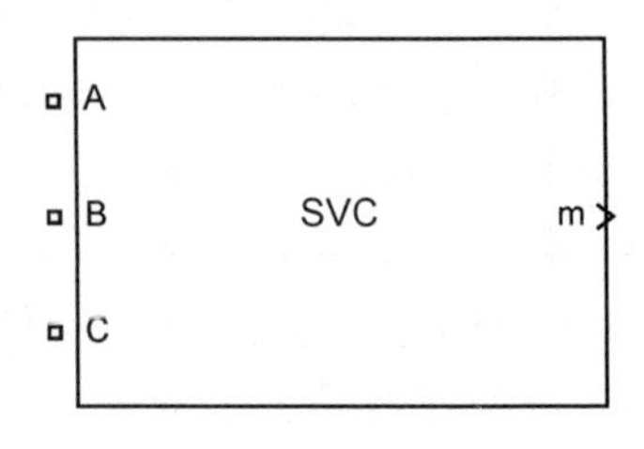

图 8-13 SVC 模块示意图

SVC 模块的端子功能如下：

A、B、C：SVC 连接系统的电气端子；m：此端子为包含 6 个信号的矢量。这些信号的组成见表 8-5。

表 8-5 SVC 模块的输出信号

信号序号	信 号 组	信号名称	定 义
1 ~ 3	Power Iabc（cmplx）	Ia(pu) Ib(pu) Ic(pu)	输入 SVC 的相电流 Ia、Ib、Ic（单位 p. u.）
4	Control	Vm(pu)	测量到的正序电压（单位 p. u.）
5	Control	B(pu)	SVC 的电纳输出（单位 p. u.），正值为容性
6	Control	Q(pu)	SVC 的无功功率输出（单位 p. u.），正值为感性

V_{ref}：仿真输入的参考电压控制信号。此端子只有在 SVC 参数设置对话框中选中“External control of reference voltage Vref”才会显示出来。

双击 SVC 模块，打开其参数设置对话框，在“显示”（Display）下拉列表框中选择“功率数据”（Power Data）选项，将显示模块功率数据参数对话框，如图 8-14 所示。参数的定义如下：

System nominal voltage and frequency：系统额定电压（单位 V）和额定频率（单位 Hz）。

Three-phase base power Pbase：三相基准容量（单位 V · A）。

Reactive power limits：SVC 在额定电压下能够产生的无功功率极限，正值为容性，负值为感性。

Average time delay due to thyristor valves firing：晶闸管触发的平均延迟时间。

在“显示”（Display）下拉列表框中选择“控制参数”（Control parameters）选项，将显示控制参数设置对话框，如图 8-15 所示。参数的定义如下：

Mode of operation：定义 SVC 的运行模式，包括“电压调整”（Voltage regulation）和“无功控制”（Var control）两种模式。

External control of reference voltage Vref：当选中此项时，在仿真模块上将会显示出 Vref 端子，允许由外部信号来控制电压参考信号。

Reference voltage Vref：参考电压值（单位 p. u.）。

Droop Xs：只有在“电压调整”（Voltage regulation）模式下才有此参数，用于定义 SVC 伏安特性的斜率。

Voltage regulator [Kp Ki]：只有在“电压调整”（Voltage regulation）模式下才有此参数，用于定义电压调整器的比例和积分常数。

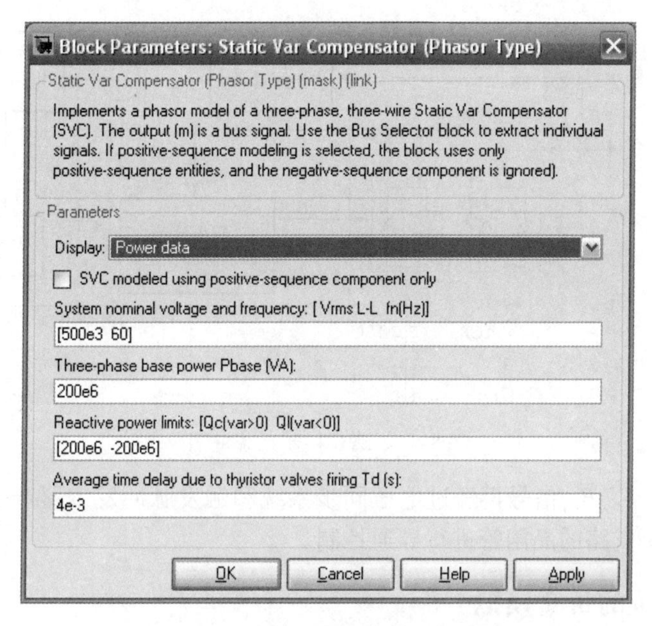

图 8-14　SVC 模块功率数据参数设置对话框

Bref for var control mode：只有在“无功控制”（Var control）模式下才有此参数，用于定义无功控制模式下的参考电纳。

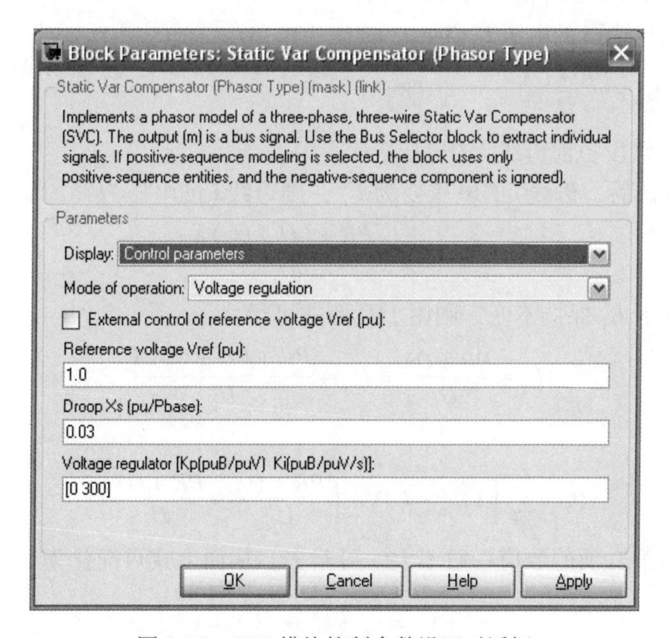

图 8-15　SVC 模块控制参数设置对话框

2. SVC 模块的控制系统

一个通用的 TSC-TCR 型 SVC 控制系统的框图如图 8-16 所示。

在图 8-16 中主要包含测量系统、电压调节器、触发脉冲发生器、同步系统和辅助控制系统等。其中的电压调节器将测量得到的控制变量与参考信号相比较，然后将误差信号经过控制器的变换后输出了一个标幺值电纳 B_{ref}信号，这个信号的大小可以使控制误差减小，并

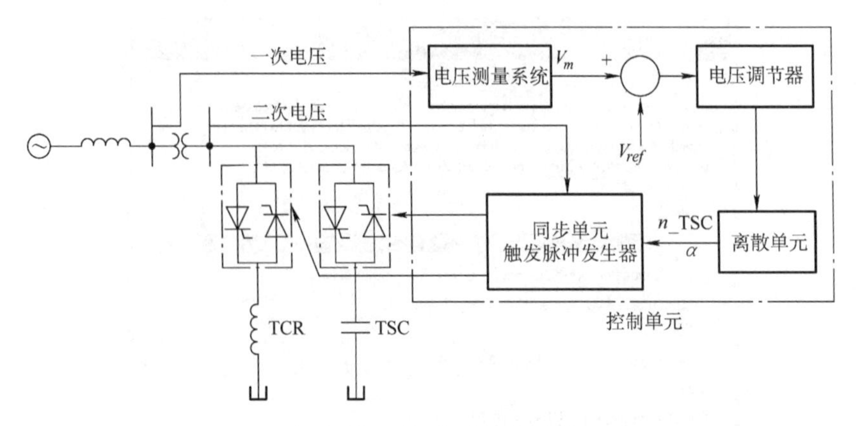

图 8-16 SVC 控制系统框图

达到使稳态误差为零。B_{ref}信号再经过电压同步系统和触发脉冲发生器产生脉冲信号，从而实现对 TSC 和 TCR 支路的晶闸管进行导通控制。

8.2.3 SVC 系统的仿真模拟

为了分析 SVC 装置对所安装处的电压控制效果，设一个具有并联补偿设备的简单系统如图 8-17 所示，假设计算电压降落时可略去其横分量，则无功补偿前母线 i 的电压 U_i 为

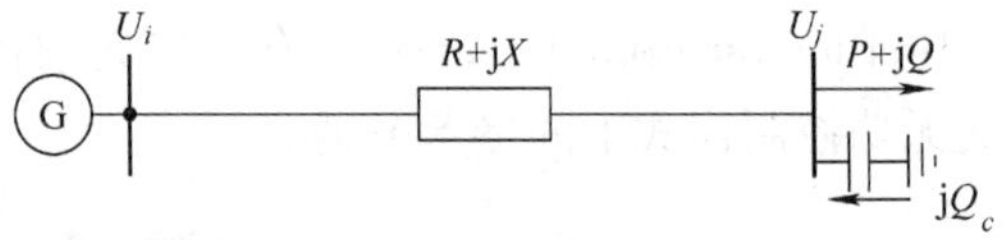

$$U_i = U_j + \frac{PR + QX}{U_j} \tag{8-7}$$

图 8-17 具有并联补偿设备的简单系统

式中，U_j 为设置补偿设备前母线 j 的电压。

当装设无功补偿后，母线 j 的电压变为 U_{jc}，则母线 i 的电压为

$$U_i = U_{jc} + \frac{PR + (Q - Q_c)X}{U_{jc}} \tag{8-8}$$

设这两种情况下 U_i 保持不变，则由上列两式可得

$$U_j + \frac{PR + QX}{U_j} = U_{jc} + \frac{PR + (Q - Q_c)X}{U_{jc}}$$

由此可解得

$$Q_c = \frac{U_{jc}}{X}\left[(U_{jc} - U_j) + \left(\frac{PR + QX}{U_{jc}} - \frac{PR + QX}{U_j}\right)\right]$$

式中方括号内第二项的数值一般不大，可略去。从而上式可简化为

$$Q_c = \frac{U_{jc}}{X}(U_{jc} - U_j) \tag{8-9}$$

根据式(8-9) 就可以按照调压的要求计算出补偿设备的容量 Q_c。

根据图 8-17 的输电系统以及参考 MATLAB 的例程 power_ svc，本节建立了一个 110kV 的 SVC 仿真模型，如图 8-18 所示。

电源电压为 110kV，频率为 50Hz。为了分析母线电压波动时 SVC 装置的动作情况，采用了 Simulink 中的可编程电压源。

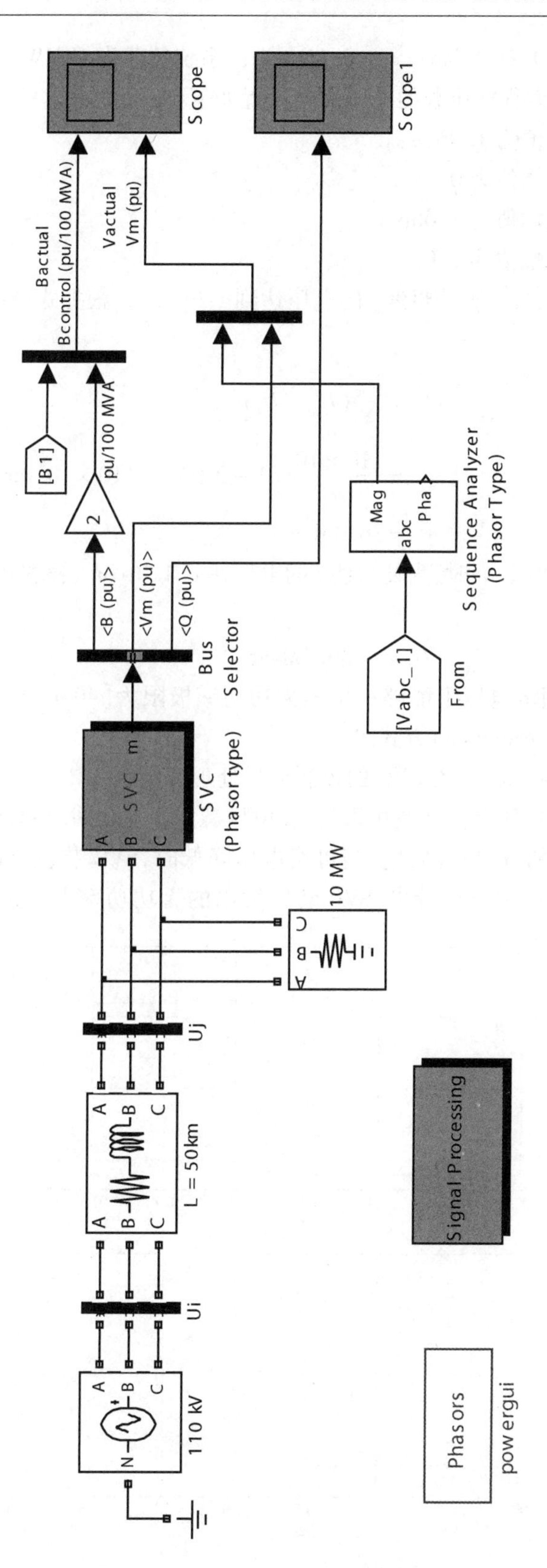

图8-18　SVC仿真系统图

线路长度为50km，$r_0=0.21\Omega/\text{km}$，$x_0=0.4\Omega/\text{km}$；系统负荷为10MW。

在整个仿真过程中，可编程电压源的电压变化设置如下：

1）0~0.2s时电压源幅值为1.0p.u.。

2）0.2~0.5s时电压源幅值为0.94p.u.。

3）0.5~0.8s时电压源幅值为1.06p.u.。

4）0.5~1.0s时电压源幅值为1.0p.u。

当电源电压为0.94p.u.时，为使母线j的电压达到1.0p.u.，根据式(8-9)计算出补偿设备的容量Q_c为

$$\begin{aligned}Q_c &= \frac{U_{jc}}{X}(U_{jc}-U_j)\\ &= \frac{110\times10^3}{20}(1-0.94)\times110\times10^3\text{var}\\ &= 36.3\text{Mvar}\end{aligned}$$

同理，当电源电压为1.06p.u.时，为使母线j的电压达到1.0p.u.，根据式(8-9)计算出补偿设备的容量Q_c为

$$Q_c=-36.3\text{Mvar}$$

因此设置图中SVC在额定电压下能够产生的无功功率极限为[40Mvar，-40Mvar]，控制模式为“电压调整”(Voltage regulation)方式。

图8-18中的“Signal Processing”为SVC的控制信号处理子系统。

运行仿真，结果如图8-19所示。从图中可见，在电压源发生变化时，SVC装置输出的无功跟着变化，限制了母线电压的升高或降低。当母线电压降低时，SVC装置可以发出无功功率防止母线电压降低太多。从图中可以看出，SVC装置发出的无功功率大约是40Mvar，实际上

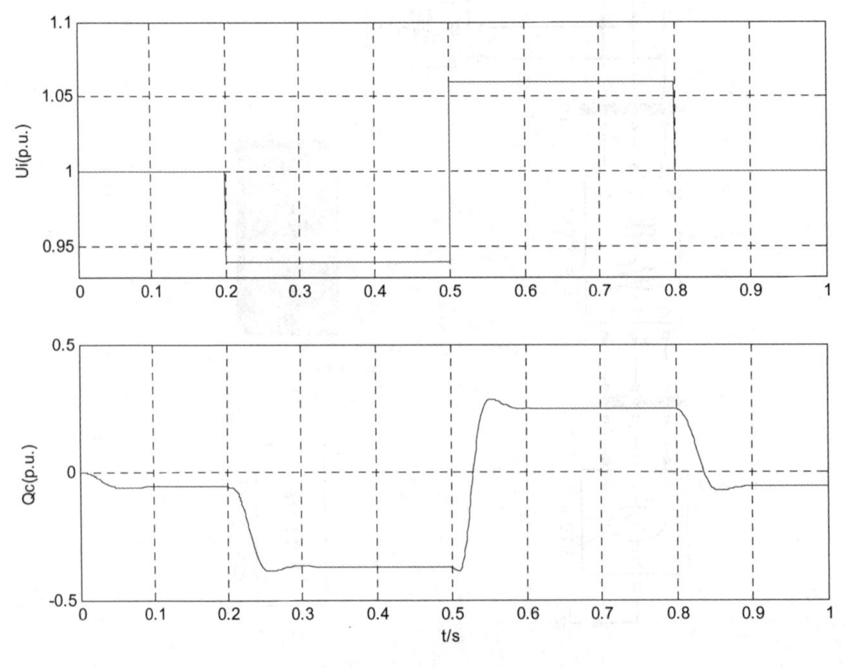

图8-19 仿真结果图

是 TCR 支路退出控制，TSC 支路完全投入。当母线电压升高时，SVC 装置从系统中吸收无功功率，可以限制电压的升高。从图中可以看出，SVC 装置吸收的无功功率约为 40 Mvar，实际上相当于 TCR 支路的电抗完全投入。

上面的分析虽然表明了 SVC 装置动作的正确性，但并不能说明 SVC 装置对母线电压的控制效果。图 8-20 给出了未加 SVC 装置和加装 SVC 装置后的母线电压 U_j 随电源电压变化的情况。从图中可以看出，当电源电压变化相同时，加装 SVC 后的母线电压比未加装 SVC 的电压波动要小得多。当电源电压升高 6% 时，SVC 的作用使母线电压仅升高约 1%，而没有 SVC 时母线电压升高的程度几乎和电源电压一样。同样，电源电压降低时，SVC 也能减弱母线电压降低的程度。显然可以看出，为了更好地体现 SVC 对母线电压的控制效果，还可以采用更多的 TCR 和 TSC，但这样必然会加大投资。因此在实际工程中应该根据需要来选择 TCR 和 TSC 的容量。

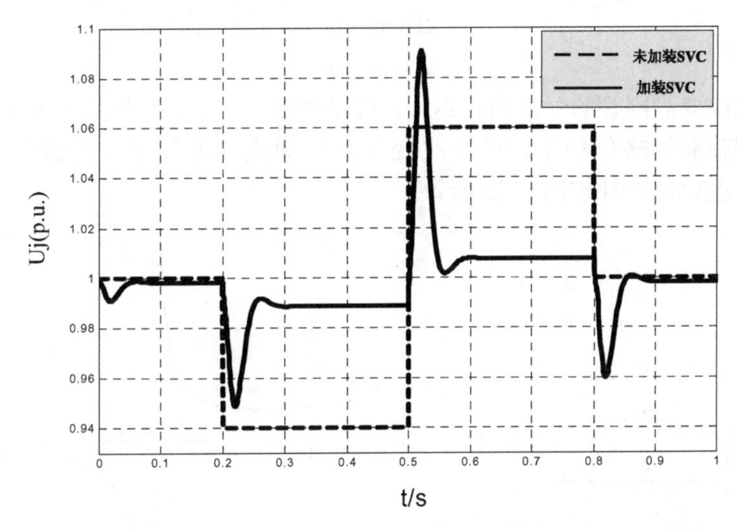

图 8-20　未加 SVC 装置和加装 SVC 装置后的 U_j 随电源电压变化图

8.3　晶闸管控制串联电容器(TCSC)的仿真实例

基于晶闸管的可控串联补偿装置(Thyristor Controlled Series Compensator，TCSC)是近年来串联补偿新技术的代表，是 FACTS 系统的主要组成部分。由于采用晶闸管代替传统串联补偿装置的机械开关，使 TCSC 可以快速、连续地改变所补偿输电线路的等值电抗，因而在一定的运行范围内，可以将此线路的输送功率控制为期望的常数。在暂态过程中，通过快速改变线路等值电抗，从而提高系统的稳定性。

8.3.1　TCSC 的基本原理与数学模型简介

TCSC 模块由一个串联电容器 C 和一个晶闸管控制的电抗器 L 并联组成，如图 8-21 所示。其中旁路断路器(CB)和金属氧化物可变电阻器(MOV)是与串联电容器一起安装的保护设备，用来控制电容器是否接入线路和防止过电压。

TCSC 的工作原理与具有可变电抗的并联 LC 电路相似。在并联 LC 电路的电感支路中串联一对反并联的晶闸管开关，通过适当地改变触发延迟角 α 改变晶闸管支路电流，等效于改变了该支路的电抗值，其变化范围从 ωL(对应于 $\alpha=90°$，晶闸管全导通)到无穷大(对应于 $\alpha=180°$，晶

闸管全关断)，从而改变了TCSC的等效基波阻抗。TCSC模块的等效阻抗为(LC 回路)

$$Z_{\mathrm{eq}} = \left(\frac{1}{\mathrm{j}\omega C}\right) \parallel \mathrm{j}\omega L = -\mathrm{j}\frac{1}{\omega C - \dfrac{1}{\omega L}} \tag{8-10}$$

通过改变 ωL 的大小，即可使整个并联回路体现容性或者感性电抗。TCSC的基波电抗可通过理论计算得

$$X_{\mathrm{TCSC}} = K_\beta X_C \tag{8-11}$$

式中，

$$X_C = -\frac{1}{\omega C}$$

$$K_\beta = 1 + \frac{2}{\pi}\frac{\lambda^2}{\lambda^2 - 1} \times \left[\frac{2\cos^2\beta}{\lambda^2 - 1}(\lambda\tan\beta - \tan\beta) - \beta - \frac{\sin\beta}{2}\right]$$

$$\beta = \pi - \alpha$$

$$\lambda = \omega_0/\omega$$

可见，通过改变晶闸管的触发角延迟 α，可以改变 X_{TCSC}，从而使线路等值阻抗成为可控参数，在一定控制策略作用下，可以改变线路的潮流等电气量。其标幺值电抗（$K_\beta = X_{\mathrm{TCSC}}/X_C$）随 β 变化的特性如图8-22所示。

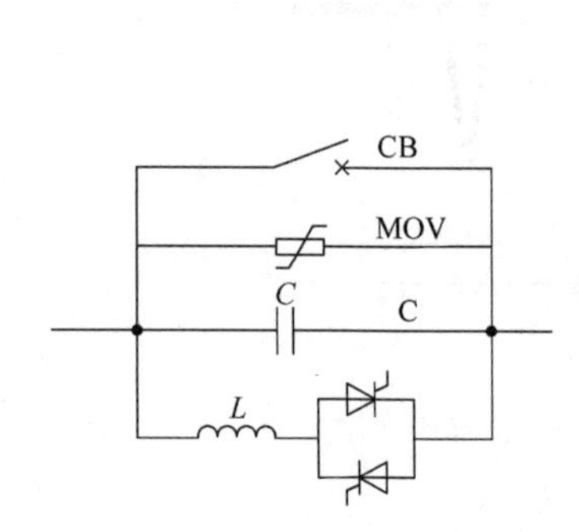

图8-21 TCSC模块结构示意图

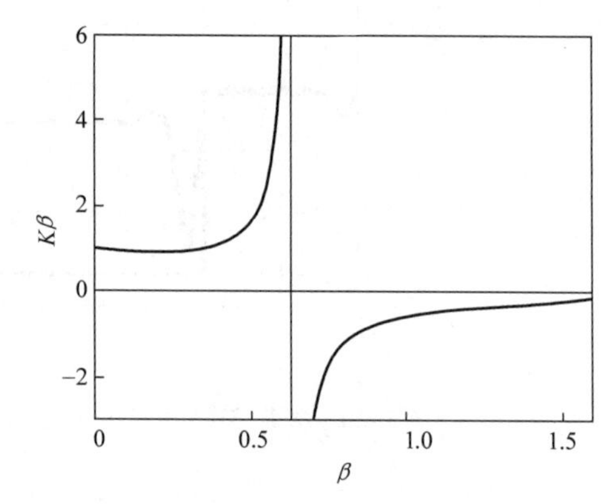

图8-22 TCSC标幺值电抗（$K_\beta = X_{\mathrm{TCSC}}/X_C$）随 β 变化的特性图

8.3.2 Simulink中的TCSC模块介绍

虽然在SimPowerSystems库中没有提供TCSC模块，但是在MATLAB \ R2006a \ toolbox \ physmod \ powersys子目录下的相关例程可以找到该模块的应用实例。该TCSC模块可与Powergui模块结合对电力系统的暂态和动态特性进行分析。模块的示意图如图8-23所示。

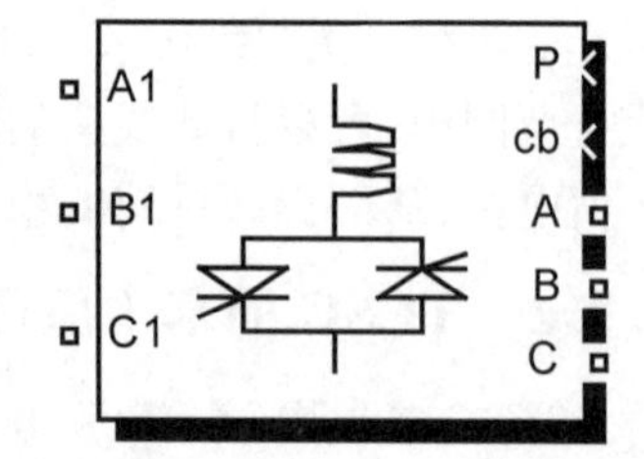

图8-23 TCSC模块示意图

TCSC模块的端子功能如下：

A1、B1、C1；A、B、C：TCSC连接系统的电气端子。

P：TCSC内部电感支路中串联晶闸管的导通触发脉冲输入端子。

cb：TCSC内部旁路断路器的控制信号端子。

TCSC模块的内部结构如图8-24所示。

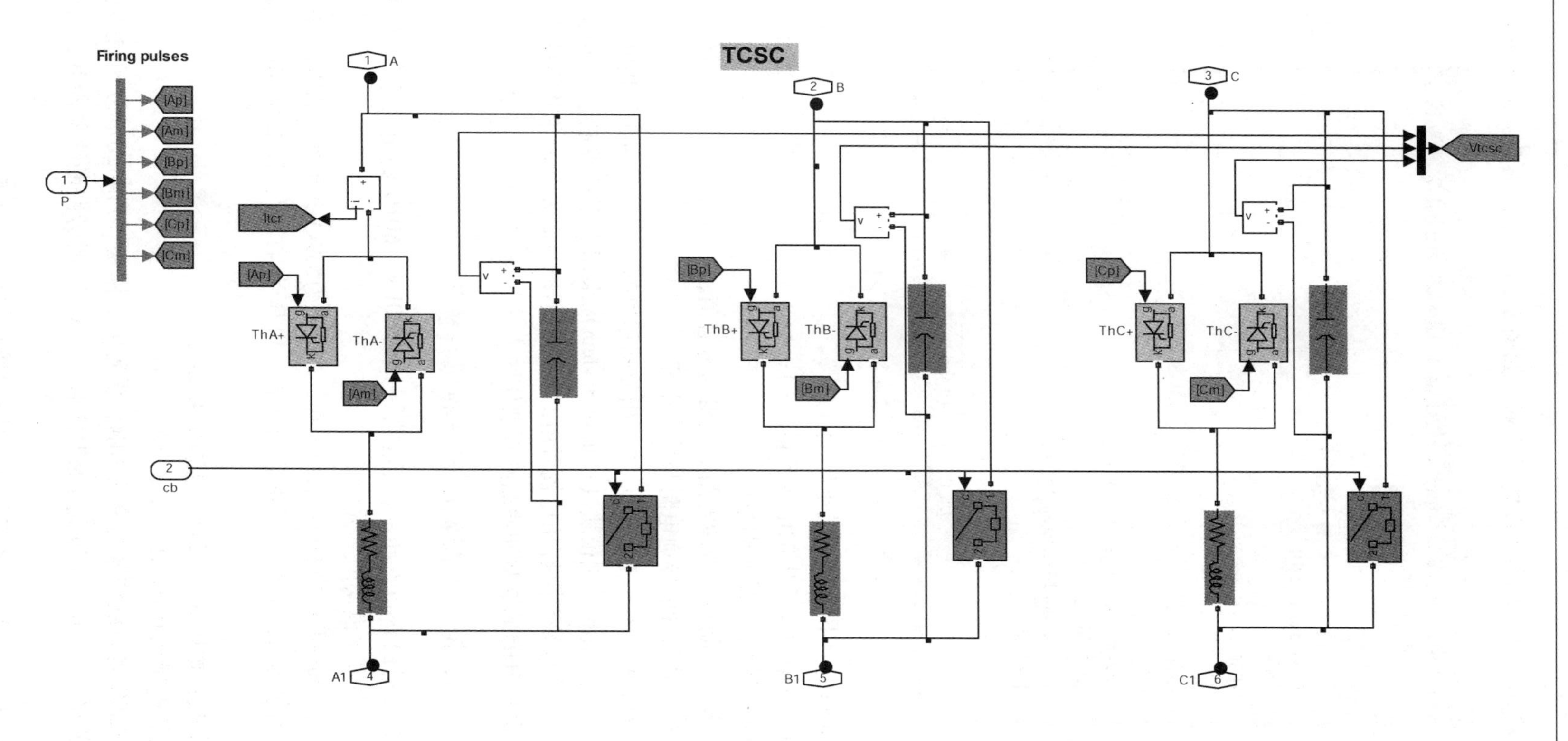

图8-24　TCSC模块的内部结构图

双击 TCSC 模块，打开其参数设置对话框，如图 8-25 所示。参数的定义如下：

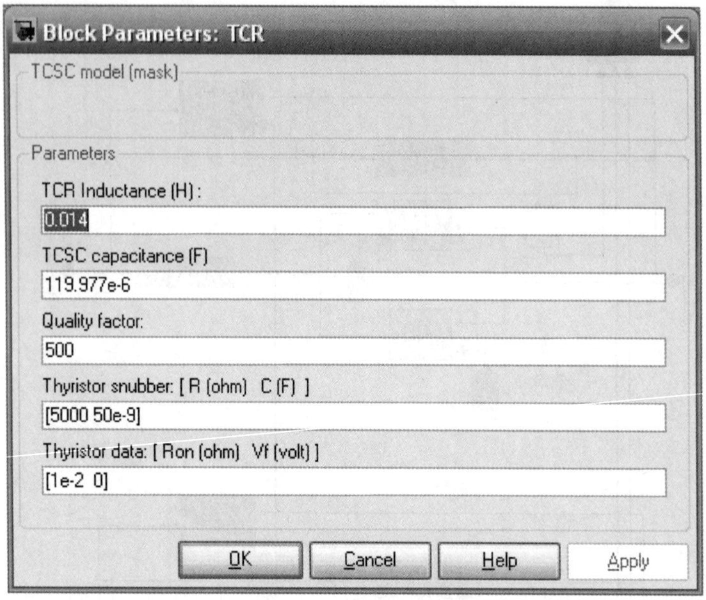

Block Parameters: TCR
TCSC model (mask)
Parameters
TCR Inductance (H):
0.014
TCSC capacitance (F)
119.977e-6
Quality factor:
500
Thyristor snubber: [R (ohm) C (F)]
[5000 50e-9]
Thyristor data: [Ron (ohm) Vf (volt)]
[1e-2 0]
OK Cancel Help Apply

图 8-25 TCSC 模块参数设置对话框

TCR Inductance：TCR 支路中的电感量（H）；

TCSC capacitance：TCSC 中的电容容量（F）；

Quality factor：TCSC 的品质因数；

Thyristor snubber：晶闸管缓冲电路的电阻与电容值；

Thyristor data：晶闸管的导通电阻与导通电压。

从图 8-24 中可见，TCSC 模块中是对三相分别建模的，这是因为在三相电路中晶闸管并非同时导通。TCSC 模块的控制模块（Control System）采用定阻抗控制，由实际的线路参数计算出线路阻抗，并与参考阻抗相比较后由 PID 控制器产生触发延迟角并线性化，再经触发模块（Firing Unit）分配触发脉冲使晶闸管动作。

8.3.3 利用 TCSC 提高系统输电容量的仿真模拟

MATLAB 中的例程 power_ tcsc，建立了一个 500kV、60Hz 的电力系统仿真模型，如图 8-26 所示。其中主要模块的参数如下：

电源 1：采用了 Simulink 中的可编程电压源，线电压为 539kV，频率为 60Hz，初始相位为 0°。

电源 2：采用了 Simulink 中的可编程电压源，电压为 477kV，频率为 60Hz，初始相位为 -3.813°。

输电线路参数：电阻 6.0852Ω，电感 0.4323H。

TCSC 模块的电感为 0.043H，电容为 21.977μF。

为了观察 TCSC 对系统传输功率的影响，设置触发模块（Firing Unit）的参数，使 TCSC 模块中的旁路断路器（CB）在仿真开始时闭合，在 0.5s 时旁路断路器断开，再将 TCSC 模块投入。

仿真采用定步长（50μs）离散算法，仿真时间设置为 0 ~ 2.5s。

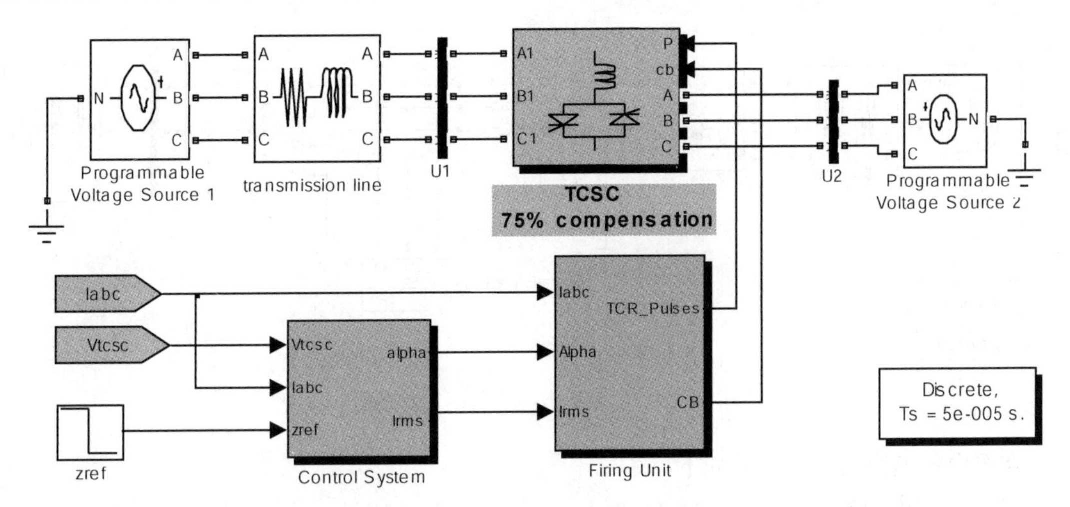

图 8-26　500kV 的电力系统仿真模型

仿真开始时，由于采用 Powergui 模块进行了参数初始化，所以系统很快进入稳态。在 0.5s 时旁路断路器断开，将 TCSC 模块投入，可以看到稳态有功从 110MW 增加到 600MW，如图 8-27 所示，TCSC 的投入明显提高了该系统的稳态传输功率。

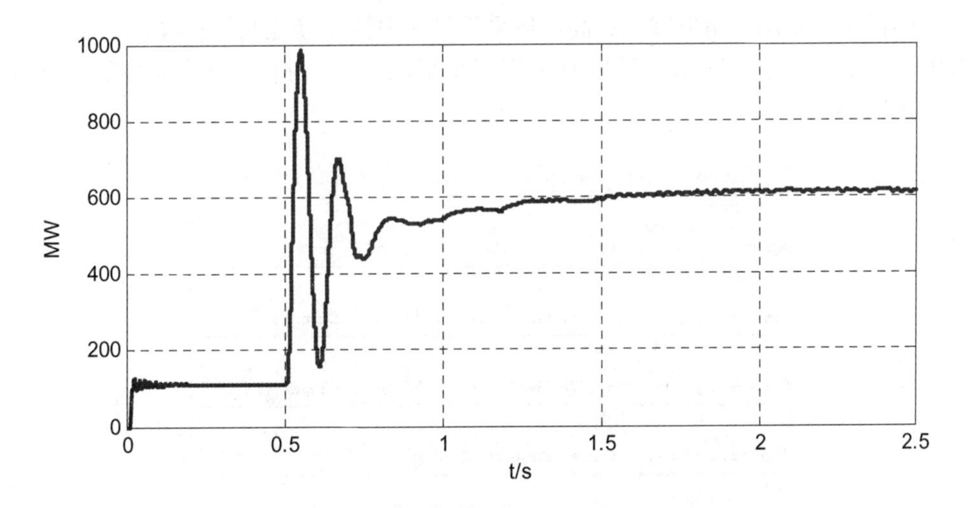

图 8-27　利用 TCSC 提高系统稳态传输功率的仿真结果图

8.3.4　TCSC 对系统暂态稳定性影响的仿真模拟

为了仿真分析 TCSC 对系统暂态稳定性的影响，本节采用如图 8-28 所示的简单电力系统。利用 Simulink 中的电力系统模块，组合其仿真模型如图 8-29 所示。

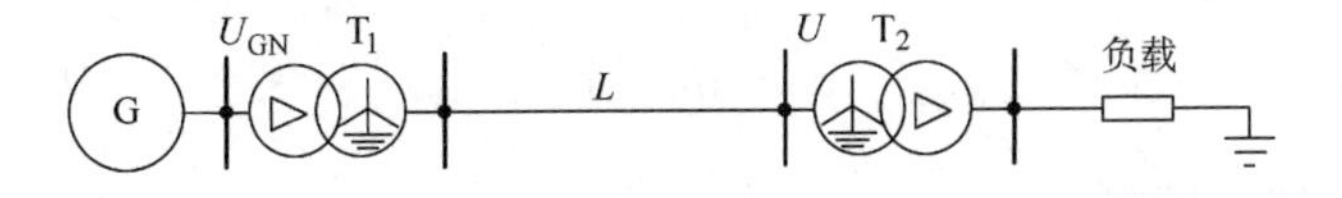

图 8-28　简单电力系统

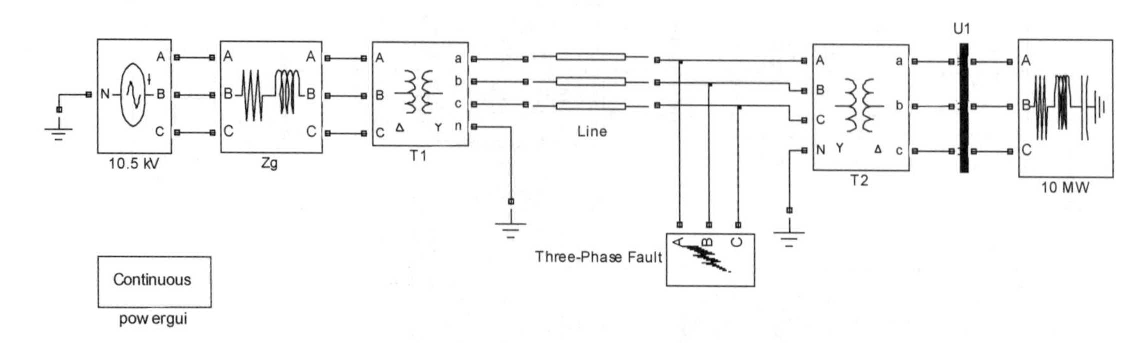

图 8-29　简单电力系统的仿真模型图

在图中各模块的主要参数如下。

(1) 三相电源模型

采用了 Simulink 中的可编程电压源，线电压为 10. 5kV，频率为 50Hz，初始相位为 0°。

(2) 三相变压器模型

系统中有两个变压器 T_1 和 T_2，T_1 为升压变压器，电压比为 10. 5/121，T_2 为降压变压器，电压比为 110/6. 3。为了限制变压器产生的三次谐波，变压器采用 Yn，d 11 型联结。升压变压器 T_1 的低压侧采用三角形联结，高压侧采用星形中性点接地联结；降压变压器 T_2 的高压侧采用星形中性点接地联结，低压侧采用三角形联结。T_1 和 T_2 的其他参数设置分别如图 8-30 和图 8-31 所示。

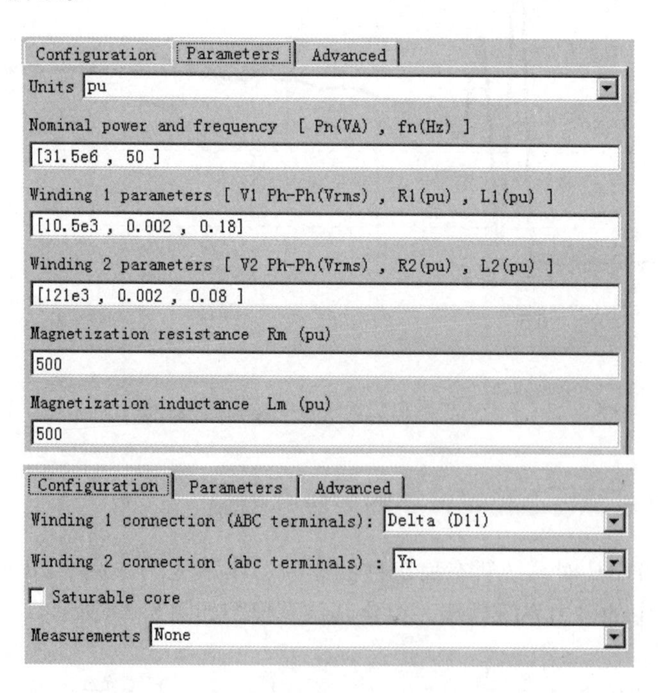

图 8-30　升压变压器 T_1 的参数设置

(3) 三相输电线路模型

线路应采用三相分布式导线模型，参数设置如图 8-32 所示。

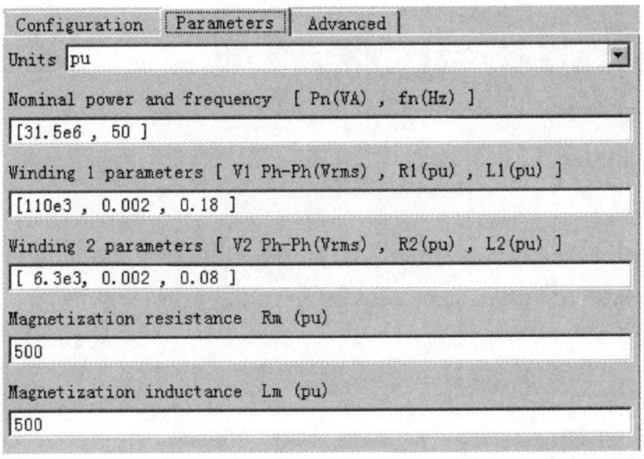

Configuration　Parameters　Advanced
Units pu
Nominal power and frequency [Pn(VA) , fn(Hz)]
[31.5e6 , 50]
Winding 1 parameters [V1 Ph-Ph(Vrms) , R1(pu) , L1(pu)]
[110e3 , 0.002 , 0.18]
Winding 2 parameters [V2 Ph-Ph(Vrms) , R2(pu) , L2(pu)]
[6.3e3, 0.002 , 0.08]
Magnetization resistance Rm (pu)
500
Magnetization inductance Lm (pu)
500

a)

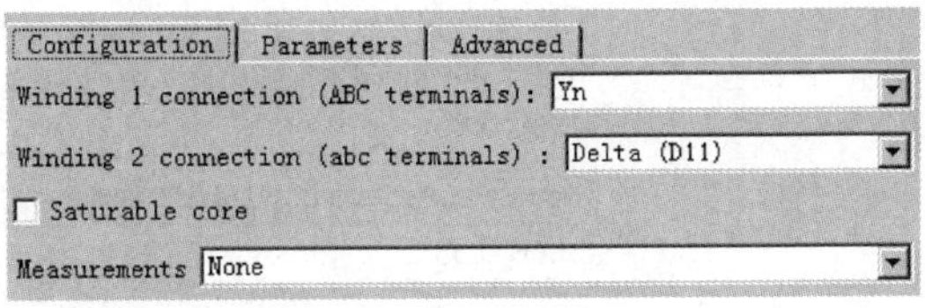

Configuration　Parameters　Advanced
Winding 1 connection (ABC terminals): Yn
Winding 2 connection (abc terminals) : Delta (D11)
Saturable core
Measurements None

b)

图 8-31　降压变压器 T_2 的参数设置

a）Parameters 选项　b）Configuration 选项

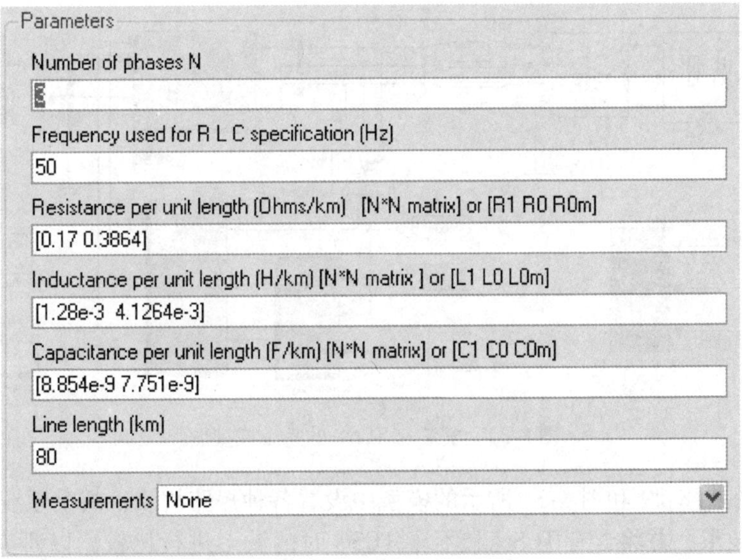

Parameters
Number of phases N
3
Frequency used for R L C specification (Hz)
50
Resistance per unit length (Ohms/km) [N*N matrix] or [R1 R0 R0m]
[0.17 0.3864]
Inductance per unit length (H/km) [N*N matrix] or [L1 L0 L0m]
[1.28e-3 4.1264e-3]
Capacitance per unit length (F/km) [N*N matrix] or [C1 C0 C0m]
[8.854e-9 7.751e-9]
Line length (km)
80
Measurements None

图 8-32　输电线路的参数设置

（4）三相额定负载模型

三相负载采用 *RLC* 串联负载模型，负载的功率因数为 0.85，根据变压器 T_2 容量设置负载有功功率为 $P = 15 \times 0.85\text{MW} = 12.75\text{MW}$，无功功率 $Q = 15 \times 0.53\text{Mvar} = 7.95\text{Mvar}$，其各参数设置如图 8-33 所示。

（5）电力系统故障模型

利用三相故障模块对系统中的各种短路故障进行仿真，并设置故障时间为 0.2 ~ 0.28s，其他参数设置为默认值。

将 TCSC 模块及其控制模块和触发模块接入图 8-29 所示的三相电力系统中，与高压输电线串联，形成安装有 TCSC 的系统模型，如图 8-34 所示。

TCSC 模块的主要参数：电感为 0.014H，电容为 120.977μF。

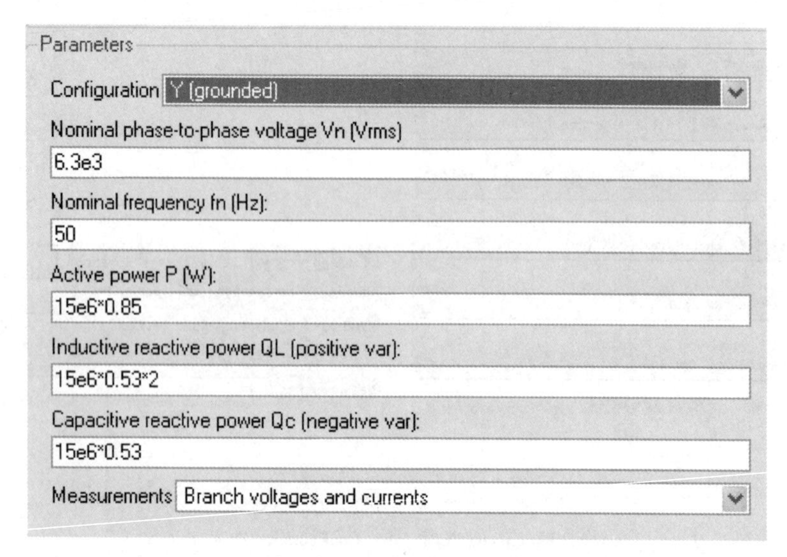

图 8-33 负载的参数设置

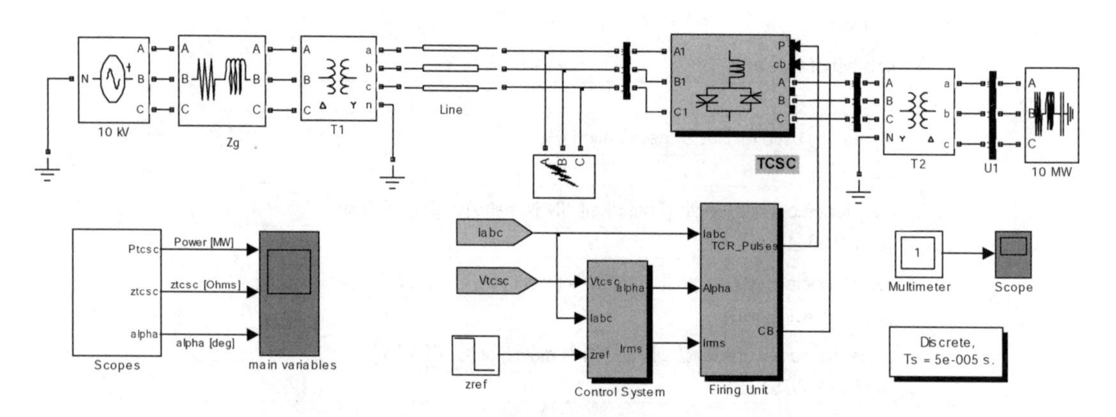

图 8-34 安装有 TCSC 的系统模型图

这样通过在图 8-29 和图 8-34 所示的模型中设置各种短路故障，观察系统暂态时负载上的电压和功率波形，并将含有 TCSC 和不含 TCSC 时的波形进行比较，以研究 TCSC 在电力系统暂态中的作用。

仿真时，负载上的参数通过三相电压、电流测量模块“U1”获得，“U1”模块的参数设置如图 8-35 所示。

负载上的电压和功率波形可用图 8-36 所示的仿真电路实现。

1. 三相短路故障仿真

设置上述两个系统模型中的故障为三相短路故障，系统仿真时间为 0 ~ 1.0s，其他参数使用默认参数。分别对两个模型进行仿真，得到三相短路故障时的负载电压、功率波形分别如图 8-37、图 8-38 所示。

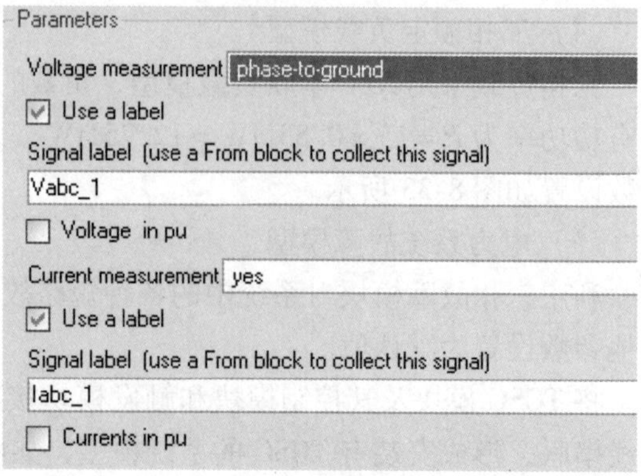

Parameters
Voltage measurement phase-to-ground
☑ Use a label
Signal label (use a From block to collect this signal)
Vabc_1
☐ Voltage in pu
Current measurement yes
☑ Use a label
Signal label (use a From block to collect this signal)
Iabc_1
☐ Currents in pu

图 8-35 三相电压、电流测量模块的参数设置

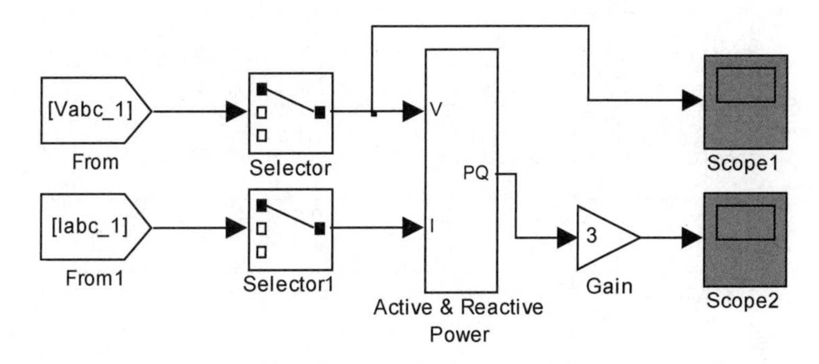

图 8-36　观察负载上电压和功率波形的仿真电路图

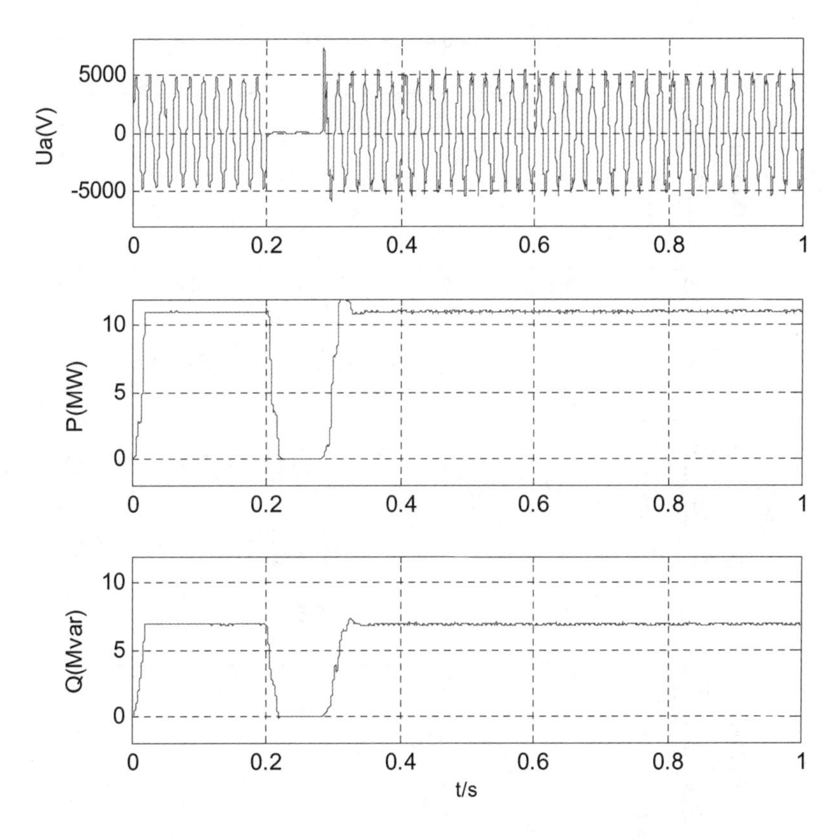

图 8-37　没有 TCSC 时系统三相短路时负载电压、功率波形图

从负载电压和功率波形中可以看出，没有安装 TCSC 时，发生三相故障，故障切除后，系统的功率发生较大振动，负载电压也包含很大的谐波分量，系统发生了功率振荡，不符合电力系统的运行要求。若在系统中安装 TCSC，当系统在 0.2s 发生故障时，电压和功率急剧减小，故障切除后，系统电压、有功和无功功率很快稳定下来。

2. 单相接地故障仿真

将故障设置为 A 相单相接地故障，其他参数均与三相故障仿真相同，仿真得负载电压、功率波形分别如图 8-39、图 8-40 所示。

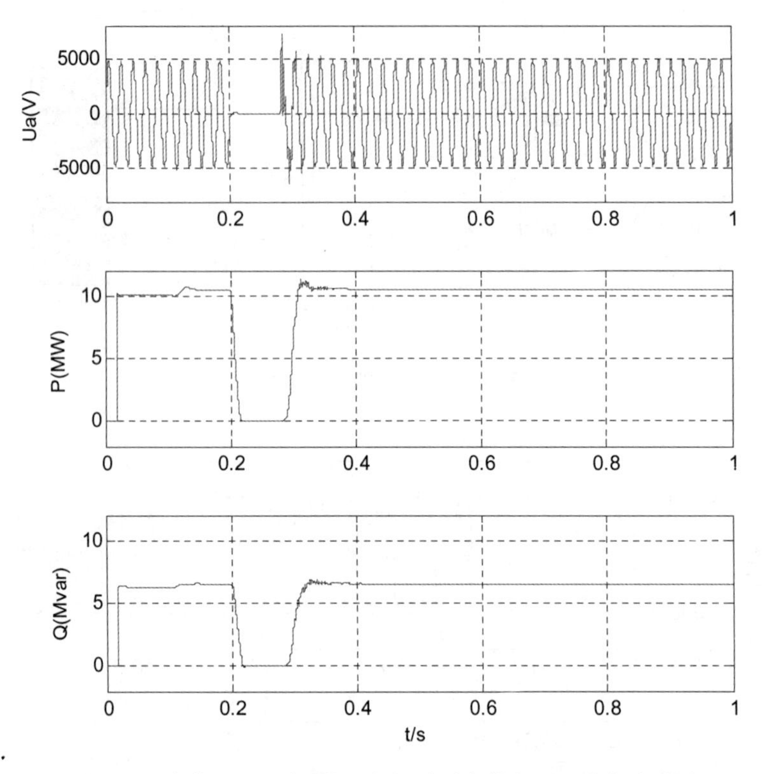

图 8-38 安装 TCSC 时系统三相短路时负载电压、功率波形图

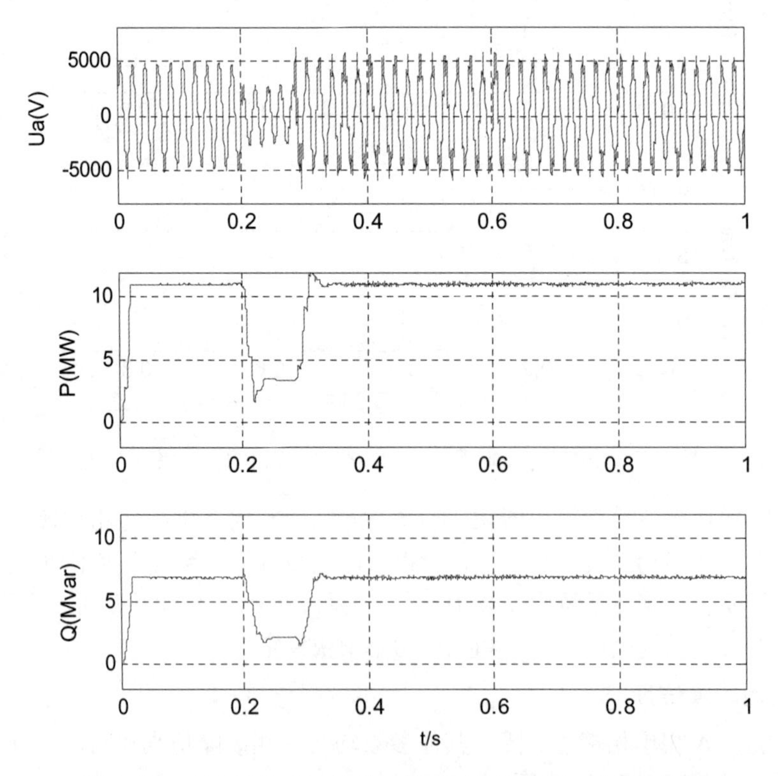

图 8-39 没有 TCSC 时系统单相接地时负载电压、功率波形图

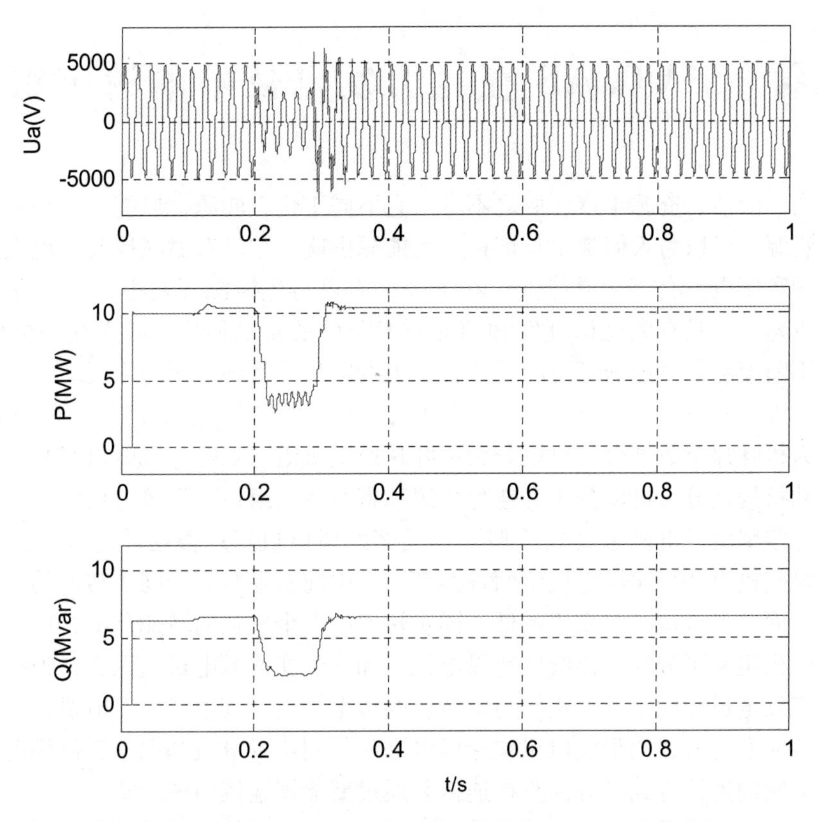

图 8-40　安装 TCSC 时系统单相接地时负载电压、功率波形图

从波形可以看出，没有安装 TCSC 时，故障切除后，功率有一定幅度的振荡，电压中也含有一定的谐波分量，系统失去稳定，不能满足电力系统的运行需求。在输电线安装 TCSC 时，故障切除后，功率电压很快恢复到了稳定状态。

第 9 章　MATLAB 在风力发电技术中的应用仿真

风能安全、清洁、资源丰富、取之不尽。它不同于化石能源，风能是一种永久性的大量存储的本地资源，可以为人们提供长期稳定的能源供应。它没有燃料风险，更没有燃料价格风险，风能的利用也不会产生碳排放。在当今世界可再生能源开发中，风力发电是除水能外，技术最成熟、最具有大规模开发和商业开发条件的发电形式。随着化石能源的日趋匮乏、价格的不断上涨以及地球环境的恶化，风力发电日益受到各国的重视。

风力发电机组种类较多，可以按照其结构、运行方式和控制原理的不同进行分类。例如，根据风力机叶片个数划分，可以分为单叶片风电机组、双叶片风电机组和三叶片风电机组；根据传动机构划分，可以分为升速型机组和直驱型机组；根据风力机叶片的桨距控制原理，又可分为定桨距风电机组（失速型）和变桨距风电机组；根据转速性质进行划分，则可分为恒速风电机组和变速风电机组两种类型，其中前者在略高于同步转速的一个窄的转速范围内运行，而后者可运行在高于或低于同步转速的一个较宽的转速范围，以获取更多的能量；变速风电机组又可分为不连续变速风电机组和连续变速风电机组两类；根据发电机类型可分为以感应发电机和同步发电机作为发电机的风电机组，其中感应发电机包括普通感应发电机、双馈感应发电机，同步发电机包括以电励磁的同步发电机和以永磁体励磁的同步发电机；根据与电网的连接方式可分为直接连接和通过变流器连接两种形式。

对于任意类型风电机组，通用动态模型一般由风机的空气动力学模型、风电机组的轴系模型（包括风力机轴、齿轮箱和发电机轴）、桨距角控制模型、发电机模型、变流器及其控制系统模型（指变速风电机组）等部分组成，其框图如图 9-1 所示。图中，f 为电网频率；I_s 为定子电流；I_r 为转子电流；P 为有功功率；P_{ref}为有功功率参考值；Q 为无功功率；Q_{ref}为无功功率参考值；U_s 为定子电压；U_r 为转子电压；U_{ref}为定子电压参考值；T_e 为电磁转矩；T_m 为机械转矩；ω_t 为风力机转速；ω_g 为发电机转速；θ_g 为发电机转子角；β 为桨距角；β_{ref}为桨距角参考值。

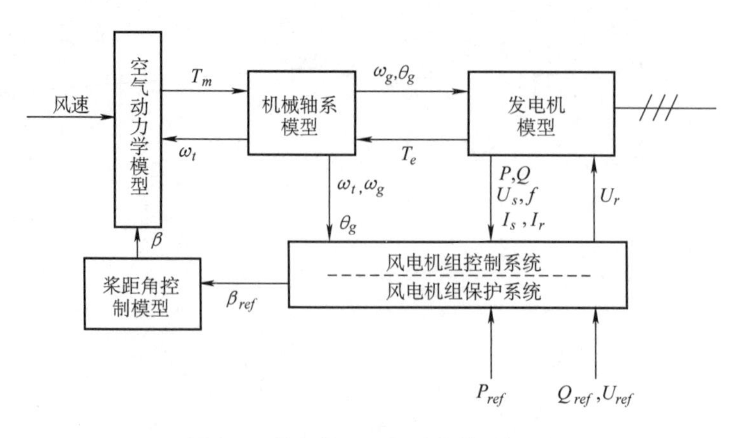

图 9-1　风电机组通用动态模型框图

与常规的水力、火力发电相比，风力发电有其特殊性，主要表现在：风电机组的出力随风速和风向的随机波动而波动；风电机组中的发电机形式多样（可以是感应发电机、同步发电机或双馈感应发电机）；不同机组的无功电压特性不同。限于篇幅，本章仅以基于普通异步发电机的定速风电机组和基于双馈感应发电机的变速风电机组为例，介绍利用MATLAB研究这两种风电机组动态特性的基本方法，而不去过多地讨论有关的装置及其控制过程。更为深入的仿真方法可参考相关书籍以及在MATLAB下的toolbox \ physmod \ powersys \ DR子目录中的相关例程。

9.1　定速风电机组的仿真实例

基于普通感应发电机的定速风电机组，一般由风轮、轴系（包括低速轴LS、高速轴HS和齿轮箱）、感应发电机等组成，如图9-2所示。发电机转子通过轴系与风电机组风轮连接，而发电机定子回路与电网用交流连接。这种类型的风电机组一旦起动，其风轮转速是不变的（取决于电网的系统频率），与风速无关。在电力系统正常运行的情况下，风轮转速随感应发电机转差率变化。风电机组在额定功率运行状态下，发电机转差率的变化范围为1%~2%，因此正常运行时风轮转速仅在很小的范围内变化。

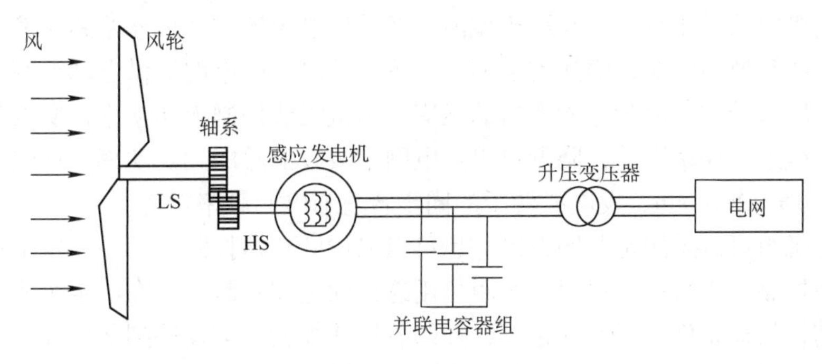

图9-2　装有补偿电容器的定速风电机组

9.1.1　定速风电机组的工作原理

风电机组通过三叶片风轮将风能转换成机械能，风轮输出的机械功率为

$$\begin{cases} P = \dfrac{1}{2}\rho A\nu^3 C_p(\lambda,\beta) \\ \lambda = \dfrac{\omega R}{\nu} \end{cases}$$

式中，ρ表示空气密度；ν是通过风力机叶片的风速；λ、R、ω分别为叶尖速比、叶片旋转半径、叶片旋转角速度；A表示叶片扫风面积，C_p为功率系数。C_p与叶尖速比λ以及叶片桨距角β有关。

根据不同的β、λ取值，可得到的C_p与λ的关系曲线，如图9-3所示。从图中可以看出，对应某一确定的桨距角β，C_p有一极大值存在，也就是说，当风力机运行时不能保证在所有的风速下都能够产生最大的功率输出。C_p的理论最大值为0.593，这就是著名的Betz极限。

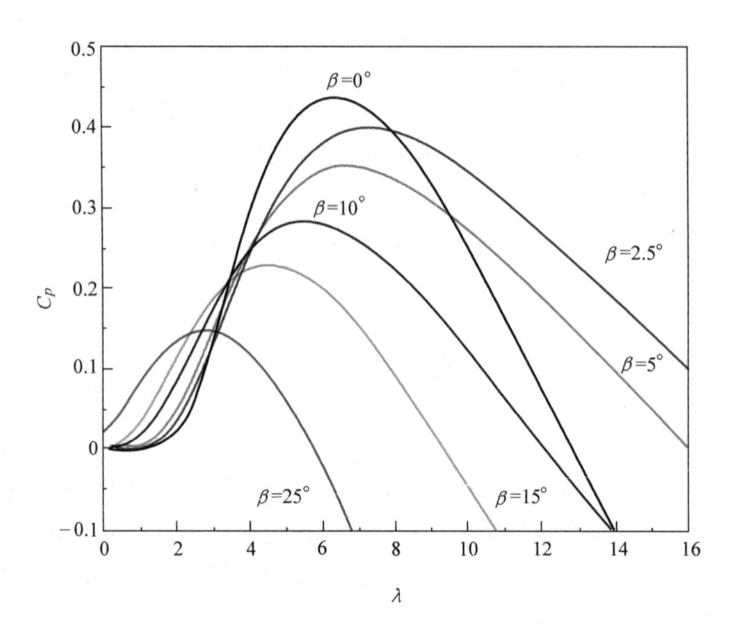

图9-3 $C_p(\lambda,\ \beta)$ 与 λ 的关系曲线

定速风电机组的风轮从风中获取机械能，然后通过齿轮轴系传递给感应发电机，感应发电机再把机械能转换为电能，输送到电网中。感应发电机向电网提供有功功率，同时从电网吸收无功功率用来励磁。因为这种类型的感应发电机无法控制无功功率，所以利用无功补偿器来改善风电机组的功率因数，降低机组从电网中吸收的总的无功功率。现代定速风电机组的风轮转速为15～20r/min，发电机转子的同步转速与电网频率对应。

定速风电机组可以采用定桨距控制，也可以采用叶片角控制。其中，定桨距控制风电机组为被动失速控制，它将叶片以固定桨距角用螺栓固定在轮毂上，在给定风速下，风电机组风轮开始失速，失速条件始于叶片根部，并随着风速加大逐渐发展到全部叶片长度。这种失速控制方式成本低廉，但是低风速下风电机组发电效率较低。而叶片角控制定速风电机组为采用负桨距角的主动失速控制方式。主动失速设置为在风速低于额定风速时优化处理，在风速超过额定风速时限制出力为额定功率。这种主动失速控制方式能够提高风电机组的发电效率。

9.1.2 定速风电机组的模型仿真

定速风电机组仿真实例

参考MATLAB中的风电机组模型，建立如图9-4所示的单机无穷大电源的仿真系统。在图9-4中，1台单机容量为1.5MW的定速风电机组经过升压，通过长度为100km、电抗为 $x=0.41\Omega/\text{km}$ 的架空输电线路与外部系统相连。

1. 定速风电机组模块简介及参数设置

在图9-4中用右键单击风电机组模块（Wind Turbine），然后单击弹出的对话框中的“Look under mask”选项，打开后可见定速风电机组子系统结构如图9-5所示，包括风力机（Wind Turbine）和感应发电机（Asynchronous Machine）两部分。

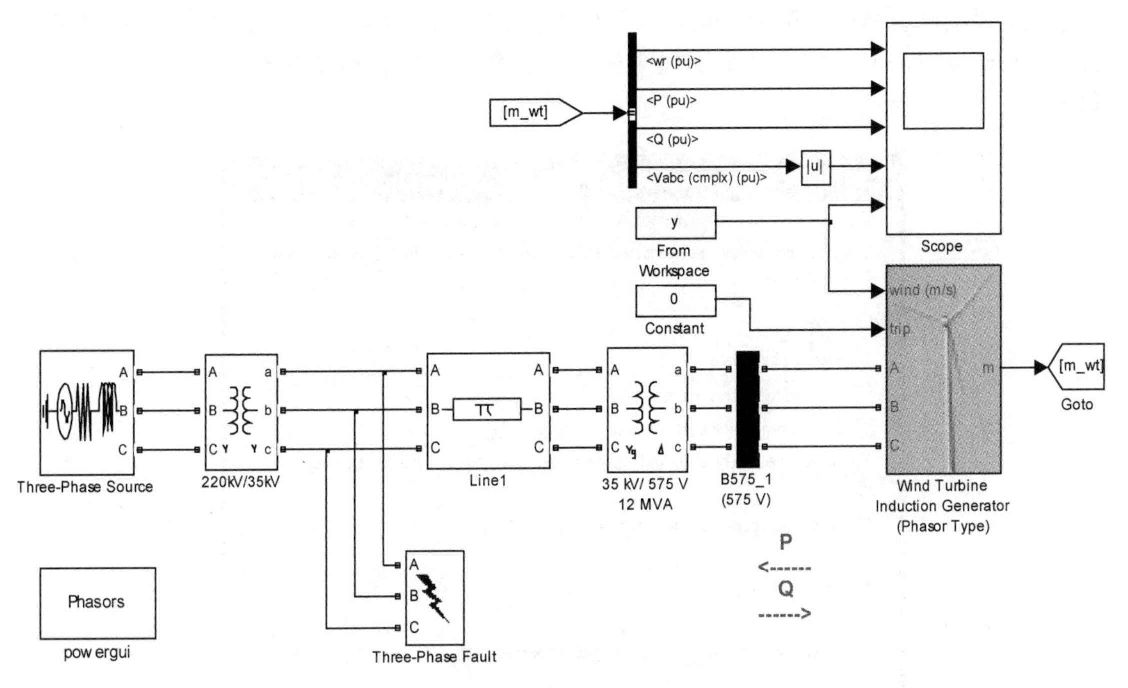

图 9-4　单机无穷大电源的仿真系统

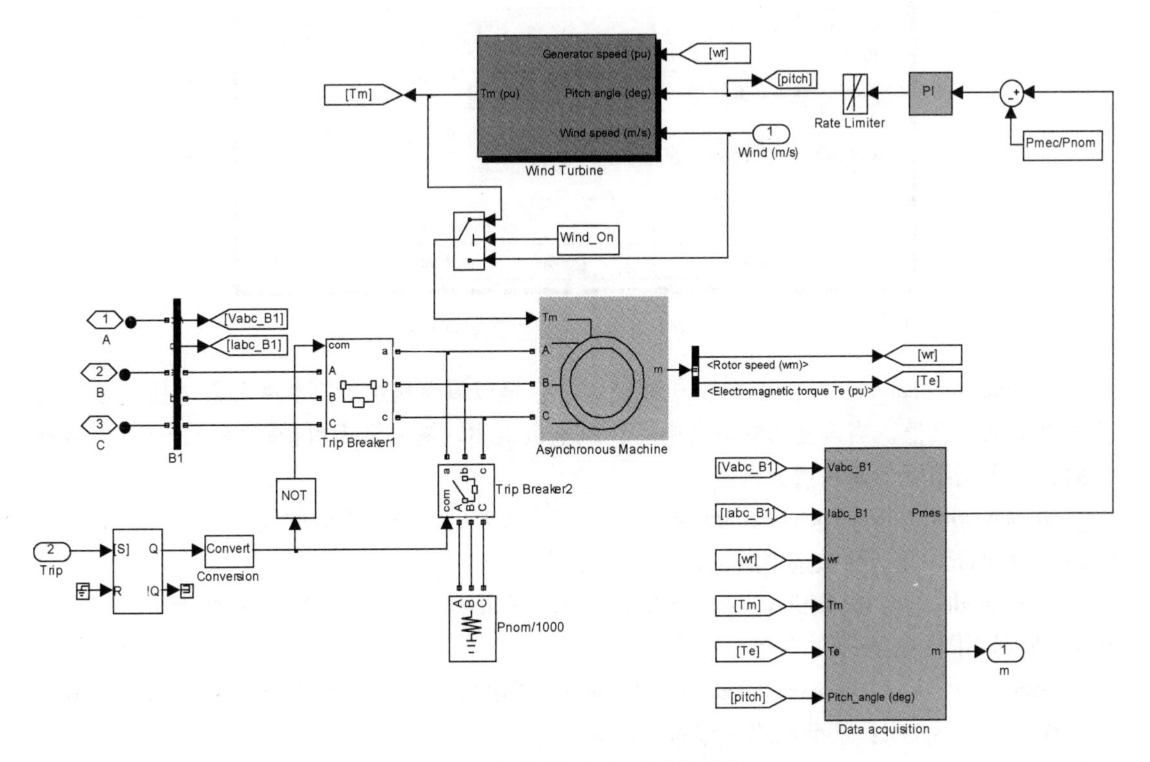

图 9-5　定速风电机组子系统结构

双击风电机组模块（Wind Turbine），在“显示”（Display）下拉列表框中选择“风力机”（Turbine data）选项，将显示风力机数据参数对话框，如图 9-6 所示。参数的定义如下：

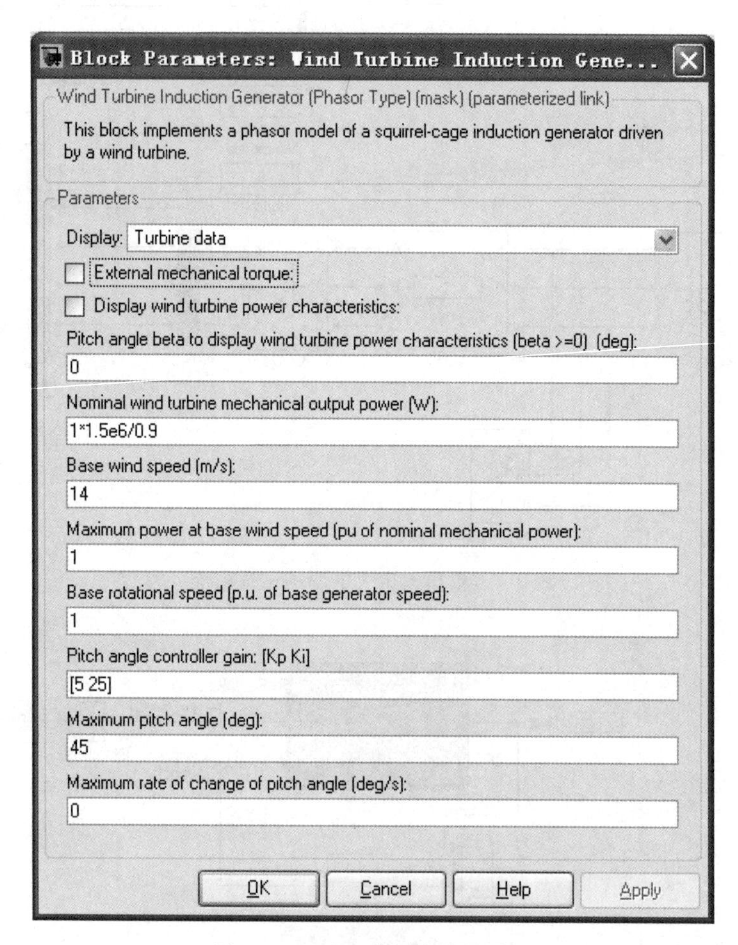

图 9-6　风力机数据参数对话框

External mechanical torque：外部机械转矩，它是以风电机组额定功率和发电机同步转速为基准值的标幺值。当该复选框被选中后，风电机组驱动输入量为机械转矩（Tm）；不被选中时，风电机组驱动输入量为风速。

Display wind turbine power characteristics：显示风力机的功率系数曲线。当“External mechanical torque”复选框被选中后，这项将不显示。

Pitch angle beta to display wind turbine power characteristics：设置不同桨距角（单位：度），显示不同桨距角下的功率系数曲线。

Nominal wind turbine mechanical output power：风电机组中发电机的额定功率（单位：W）。

Base wind speed：基准风速（单位：m/s）。

Maximum power at base wind speed：基准风速时风电机组中发电机的最大功率（以发电机的额定功率作为基准值的标幺值）。

Base rotational speed：基准旋转速度（以发电机转速作为基准值的标幺值）。

Pitch angle controller gain [Kp Ki]：风力机桨距角控制器的增益。

Maximum pitch angle (deg)：最大桨距角（单位:°）。

Maximum rate of change of pitch angle：桨距角最大变化率（单位:°/s）。

在“显示”（Display）下拉列表框中选择“发电机”（Generator Data）选项，将显示发电机数据参数对话框，如图9-7所示。参数的定义如下：

Nominal power，line-to-line voltage and frequency：发电机的额定功率（单位：V·A）、线电压（单位：V）和频率（单位：Hz）。

Stator [Rs，Lls]：定子电阻和电抗（单位：p. u.）。

Rotor [Rr'，Llr']：转子电阻和电抗（单位：p. u.）。

Magnetizing inductance Lm：励磁电抗（单位：p. u.）。

Inertia constant，friction factor，and pairs of poles：发电机的惯性常数（单位：s）、阻尼系数（单位：p. u.）和极对数。

Initial conditions：初始条件。

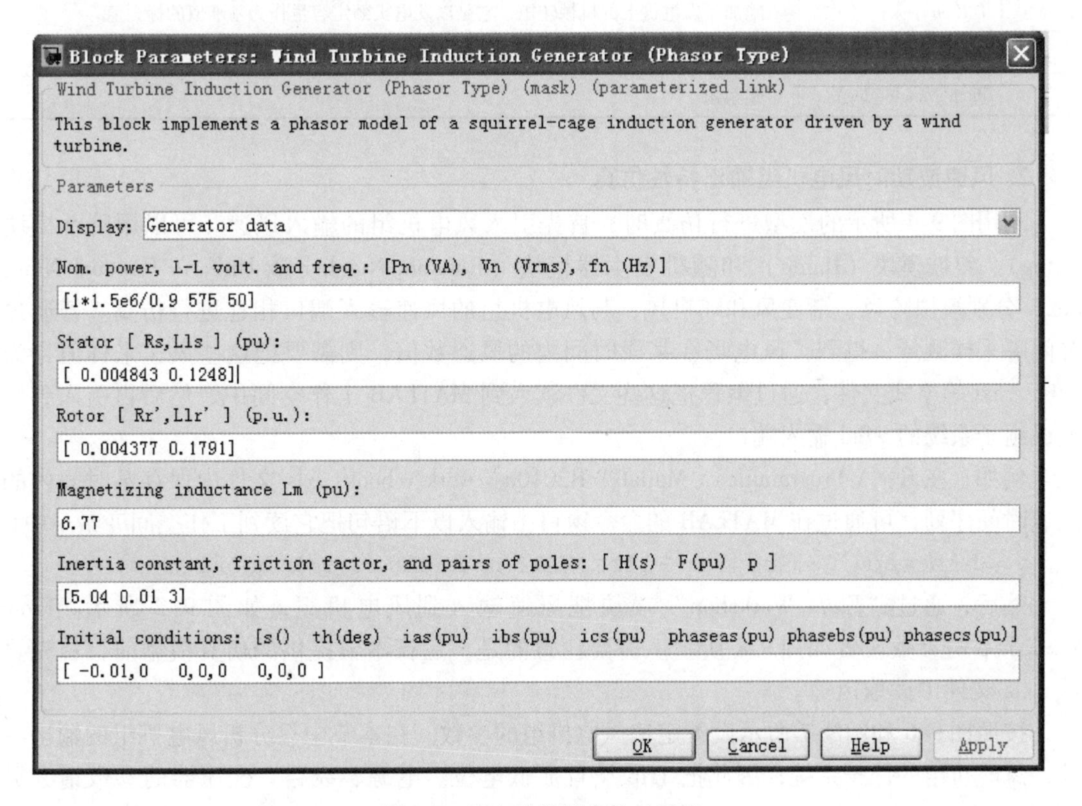

图9-7 发电机数据参数对话框

定速风电机组模块端子功能如下：

A、B、C：定速风电机组中感应发电机定子三相电气连接端子。

Wind (m/s)：风速输入（单位：m/s），当“External mechanical torque”不被选中时才显示该项。

Tm：机械转矩，当“External mechanical torque”选中后，这项才显示。

Trip：控制风电机组投切的逻辑输入信号（1或0），1表示风电机组断开。

m：它包含定速风电机组的8个内部信号，可以通过母线选择模块（Bus Selector Block）分别获取。这8个信号的定义见表9-1。

表9-1 定速风电机组的内部信号

信号	信号名称	信号定义
1	Vabc(cmplx)(pu)	以发电机额定电压为基准值的定速风电机组出口电压相量(相电压)
2	Iabc(cmplx) (pu)	以发电机额定电压为基准值的流入定速风电机组端口电流相量
3	P(pu)	以发电机额定容量作为基准值的定速风电机组输出的有功功率，正值表示机组产生有功功率
4	Q(pu)	以发电机额定容量作为基准值的定速风电机组输出的无功功率，正值表示机组产生无功功率
5	wr(pu)	发电机转子转速
6	Tm(pu)	施加于发电机上的机械转矩，它是以发电机额定容量作为基准值的标幺值
7	Te(pu)	以发电机额定容量作为基准值的电磁转矩
8	Pitch_ angle(deg)	桨距角

2. 风速波动时风电机组输出特性仿真

利用图9-4所示的模型进行仿真时，首先引入风电机组的输入风速。可以用阶跃模块（Step）、斜坡模块（Ramp）和随机发生器模块（Random Number或Uniform Random Number）分别模拟阵风、渐变风和随机风，与风电机组的风速输入端口相连进行仿真。若通过等间隔采样测量，得到了风电场在某段时间内的风速数值，则需要把这些风速采样值存为.xls、.txt等格式文件，通过编程把这些文件读入到MATLAB工作空间中，然后再引入到风电机组子系统的wind输入端口。

例如，在C：\ Programfiles \ Matlab \ R2010a \ work \ book1. xls文件中保存某时间内的风速时间序列，可通过在MATLAB的命令窗口中输入以下语句把它读到工作空间变量y中：

```
y =xlsread('C:\Program Files \MATLAB \R2010a \work \book1');
```

然后，通过“From Workshop”模块把风速输入到风电机组，如图9-2所示。From Workshop的参数设置如图9-8所示。需要注意的是，运行本节提供的仿真模型前，首先要从.xls文件中读取风速。

按照图9-6和图9-7所示设置定速风电机组的参数。在本节中只分析风电机组的输出特性，忽略机组的保护系统，因此把Trip设置成低电位。电源、线路、变压器的参数请参见例程。

通过模型窗口菜单中的“Simulation”→“Configuration Parameters”命令打开设置仿真参数的对话框，选择Ode23tb（Stiff/TR-BDF2）算法，仿真起始时间设置为0，终止时间设置为30s。打开Powergui对话框，选择“Phasor Simulation”仿真模式，并进行潮流初始化。

运行仿真，可得风速波动下风电机组机端电压、有功功率以及无功功率的变化曲线，如图9-9所示。

由仿真曲线可以看出，风电机组机端电压、输出有功功率和无功功率以及风电机组转子

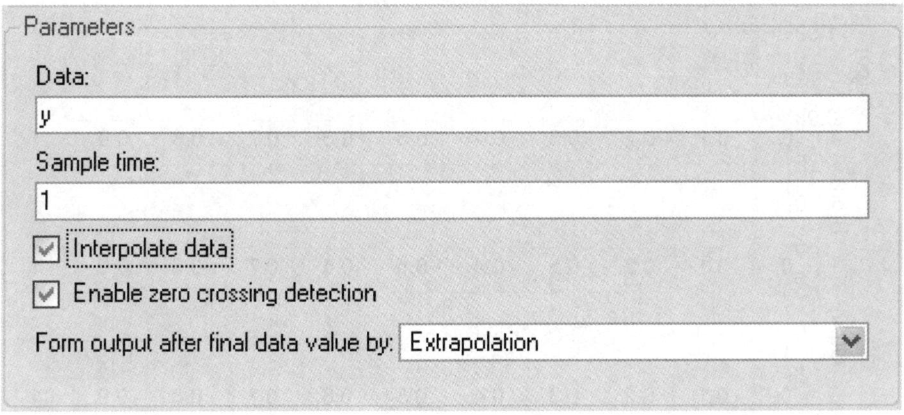

Parameters

Data:

y

Sample time:

1

☑ Interpolate data

☑ Enable zero crossing detection

Form output after final data value by: Extrapolation

图 9-8　From Workshop 参数设置对话框

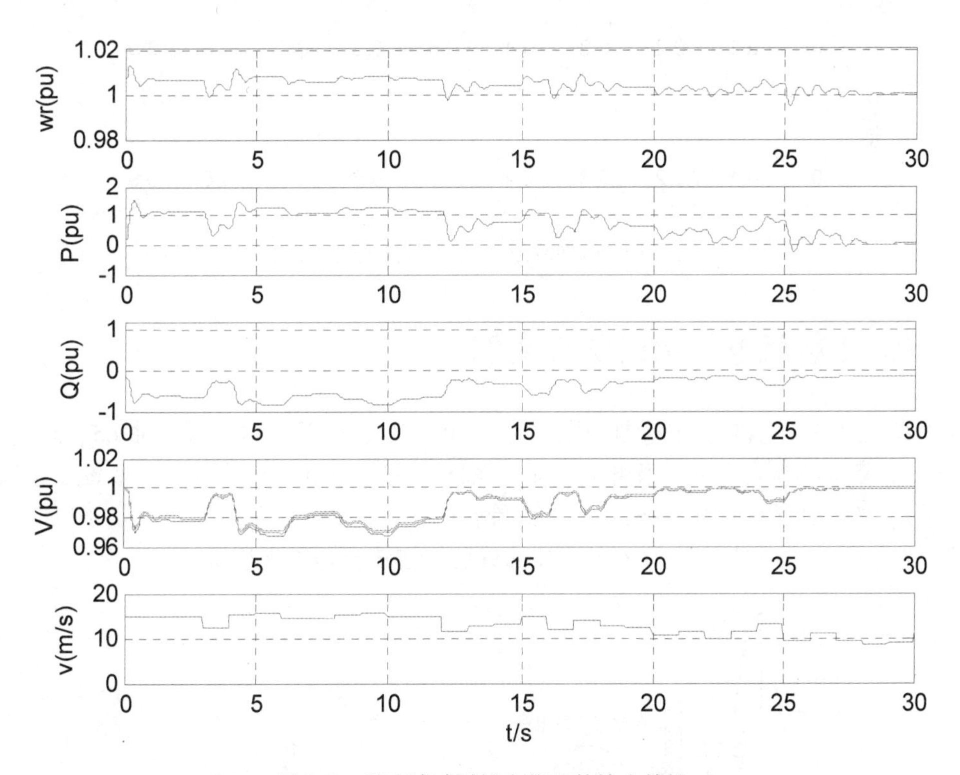

图 9-9　风速波动时风电机组的输出特性

转速都随其输入风速的变化而变化。由于定速风电机组采用感应发电机，因此其在输出有功功率的同时，要从电网中吸收无功功率。

3. 电网故障时风电机组输出特性仿真

利用模型中的三相故障模块设置电网在 0.02s 时刻发生三相短路故障，到 0.1s 时故障消失，仿真起始时间设置为 0，终止时间设置为 1s。运行仿真可得风电机组的输出特性如图 9-10 所示。

从仿真曲线可以看出，电网故障时定速风电机组的感应发电机要从电网中吸收大量的无功功率，以维持机端电压。

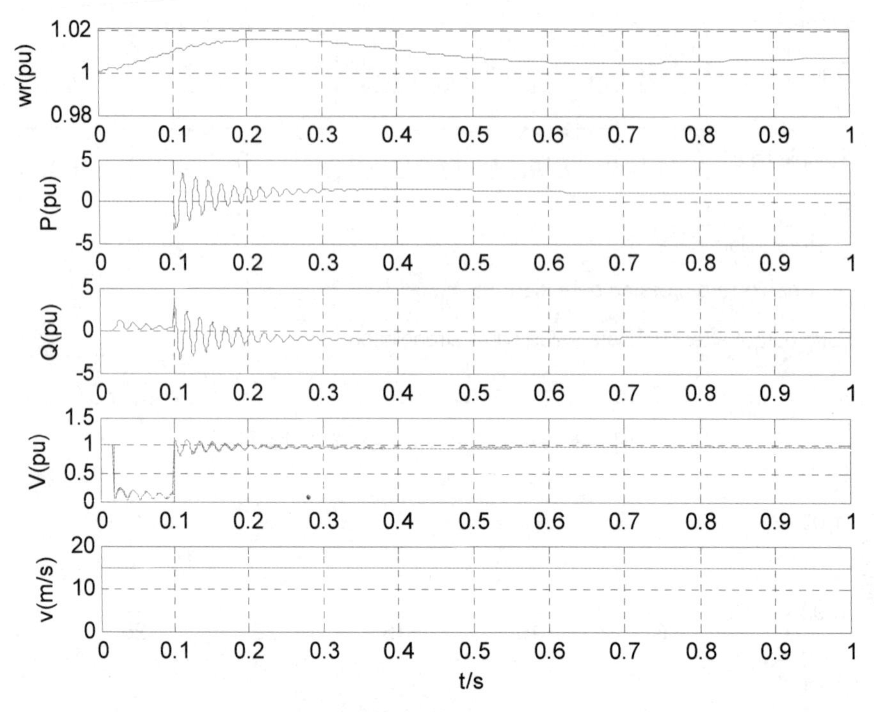

图 9-10 电网故障时风电机组的输出特性

9.2 双馈变速风电机组的仿真实例

基于双馈感应发电机的变速风电机组，主要由风轮、轴系（包括低速轴 LS、高速轴 HS 和齿轮箱）、双馈感应发电机以及部分负荷变频器组成，如图 9-11 所示。在双馈变速风电机组中，慢速旋转的风轮通过齿轮轴系与快速旋转的发电机转子连接，发电机定子以交流与电网连接，发电机转子通过一个 AC/DC/AC 部分负荷变流器与电网连接。

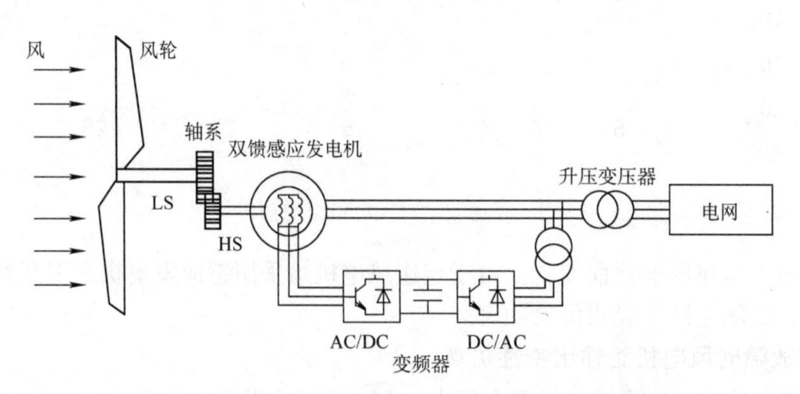

图 9-11 装有部分负载变频器的双馈变速风电机组

机组中的变流器由两个用直流连接的背靠背电源变换器组成。转子侧电压源变换器通过集电环与转子回路相连，电网侧的变换器通过变压器向电网供电。背靠背电压源变换器用 IGBT 开关控制。变流器可为频率变化最高可达 10Hz 的转子回路与以固定频率运行的电网之间提供耦合。转子侧变换器在转子回路中感应出电压向量，其幅值适当并以理想的变化频率旋转。发电机转子和风电机组风轮不要求按固定转速运行，其速度可以通过转子侧变换器的动态控制调节。这样风电机组利用由电力电子变频器控制的双馈感应发电机就可以实现变速运行，这类风电机组能在较大速度范围内运行，因此被称为变速风电机组。如 Vestas Wind Systems 制造的带有双馈感应发电机的变速风电机组 OptiSpeed 可运行于同步速度 -40% ~ +15% 范围内（动态下，同步速度可高达 30%）。

9.2.1　基于双馈感应发电机的变速风电机组的工作原理

与定速风电机组类似，变速风电机组也是由三叶片风轮将风能转换成机械能，然后通过齿轮箱轴系把机械能传递给双馈感应发电机，发电机将机械能转换为电能输送到电网中。

与常规感应发电机不同，双馈感应发电机转子和定子通过由两个用直流连接的背靠背电源变换器连接。发电机的转子回路馈入转子侧变换器，转子变换器的运行相当于在转子回路中串联了一个外部电压相量。通过控制该电压相量，可以使转子达到预期的转速。在电网正常运行状态下，为了优化功率输出，转速通过转子侧变换器的控制进行调节，这就是转子回路变频运行的原因。电网侧变换器对注入背靠背式变换器系统的直流环节的有功功率和与电网间交换的有功功率进行平衡。变频运行的转子回路与以固定频率运行的电网通过变换器互联。

通过转子侧变换器可以对风电机组的有功功率和无功功率进行解耦控制。这样发电机就可以用转子侧变换器来控制转子回路励磁，而不是通过电网励磁。这时就可以通过设置发电机的参数控制发电机的无功功率，在电网无干扰运行的情况下支持电网电压，因此不需要用电容器组补偿双馈感应发电机出口电压。

双馈变速风电机组使用较小容量的变流器，其额定容量略高于发电机额定功率乘以发电机额定转差率，通常为风电机组额定功率的 25%。需要注意的是，双馈感应发电机处于次同步运行时转差率为正，超同步运行时转差率为负。转子回路的有功功率约等于发电机轴功率与转差率乘积。超同步运行时有功功率从转子回路送到电网，而次同步运行时转子回路从电网吸收有功功率。无论速度大小，定子总是向电网送出有功功率。

电网侧变换器控制其直流环节的电压恒定而不受转子功率的数值和方向影响，保持与电网之间的无功功率交换的平衡。

根据变换器的控制模式，双馈变速风电机组的控制系统可分为无功功率控制模式与电压控制模式。其中，无功功率控制模式是指风电机组在稳态运行过程中，保持机组发出的有功功率与无功功率满足 $Q = P\tan\varphi$，其中 $\tan\varphi$ 对应于某一预先指定的恒定功率因数 $\cos\varphi$。电压控制模式是指风电机组在稳态运行过程中通过对无功功率的控制，保持电机端电压恒定不变。其中无功功率控制模式的机组是比较流行的机型，而电压控制的双馈机组还很少在实际中应用，但由于电压控制模式的变速风电机组具有控制机端电压的优点，因此早在 2003 年美国大型的风电场就选用电压控制的机组作为主导机型。

9.2.2　双馈变速风电机组的模型仿真

参考 MATLAB 的例程 power_ wind_ difg，本节建立了基于双馈感应发电机的变速风电机组仿真模型，如图 9-12 所示。

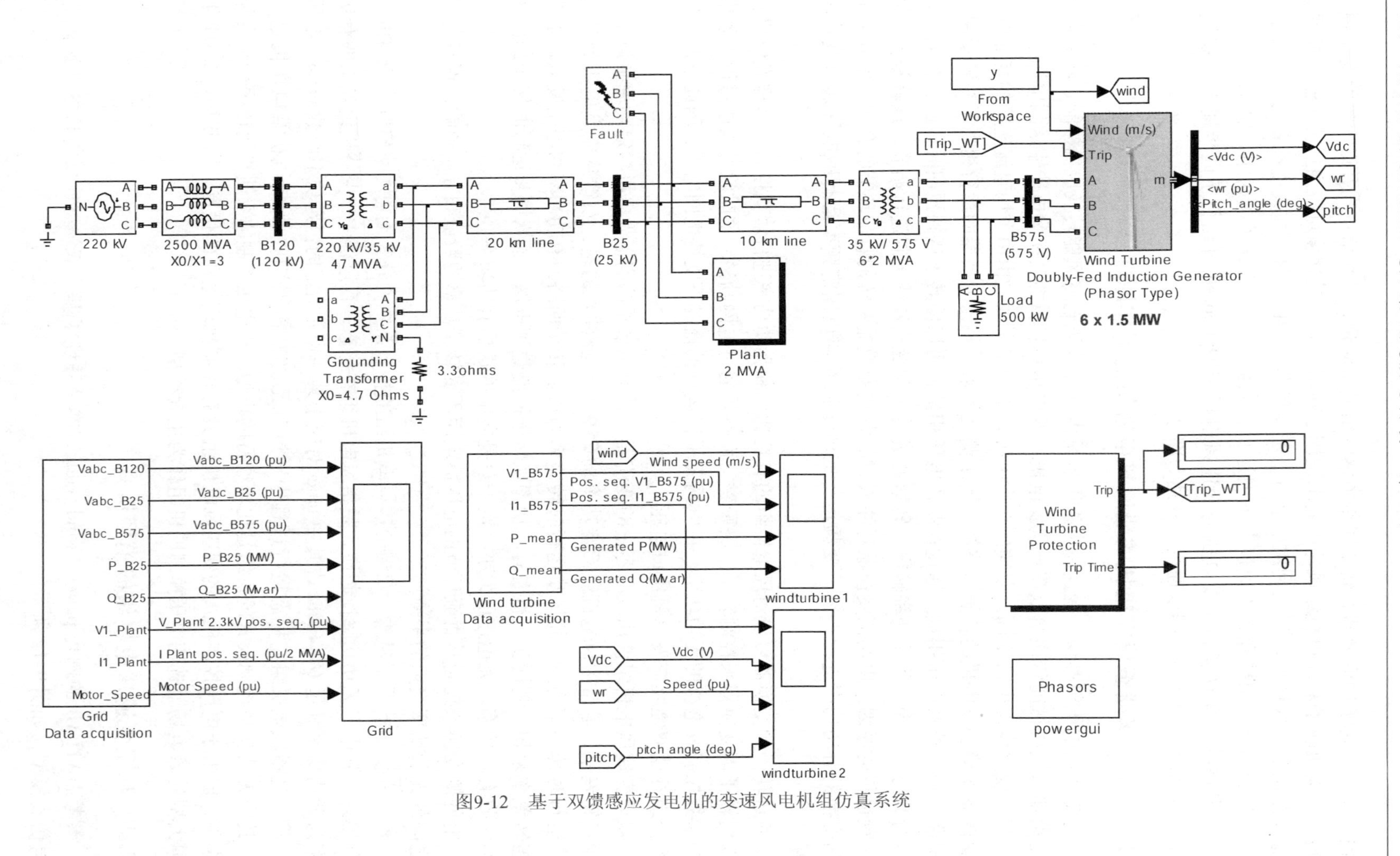

图9-12 基于双馈感应发电机的变速风电机组仿真系统

1. 双馈变速风电机组模块简介及参数设置

右键单击双馈变速风电机组模块（Wind Turbine），单击弹出的对话框中的“Look under mask”选项，打开双馈变速风电机组子系统结构，如图 9-13 所示，包括风力机（Wind Turbine）、感应发电机定子电流（Asynchronous Machine Stator Currents）和电网侧变换器电流（Grid-side Converter Currents）组成的子模块以及发电机和变换器（Generator and Converters）组成的子模块。

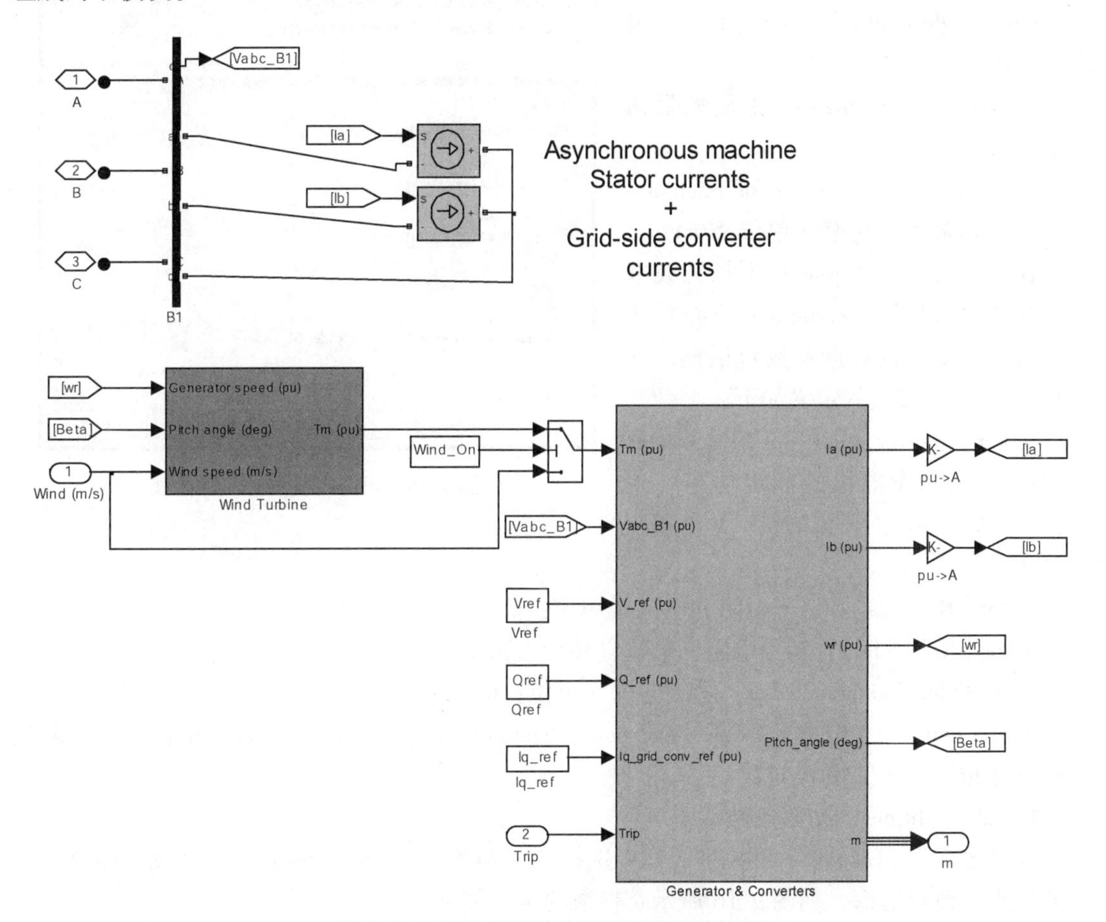

图 9-13　双馈变速风电机组子系统结构图

双击双馈变速风电机组模块，打开参数设置对话框。在“显示”（Display）下拉列表框中选择“风力机”（Turbine Data）选项，将显示风力机数据参数对话框，如图 9-14 所示。参数的定义如下：

External mechanical torque：外部机械转矩，它是以风电机组额定功率和发电机同步转速为基准值的标幺值。当该复选框被选中后，风电机组驱动输入量为机械转矩（Tm）；不被选中时，风电机组驱动输入量为风速。

Display wind turbine power characteristics：显示风力机的功率系数曲线。当“External mechanical torque”复选框被选中后，这项将不显示。

Nominal wind turbine mechanical output power：风电机组中发电机的额定功率（单位：W）。

Tracking characteristic speeds：功率曲线中跟踪点的速度（单位：p. u.）。当“External mechanical torque”复选框被选中后，这项将不显示。

Power at point C：C 点的功率（单位：p. u.）。

Wind speed at point C：跟踪点 C 的风速（单位：m/s）。

Pitch angle controller gain [Kp]：桨矩角控制增益。

Maximum pitch angle：最大桨距角（单位：°）。

Maximum rate of change of pitch angle：桨距角最大变化率（单位：°/s）。

在“显示”（Display）下拉列表框中选择“发电机”（Generator Data）选项，将显示发电机数据参数对话框，如图 9-15 所示。参数的定义如下：

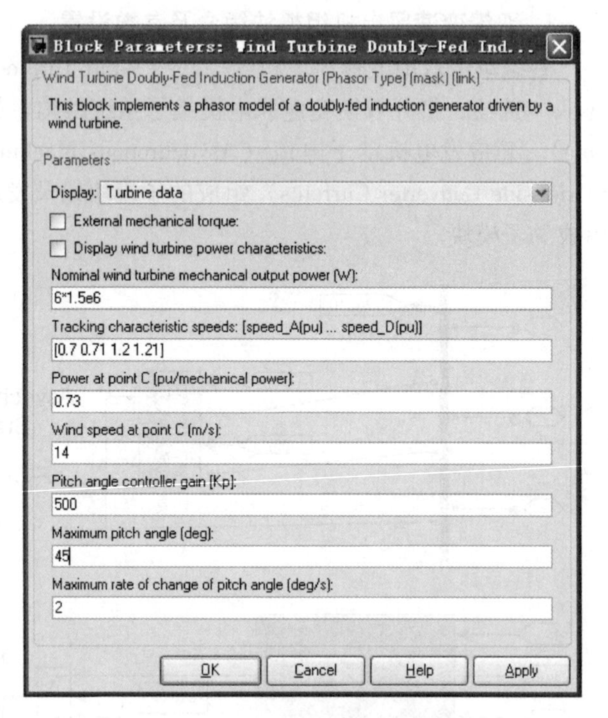

图 9-14 风力机数据参数对话框

Nominal power, line-to-line voltage and frequency：发电机的额定功率（单位：V·A）、线电压（单位：V）和频率（单位：Hz）。

Stator [Rs, Lls]：定子电阻和电抗（单位：p. u.）。

Rotor [Rr', Llr']：转子电阻和电抗（单位：p. u.）。

Magnetizing inductance Lm：励磁电抗（单位：p. u.）。

Inertia constant, friction factor, and pairs of poles：发电机的惯性常数（单位：s）、阻尼系数（单位：p. u.）和极对数。

Initial conditions：初始条件。

在“显示”（Display）下拉列表框中选择“变换器”（Converters Data）选项，将显示变换器数据参数对话框，如图 9-16 所示。参数的定义如下：

Converter maximum power：变换器最大功率（单位：p. u.）。

Grid-side coupling inductor [L R]：电网侧变换器耦合电感（单位：p. u.）。

Coupling inductor initial current：耦合电感的初始电流（单位：p. u.）。

Nominal DC bus voltage：直流环节额定电压（单位：V）。

DC bus capacitor：直流环节电容（单位：F）。

双馈变速风电机组有电压控制和无功功率控制两种控制模式。若在“显示”（Display）下拉列表框中选择“控制参数”（Control Parameters）选项，在“运行模式”（Mode of Operator）中选择“电压控制”（Voltage Regulation）选项，将显示风电机组在电压控制模式下的参数对话框，如图 9-17 所示。参数的定义如下：

External grid voltage reference：外部电网电压参考值。若该复选框被选中，则不显示“Reference grid voltage Vref”选项。

Block Parameters: Wind Turbine Doubly-Fed Ind...
Wind Turbine Doubly-Fed Induction Generator (Phasor Type) (mask) (link)
This block implements a phasor model of a doubly-fed induction generator driven by a wind turbine.
Parameters
Display: Generator data
Nom. power, L-L volt. and freq. [Pn(VA), Vn(Vrms), fn(Hz)]:
[6*1.5e6/0.9 575 50]
Stator [Rs,Lls] (p.u.):
[0.00706 0.171]
Rotor [Rr',Llr'] (p.u.):
[0.005 0.156]
Magnetizing inductance Lm (p.u.):
2.9
Inertia constant, friction factor, and pairs of poles [H(s) F(p.u.) p]:
[5.04 0.01 3]
Initial conditions [s() th(deg) Is(p.u.) ph_Is(deg) Ir(p.u.) ph_Ir(deg)]:
[0.2 0 0 0 0 0]
OK　Cancel　Help　Apply

图 9-15　发电机数据参数对话框

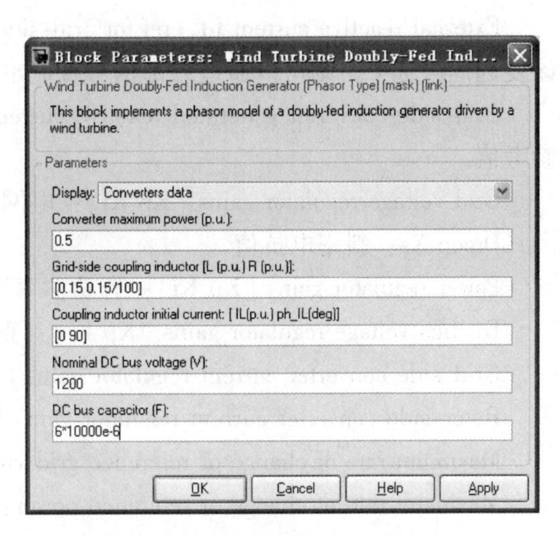

图 9-16　变换器数据参数对话框

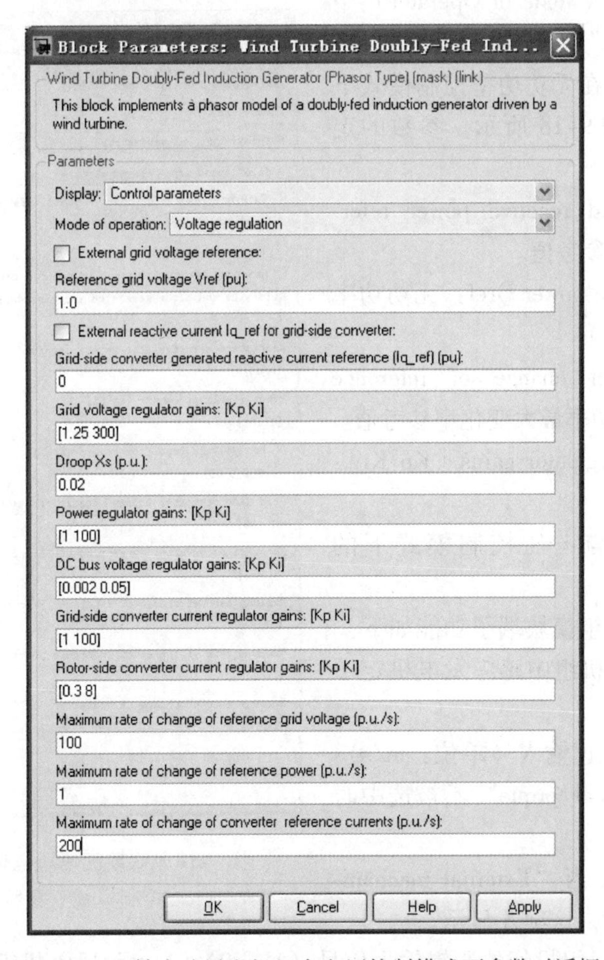

图 9-17　双馈变速风电机组在电压控制模式下参数对话框

Reference grid voltage Vref：电网参考电压（单位：p. u.）。

External reactive current Iq_ ref for grid-side converter：电网侧变换器无功电流参考值。若该复选框被选中，则可以通过外部信号控制电网侧变换器无功电流。

Grid-side converter generated reactive current reference（Iq_ ref）：电网侧变换器无功电流参考值。

Grid voltage regulator gains [Kp Ki]：电网电压调节器增益。

Droop Xs：斜率电抗值。

Power regulator gains [Kp Ki]：有功功率调节器增益。

DC bus voltage regulator gains [Kp Ki]：直流环节调节器增益。

Grid-side converter current regulator gains [Kp Ki]：电网侧变换器电流调节器增益。

Rotor-side converter current regulator gains [Kp Ki]：转子侧变换器电流调节器增益。

Maximum rate of change of reference grid voltage：电网电压最大变化率参考值。

Maximum rate of change of reference power：有功功率最大变化率参考值。

Maximum rate of change of converter reference currents：变换器电流最大变化率参考值。

在“运行模式”（Mode of Operator）中选择“无功功率调节”（Var Regulation）选项，将显示风电机组在无功功率控制模式下的参数对话框，如图 9-18 所示。参数的定义如下：

External generated reactive power reference：外部无功功率参考值。

Generated reactive power Qref：无功功率参考值（单位：p. u.）。

Maximum rate of change of reference reactive power：无功功率最大变化率参考值。

Reactive power regulator gains [Kp Ki]：无功功率调节器增益。

其他的参数都与电压控制模式下的相同。

双馈变速风电机组模块端子功能如下：

A、B、C：风电机组中感应发电机定子三相电气连接端子。

Wind（m/s）：风速输入（单位：m/s）。当“External mechanical torque”不被选中时才显示该项。

Tm：机械转矩。当“External mechanical torque”被选中后，这项才显示。

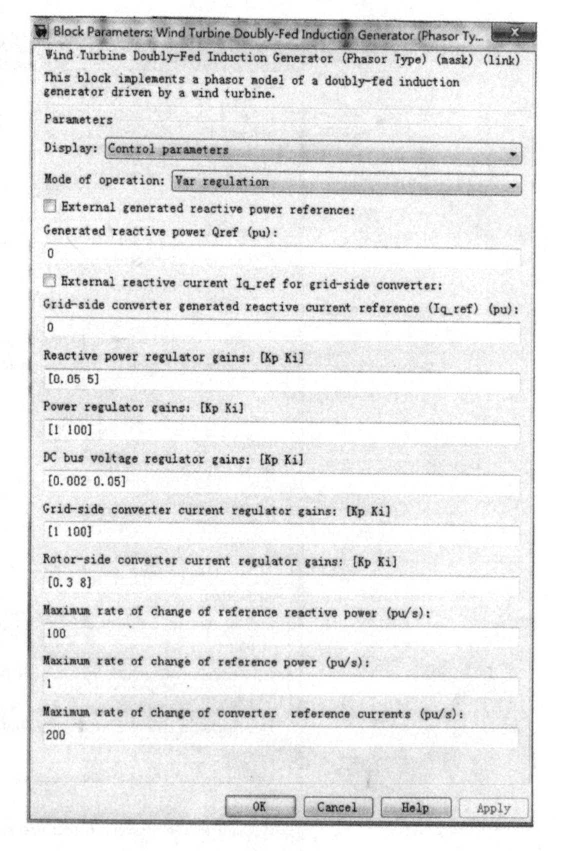

图 9-18 双馈变速风电机组在无功功率控制模式下参数对话框

Trip：控制风电机组投切的逻辑输入信号（1 或 0），1 表示风电机组断开。

Vref：电压参考值。

Qref：无功功率参考值。

Iq_ ref：q 轴电流参考值。

m：它包含双馈变速风电机组的 29 个内部信号，可以通过母线选择模块（Bus Selector Block）分别获取。这 29 个信号的定义见表 9-2。

表 9-2　双馈变速风电机组输出信号

信号	信号名称	信号定义
1～3	Iabc(cmplx)(pu)	以发电机额定电压为基准值的流入风电机组端口电流相量
4～6	Vabc(cmplx)(pu)	以发电机额定电压为基准值的风电机组出口电压相量(相电压)
7～8	Vdq_stator(pu)	以发电机额定电压为基准值的风电机组定子直轴和交轴电压值
9～11	Iabc_stator(cmplx)(pu)	以发电机额定电压为基准值的流入发电机定子的电流相量
12～13	Idq_stator(pu)	以发电机额定电压为基准值的风电机组定子直轴和交轴电流值
14～15	Vdq_rotor(pu)	以发电机额定电压为基准值的风电机组转子直轴和交轴电压值
16～17	Idq_rotor(pu)	以发电机额定电压为基准值的风电机组转子直轴和交轴电流值
18	wr (pu)	发电机转子转速
19	Tm (pu)	施加于发电机上的机械转矩，它是以发电机额定容量作为基准值的标幺值
20	Te (pu)	以发电机额定容量作为基准值的电磁转矩
21～22	Vdq_grid_conv(pu)	以发电机额定电压为基准值的风电机组电网侧变流器直轴和交轴电压值
23～25	Iabc_grid_conv(cmplx)(pu)	以发电机额定电压为基准值的风电机组电网侧变流器直轴和交轴电流相量
26	P (pu)	以发电机额定容量作为基准值的双馈变速风电机组输出的有功功率，正值表示机组产生有功功率
27	Q (pu)	以发电机额定容量作为基准值的双馈变速风电机组输出的无功功率，正值表示机组产生无功功率
28	Vdc(V)	变换器直流环节电压
29	Pitch_angle(deg)	桨距角

2. 风速波动时风电机组输出特性仿真

按照图 9-14～图 9-18 所示设置双馈变速风电机组的参数。本节只分析风电机组的输出特性，忽略机组的保护系统，因此“动作时间”（Trip time）设置值应大于仿真时间。电源、线路、变压器的参数请参见例程。

通过模型窗口菜单中的“Simulation”→“Configuration Parameters”命令打开设置仿真参数的对话框，选择 Ode23tb（Stiff/TR-BDF2）算法，仿真起始时间设置为 0，终止时间设置为 30s。打开 Powergui 对话框，选择“Phasor Simulation”仿真模式，并进行潮流初始化。

选择电压控制模式，运行仿真，可得风速波动下风电机组输出特性变化曲线，如图 9-19 所示。从图中可以看出，双馈变速风电机组采用电压控制方式时，风电机组的出口电压不随风电机组输入风速的波动而变化，而为了保持电压恒定，风电机组从电网中吸收的无功功率随风速波动而变化。

选择无功功率控制模式，运行仿真，可得风速波动下风电机组输出特性变化曲线，如图 9-20 所示。从图中可以看出，双馈变速风电机组采用无功功率控制方式时，风电机组从电网中吸收的无功功率基本保持不变。

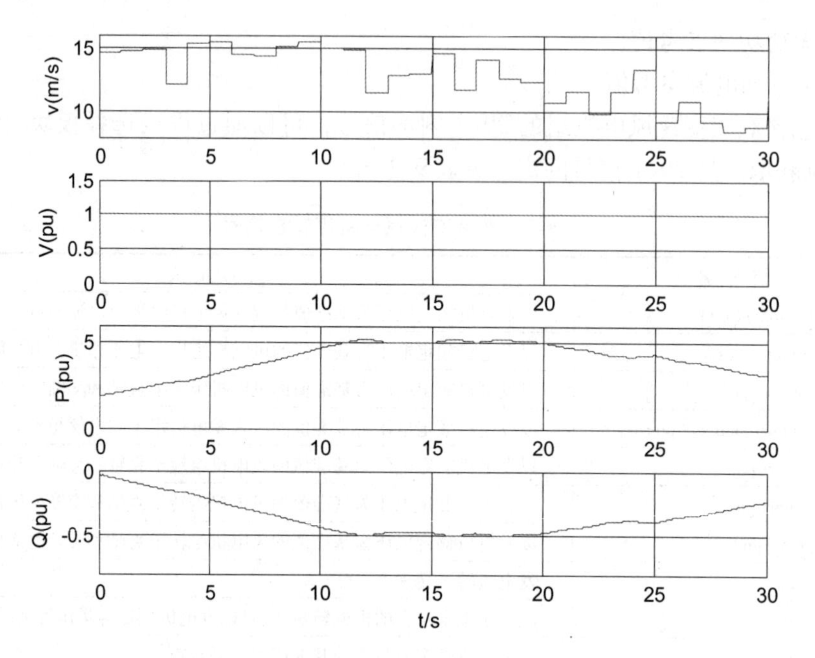

图 9-19 电压控制模式下风电机组输出特性变化曲线

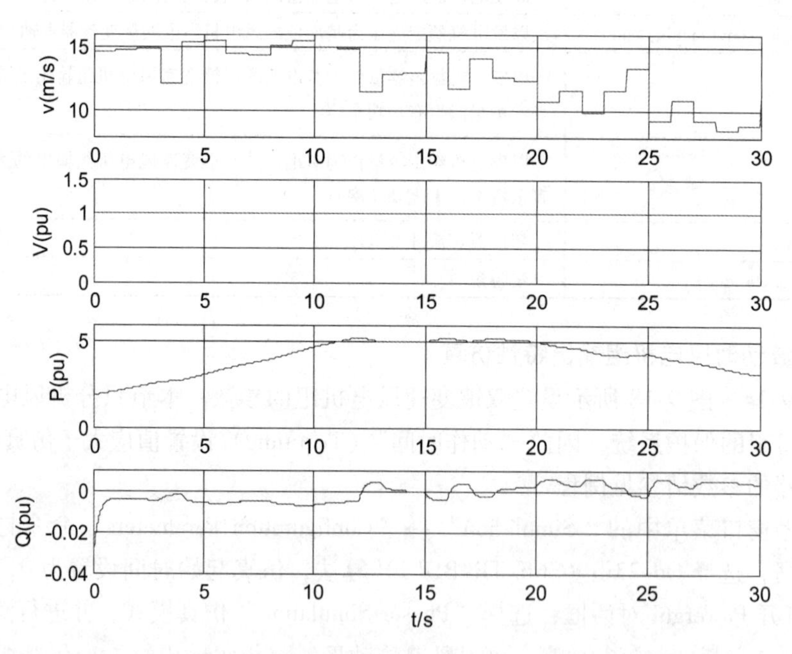

图 9-20 无功功率控制模式下风电机组输出特性变化曲线

3. 电网故障时风电机组输出特性仿真

利用模型中的三相故障模块设置电网在 0.5s 时刻发生三相短路故障，到 0.6s 时故障消除，仿真起始时间设置为 0，终止时间设置为 2s。

选择电压控制模式，运行仿真，可得在电网故障时风电机组输出特性变化曲线，如图 9-21 所示。由图中可以看出，电网发生故障时，风电机组的出口电压降低，向电网提供无功功率，故障清除后，风电机组需要从电网中吸收无功功率使风电机组机端电压恢复到给定值。

选择无功功率控制模式，运行仿真，可得在电网故障时风电机组输出特性变化曲线，如图 9-22 所示。由图中可以看出，电网发生故障时，风电机组的出口电压降低，向电网提供无功功率，故障清除后，风电机组通过控制减少了风电机组与电网之间的无功交换，但是风电机组的机端电压恢复较慢。

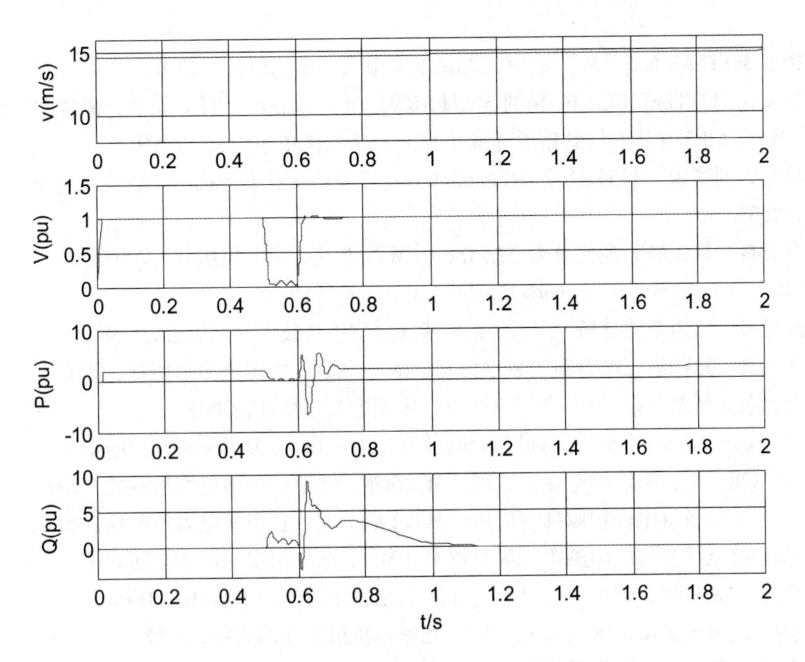

图 9-21　电网故障时电压控制模式下风电机组输出特性变化曲线

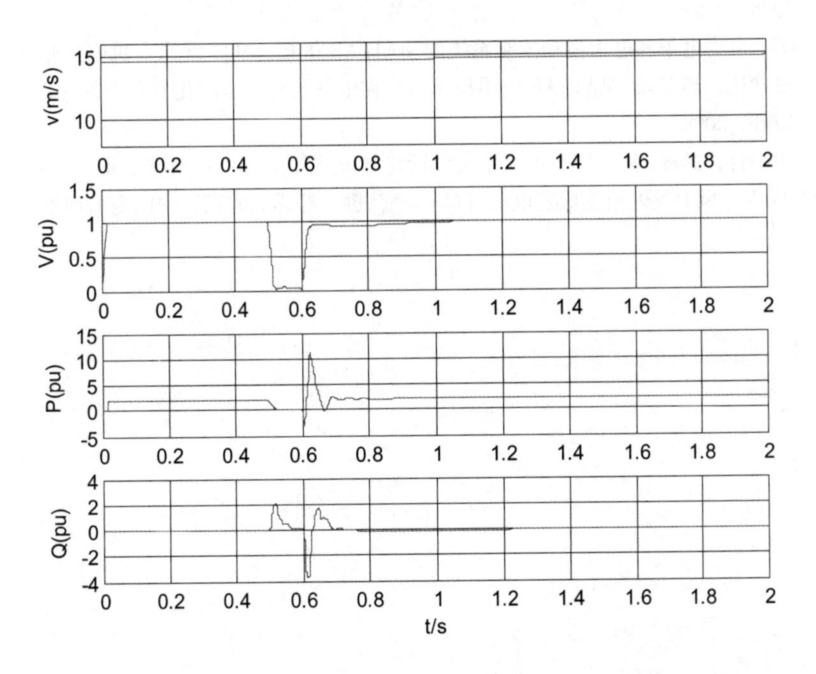

图 9-22　电网故障时无功功率控制模式下风电机组输出特性变化曲线

参 考 文 献

[1] 张志涌 . 精通 MATLAB 6. 5 [M]. 北京：北京航空航天大学出版社，2006.

[2] HANSELMAN D，LITTLEFIELD B. 精通 MATLAB 7 [M]. 朱仁峰，译 . 北京：清华大学出版社，2009.

[3] 求是科技 . MATLAB 7. 0 从入门到精通 [M]. 北京：人民邮电出版社，2009.

[4] 黄永安，马路，刘慧敏 . MATLAB 7. 0/Simulink 6. 0 建模仿真开发与高级工程应用 [M]. 北京：清华大学出版社，2008.

[5] 王锡凡，方万良，杜正春 . 现代电力系统分析 [M]. 北京：科学出版社，2003.

[6] MATPOWER. http：//www. pserc. cornell. edu/mathpower/ [OL].

[7] 何仰赞，温增银 . 电力系统分析 [M]. 3 版 . 武汉：华中科技大学出版社，2006.

[8] 黄家裕，陈礼义，孙德昌 . 电力系统数字仿真 [M]. 北京：中国电力出版社，2003.

[9] 李光琦 . 电力系统暂态分析 [M]. 2 版 . 北京：中国电力出版社，2003.

[10] PRABHA K. Power System Stability and Control [M]. New York：MeGraw-Hill Book Co. ，1993.

[11] 贺家李，宋从矩 . 电力系统继电保护原理 [M]. 3 版 . 北京：中国电力出版社，2004.

[12] 王维俭 . 电气主设备继电保护原理与应用 [M]. 2 版 . 北京：中国电力出版社，2002.

[13] 葛耀中 . 新型继电保护与故障测距原理与技术 [M]. 2 版 . 西安：西安交通大学出版社，2007.

[14] 陈德树，张哲，尹项根 . 微机继电保护 [M]. 北京：中国电力出版社，2000.

[15] 于群，曹娜 . 电力系统微机继电保护 [M]. 北京：机械工业出版社，2008.

[16] 王晶，翁国庆，张有兵 . 电力系统的 MATLAB/Simulink 仿真与应用 [M]. 西安：西安电子科技大学出版社，2008.

[17] 洪乃刚，等 . 电力电子和电力拖动控制系统的 MATLAB 仿真 [M]. 北京：机械工业出版社，2009.

[18] 王忠礼，段慧达，高玉峰 . MATLAB 应用技术——在电气工程与自动化专业中的应用 [M]. 北京：清华大学出版社，2008.

[19] 吴天明，谢小竹，彭彬 . MATLAB 电力系统设计与分析 [M]. 北京：国防工业出版社，2004.

[20] AKHMATOV V . 风力发电用感应发电机 [M]. 王伟胜，等译 . 北京：中国电力出版社，2009.